高等法律职业教育系列教材

# 计算机网络技术

JISUANJI WANGLUO JISHU

主　审○陈晓明
主　编○黄少荣　许学添
副主编○李玲俐
撰稿人○（以撰写章节先后为序）
黄少荣　许学添　李玲俐
邹同浩　李建敏

中国政法大学出版社
2014・北京

图书在版编目（CIP）数据

计算机网络技术/黄少荣，许学添主编.—北京：中国政法大学出版社，2014.7
ISBN 978-7-5620-5456-6

Ⅰ.①计…　Ⅱ.①黄…　②许…　Ⅲ.①计算机网络　Ⅳ.①TP393

中国版本图书馆CIP数据核字(2014)第147327号

---

出版者　中国政法大学出版社
地　址　北京市海淀区西土城路25号
邮　箱　fadapress@163.com
网　址　http://www.cuplpress.com（网络实名：中国政法大学出版社）
电　话　010-58908435(第一编辑部)　58908334(邮购部)
承　印　北京华正印刷有限公司
开　本　787mm×1092mm　1/16
印　张　15.00
字　数　289千字
版　次　2014年7月第1版
印　次　2018年8月第2次印刷
印　数　1001-3000
定　价　33.00元

高等法律职业化教育已成为社会的广泛共识。2008年，由中央政法委等15部委联合启动的全国政法干警招录体制改革试点工作，更成为中国法律职业化教育发展的里程碑。这也必将带来高等法律职业教育人才培养机制的深层次变革。顺应时代法治发展需要，培养高素质、技能型的法律职业人才，是高等法律职业教育亟待破解的重大实践课题。

目前，受高等职业教育大趋势的牵引、拉动，我国高等法律职业教育开始了教育观念和人才培养模式的重塑。改革传统的理论灌输型学科教学模式，吸收、内化“校企合作、工学结合”的高等职业教育办学理念，从办学“基因”——专业建设、课程设置上“颠覆”教学模式：“校警合作”办专业，以“工作过程导向”为基点，设计开发课程，探索出了富有成效的法律职业化教学之路。为积累教学经验、深化教学改革、凝塑教育成果，我们着手推出“基于工作过程导向系统化”的法律职业系列教材。

《国家（2010～2020年）中长期教育改革和发展规划纲要》明确指出，高等教育要注重知行统一，坚持教育教学与生产劳动、社会实践相结合。该系列教材的一个重要出发点就是尝试为高等法律职业教育在“知”与“行”之间搭建平台，努力对法律教育如何职业化这一教育课题进行研究、破解。在编排形式上，打破了传统篇、章、节的体例，以司法行政工作的法律应用过程为学习单元设计体例，以职业岗位的真实任务为基础，突出职业核心技能的培养；在内容设计上，改变传统历史、原则、概念的理论型解读，采取“教、学、练、训”一体化的编写模式。以案例等导出问题，根据内容设计相应的情境训练，将相关原理与实操训练有机地结合，围绕关键知识点引入相关实例，归纳总结理论，分析判断解决问题的途径，充分展现法律职业活动的演进过程和应用法律的流程。

法律的生命不在于逻辑，而在于实践。法律职业化教育之舟只有驶入法律实践的海洋当中，才能激发出勃勃生机。在以高等职业教育实践性教学改革为平台进行法律职业化教育改革的路径探索过程中，有一个不容忽视的现实问题：高等职业教育人才培养模式主要适用于机械工程制造等以“物”作为工作对象的职业领域，而法律职业教育主要针对的是司法机关、行政机关等以“人”作为工作对象的职业领域，这就要求在法律职业教育中对高等职业教育人才培养模式进行“辩证”地吸纳与深化，而不是简单、盲目地照搬照抄。我们所培养的人才不应是“无生命”的执法机器，而是有法律智慧、正义良知、训练有素的有生命的法律职业人员。但愿这套系列教材能为我国高等法律职业化教育改革作出有益的探索，为法律职业人才的培养提供宝贵的经验、借鉴。

张文朗

2010年11月15日

21 世纪是一个以计算机网络为核心技术的信息时代，网络已深入到社会的各个领域，其在国民经济和社会发展中的重要性日益凸显。基于时代需要，各行各业越来越需要掌握计算机网络技术的专业人才，这就需要高等职业院校发挥其培养应用型、操作型人才的教学优势。计算机网络及相关专业应当重视网络技术类课程教学，选用适应实践教学的网络技术教材。

本书根据网络技术类专业教学大纲的要求，参考计算机网络技术的最新社会应用成果，针对网络技术的岗位需求，以技能素质培养为目标，以项目任务为驱动，以具体实践为支撑，结合企业实际需求，突出应用性、针对性和实践性，改变以往计算机网络技术课程的教材体系结构，力求反映高职教育计算机网络技术课程和教学内容体系的改革方向。

本书在编写过程中，考虑了以下元素：

1. 依据职业教育的标准和计算机网络的职业岗位需求进行编写，符合网络技术相关职业教育专业人才培养方案的知识结构要求。

2. 突出培养岗位实际应用能力，突出实用性和可操作性，强调培养学生处理实际问题的一般能力。

3. 理论教学以“必需、够用、实用”为尺度，注重系统性和基本核心内容，让学习者能够学会处理网络问题的最基本的方法，掌握网络最基本的工作原理。

4. 内容上与时俱进，反映网络行业发展的新技术、新动向，跟踪、使用网络技术最新成果，让学习者能更好地适应工作岗位要求。

5. 通过案例导入，采用项目/任务驱动模式开展教学，提升学生的学习兴趣。

6. 在结构组织上，以组建和管理计算机网络的实际流程展开描述，从计算机网络的概述到网络协议的安装、从组建局域网到局域网的网络设备——交换机的介绍、从IP地址的规划到路由器的设置，最后介绍Internet的接入和Windows Server网络操作系统的安装与配置，逐层深入，把认识计算机网络分解为几个实际项目，再把项目分解为各个具体任务，最终将计算机网络的综合知识融合在各个实例应用中。

本书由黄少荣和许学添担任主编，李玲俐担任副主编。编写本书的黄少荣、许学添、李玲俐、邹同浩、李建敏均为广东司法警官职业学院从事多年计算机教学的教师。其中黄少荣完成了项目1、项目2和项目7的编写，许学添完成了项目3、项目4和项目5的编写，李玲俐完成了项目6的编写，邹同浩完成了项目8的编写，李建敏完成了课后习题的编写。全书由黄少荣和许学添统稿，陈晓明主审。本书在编写过程中参考了很多同类优秀教材，受益匪浅，得到了所在学校领导和老师们的支持，获得了许多宝贵经验和建议，在此一并致以衷心的感谢。

编　者

2014年4月

全书分为8个学习项目，分别是认识计算机网络及数据通信系统、网络通信协议的安装与分析、组建局域网、交换机的基本配置、规划与配置IP地址、路由器的基本配置、Internet的接入与应用、网络操作系统的安装与配置。本书以网络技术实际工作过程中所需的技术贯穿始终，构成了系统的课程教学内容体系，使教材内容符合职业岗位的需求。

本书适合作为高职高专计算机网络相关专业课程的教材，尤其是针对应用型人才的培养，也可以供从事计算机网络应用工程技术的人员参考学习，还可以作为计算机网络技术初学者的自学教材和各类计算机网络培训班的培训教材。

# 目录

# 项目一

# 认识计算机网络及数据通信系统

计算机网络是计算机技术与通信技术相互融合的产物，是当今计算机科学的一项新兴技术。通过计算机网络，人们可以实现资源共享和信息交换，网络技术已经深入到人们日常工作、生活的每个角落，随处都可以享受到网络给我们生活带来的便利。本项目的主要目标是掌握计算机网络及数据通信系统的基础知识。

学习目标

1. 了解计算机网络的基础知识。
2. 认识计算机网络的拓扑结构，能够绘制网络拓扑结构图。
3. 了解数据通信系统的基本模型。
4. 掌握数据通信关键技术。

## 任务一　了解计算机网络的基础知识

### 一、计算机网络的发展

自1946年世界上第一台数字电子计算机问世以来，在其后的近十年中，计算机和通信并没有什么关系。1954年，人们制造了终端，并利用这些终端将穿孔卡片上的数据从电话线路发送到远地的计算机。此后，又有了电传打字机，用户可以在远地的电传打字机上键入程序，而计算出来的结果又可以从计算机传回到电传打字机并打印出来。计算机与通信技术的结合就这样开始了。现在的计算机网络技术起始于20世纪60年代末，起源于美国，原本用于军事通讯，后逐渐进入民用领域。计算机网络仅有几十年的发展历史，经历了从简单到复杂、从单机到多机、从终端与计算机之间通信到计算机与计算机之间直接通信的发展过程。

计算机网络技术的发展过程大致可划分为四个阶段：

第一阶段：以单个计算机为中心的远程联机系统，构成面向终端的计算机通信网（20世纪50年代）。

第二阶段：多个自主功能的主机通过通信线路互联，形成资源共享的计算机网络（20世纪60年代末）。

第三阶段：形成具有统一的网络体系结构、遵循国际标准化协议的计算机网络（20世纪70年代末）。

第四阶段：向互联、高速、智能化方向发展的计算机网络（20世纪80年代末）。

计算机网络具有如下发展趋势：

1. 开放式。使不同软硬件环境、不同网络协议的网络可以互相连接，真正达到资源共享、数据通信和分布处理的目标。

2. 高性能。追求高速、高可靠和高安全性，采用多媒体技术，提供文本、图像、声音、视频等综合性服务。

3. 智能化。提高网络性能和提供网络综合的多功能服务，并更加合理地进行网络各种业务的管理，真正以分布和开放的形式向用户提供服务。

计算机网络是根据应用的需要发展而来的，因此，从本质上说，它是以资源共享为其主要目的，以发挥分散的、各不相连的计算机之间的协同功能。

## 二、计算机网络的定义

将地理位置不同的具有独立功能的多台计算机及其外部设备，通过通信线路连接起来，在网络操作系统、网络管理软件及网络通信协议的管理和协调下，实现资源共享和信息传递的计算机系统，称为计算机网络。

计算机技术和通信技术结合而产生的计算机网络，不仅使计算机的作用范围突破了地理位置的限制，而且也增大了计算机本身的功能，拓宽了服务，使得它在各领域发挥了重要作用，成为目前计算机应用的主要形式。计算机网络主要具有如下功能：

### （一）资源共享

资源共享是计算机网络的主要功能。在计算机网络中有很多昂贵的资源，例如大型数据库、巨型计算机等，并非为每一个用户所拥有，所以必须实现资源共享。网络中可共享的资源有硬件资源、软件资源和数据资源，其中共享数据资源最为重要。资源共享的结果是避免重复投资和劳动，从而提高资源的利用率，使系统的整体性价比得到改善。

### （二）数据通信

数据通信即实现计算机与终端、计算机与计算机之间的数据传输，是计算机网络的最基本的功能，也是实现其他功能的基础。如电子邮件、传真、远程数据交换等。

（三）提高系统的可靠性

在一个系统内，单个部件或计算机暂时失效时必须通过替换资源的办法来维持系统的继续运行。而在计算机网络中，每种资源（特别是程序和数据）可以存放在多个地点，用户可以通过多种途径来访问网内的某个资源，从而避免了单点失效对用户产生的影响。

（四）进行分布处理

网络技术的发展，使得分布式计算机成为可能。当需要处理一个大型作业时，可以将这个作业通过计算机网络分散到多个不同的计算机系统分别处理，提高处理速度，充分发挥设备的利用率。利用这个功能，可以将分散在各地的计算机资源集中起来进行重大科研项目的联合研究和开发。

（五）集中处理

通过计算机网络，可以将某个组织的信息进行分散、分级、集中处理与管理，这是计算机网络最基本的功能。一些大型的计算机网络信息系统正是利用此项功能，如银行系统、订票系统等。

## 三、计算机网络的组成

计算机网络的组成包括以下几个部分：

（一）通信子网和资源子网

既然计算机网络的主要目的是使资源（计算机系统、软件及数据）通过通信实现共享，那么计算机网络就应该具备数据处理和数据通信两大基本功能。因此无论用户建网的具体目的和网络的具体配置如何，从网络逻辑功能角度，都可以将计算机网络分为通信子网和资源子网。如图 1－1 所示。

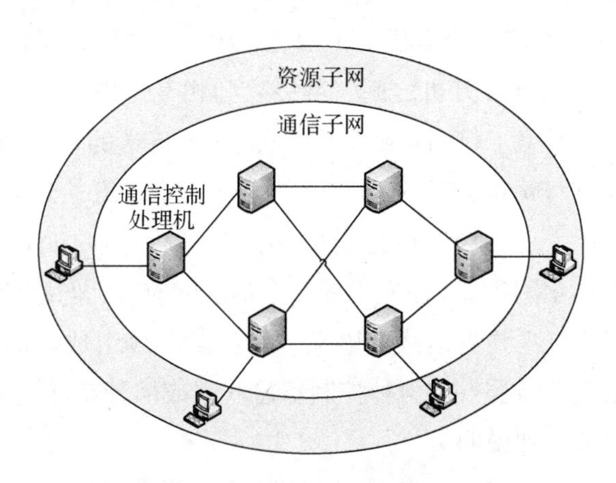


**图 1－1　通信子网和资源子网**

计算机网络系统以通信子网为中心，通信子网处于网络的内层，由通信控制处理机、其他通信设备、通信线路等组成，承担全网的数据传输、转发等通信任务。在目前网络结构中，通信子网一般由路由器、交换机和通信线路组成。

资源子网也称为用户子网，处理网络的外围，由网络中所有主机、终端、终端控制器、外设、各种软件资源和信息资源等组成，负责全网的数据处理、向网络用户提供各种网络资源和网络服务。资源子网通过通信线路连接到通信子网。

（二）网络硬件和网络软件

1. 网络硬件。网络硬件包括网络服务器、网络工作站、传输介质和网络设备等。

（1）网络服务器是网络的核心，是网络的资源所在，它为使用者提供了主要的网络资源。

（2）网络工作站实际上就是一台入网的计算机，它是用户使用网络的窗口。

（3）传输介质：是传输数据信号的物理通道，将网络中的各种设备连接起来。常用的有线传输有双绞线、同轴电缆、光纤；无线传输介质有无线电微波信号、激光等。

（4）网络互联设备：网络互联设备是用来实现网络中各计算机之间的连接、网与网之间的互联、数据信号的变换以及路由选择等功能，主要包括中继器（Repeater）、集线器（Hub）、调制解调器（Modem）、网桥（Bridge）、路由器（Router）、网关（Gateway）和交换机（Switch）等。

2. 网络软件。软件一方面授权用户对网络资源的访问，帮助用户方便、安全地使用网络，另一方面管理和调度网络资源，提供网络通信和用户所需的各种网络服务。网络软件一般包括网络操作系统、网络协议、通信软件、管理和服务软件等。

（1）网络操作系统（NOS）：是网络系统管理和通信控制软件的集合，它负责整个网络的软硬件资源的管理以及网络通信和任务的调度，并提供用户与网络之间的接口。目前，计算机网络操作系统有：UNIX、Windows NT、Windows Server 2000/2003/2008、Netware 和 Linux。UNIX 是唯一跨微机、小型机、大型机的网络操作系统。

（2）网络协议：是实现计算机之间、网络之间相互识别并正确进行通信的一组标准和规则，它是计算机网络工作的基础。在 Internet 上传送的每个消息至少通过三层协议：网络协议（Network Protocol），它负责将消息从一个地方传送到另一个地方；传输协议（Transport Protocol），它管理被传送内容的完整性；应用程序协议（Application Protocol），作为对通过网络应用程序发出的一个请求的应答，它将传输转换成人类能识别的东西。一个网络协议主要由语法、语义、同步三部分组成。语法即数据与控制信息的结构或格式；语义即需要发出何种控制信息、完成何种动作，以及做出何种应答；同步即事件实现顺序的详细说明。

（3）网络应用软件：网络应用软件是指能够为网络用户提供各种服务的软件。典型的网络应用软件有电子邮件、浏览软件、远程登录软件、传输软件等。

## 四、计算机网络的分类

计算机网络的分类方法有多种。其中最主要的是以下两种方法：

### （一）按网络覆盖范围分类

计算机网络按照其覆盖的范围进行分类，可以很好地反映不同类型网络的技术特征。由于网络覆盖的地理范围不同，它们所采用的传输技术也就不同，因而形成了不同的网络技术特点与网络服务功能。

按覆盖的地理范围划分，计算机网络可以分为以下三类：

1. 局域网。局域网（Local Area Network，LAN）用于将有限范围内（如一个实验室、一幢大楼、一个校园）的各种计算机、终端与外部设备互联成网。局域网按照采用的技术、应用范围和协议标准的不同可以分为共享局域网与交换局域网。局域网技术发展非常迅速，并且应用日益广泛，是计算机网络中最为活跃的领域之一。

局域网的主要特点如下：

（1）建设单位自主规划、设计、建设和管理。

（2）传输速度高，但网络覆盖范围有限。

（3）主要面向单位内部提供各种服务。

2. 城域网。城市地区网络常简称为城域网（Metropolitan Area Network，MAN）。城域网是介于广域网与局域网之间的一种高速网络。城域网设计的目标是要满足几十公里范围内的大量企业、机关、公司的多个局域网互联的需求，以实现大量用户之间的数据、图形与视频等多种信息的传输功能。

城域网的主要特点如下：

（1）建设城市自主规划、设计、建设和管理。

（2）传输速度较高，网络覆盖范围局限在一个城市。

（3）面向一个城市或一个城市的某系统内部提供电子政务、电子商务服务。

3. 广域网。广域网（Wide Area Network，WAN）也称为远程网。它所覆盖的地理范围从几十公里到几千公里。广域网覆盖一个国家、地区或横跨几个洲，形成国际性的远程网络。广域网的通信子网主要使用分组交换技术。广域网的通信子网可以利用公用分组交换网、卫星通信网和无线分组网。它将分布在不同地区的计算机系统互连起来，达到资源共享的目的。

广域网的主要特点如下：

（1）建设涉及国际组织或机构。

（2）网络覆盖范围没有限制。

（3）由于长距离的数据传输，容易出现错误。

（4）传输速度受限。

（5）管理复杂，建设成本高。

随着网络技术的发展，LAN 与 WAN 的界限越来越模糊。各种网络技术的统一已成为发展趋势。

### （二）按网络传输技术分类

网络所采用的传输技术决定了网络的主要技术特点，因此根据网络所采用传输技术对网络进行分类是一种很重要的方法。

在通信技术中，通信信道的类型有两类：广播通信信道与点对点通信信道。在广播通信信道中，多个节点共享一个通信信道，一个节点广播信息，其他节点必须接收信息；而在点对点通信信道中，一条通信线路只能连接一对节点，如果两个节点之间没有直接连接的线路，那么它们只能通过中间节点转接。

显然，网络要通过通信信道完成数据传输任务，网络所采用的传输技术也只可能有两类：广播方式和点对点方式。因此，相应的计算机网络也可以分为两类：广播式网络（Broadcast Networks）和点对点式网络（Point-to-Point Networks）。

1. 广播式网络。在广播式网络中，所有联网计算机都共享一个公共通信信道。当一台计算机利用共享通信信道发送报文分组时，所有其他的计算机都会“收听”到这个分组。由于发送的分组中带有目的地址与源地址，接收到该分组的计算机将检查目的地址是否与本节点地址相同。如果被接收报文分组的目的地址与本节点地址相同，则接收该分组，否则丢弃该分组。显然，在广播式网络中，发送的报文分组的目的地址可以有三类：单一节点地址、多节点地址与广播地址。

2. 点对点式网络。与广播式网络相反，在点对点式网络中，每条物理线路连接一对计算机。假如两台计算机之间没有直接连接的线路，那么它们之间的分组传输就要通过中间节点来接收、存储与转发。由于连接多台计算机之间的线路结构比较复杂，因此，从源节点到目的节点可能存在多条路由。采用分组存储转发与路由选择机制是点对点式网络与广播式网络的重要区别之一。

### （三）按通信介质分类

按照通信介质不同，计算机网络可以分为有线网络和无线网络。

1. 有线网络。有线网络指采用有形的传输介质组建的网络。有线网络的传输介质包括：

（1）双绞线。双绞线是目前最常见的联网介质，它比较经济，且安装方便，但抗干扰性一般。广泛应用于局域网中，还可以通过电话线上网或现有电力网电缆上网。

（2）同轴电缆。通过专用的同轴电缆（粗缆/细缆）来组网，还可以通过有线电视电缆，使用电缆调制解调器（Cable Modem）上网。

（3）光纤。采用光导纤维作为传输介质，光纤传输距离长，传输率高，且抗干扰性强，不会受到电子监听设备的监听，是安全性网络的理想选择。

2. 无线网络。无线网络是指使用电磁波、红外线等无线传输介质作为通信线路的网络。它可以传送无线电波和卫星信号。无线网络包括：

（1）无线电话网：通过手机上网已经成为新的热点，目前这种上网方式费用较高、速度较低，但由于联网方式灵活方便，是一种很有发展前途的联网方式。

（2）语音广播网：价格低廉、使用方便，但保密性和安全性差。

（3）无线电视网：普及率高，但无法在一个频道上和用户进行实时交流。

（4）微波通信网：通信的保密性和安全性较好。

（5）卫星通信网：能进行较远距离的通信，但价格昂贵。

（四）按应用范围分类

按照网络使用对象的不同，计算机网络可分为专用网和公用网。

1. 专用网。专用网是由某个单位或部门组建，使用权限属于本单位或部门内部所有，不允许外单位或部门使用。例如：金融、石油、铁路、电力、证券、保险等行业都有自己的专用网。专用网可以是租用电信部门的传输线路，也可以是自己铺设的线路，但后者的成本非常高。VPN（Virtual Private Network，虚拟专用网络）技术的出现大大降低了企业的通信费用。

2. 公用网。公用网一般由政府的电信部门组建、管理和控制，网络内的传输和交换设备可提供给任何部门和单位使用。公用网划分为：公共电话交换网（PSTN）、数字数据网（DDN）、综合业务数字网（ISDN）等。

（五）按网络组件分类

按照网络各组件的关系来划分，网络有两种常见的类型：对等网络和基于服务器的网络。

1. 对等网络。对等网络（Peer to Peer，简称 P2P）也称为对等连接或工作组，是一种新的通信模式，网上各台计算机有相同的功能，无主从之分，一台计算机都是既可作为服务器，设定共享资源供网络中其他计算机使用，又可以作为工作站。没有专用的服务器，也没有专用的工作站，是小型局域网常用的组网方式。

2. 基于服务器的网络。在基于服务器的网络中，服务器是可供用户共享和访问网络资源的集中位置。这台专用的计算机控制用户对共享资源的访问级别。共享数据位于一个位置，这样便于备份关键的业务信息。连接到网络的每台计算机都称为客户端计算机。在基于服务器的网络中，用户有一个用来登录服务器和访问共享资源的用户账户和密码。服务器操作系统在设计上能够处理多台客户端计算机访问服务器资源时所产生的负载。

# 任务二　掌握计算机网络的拓扑结构

网络中的计算机等设备要实现互联，就需要以一定的结构方式进行连接，这种连接方式就叫拓扑结构。

拓扑包括“物理拓扑”和“逻辑拓扑”，物理拓扑是描述网络设备如何布线和连接的，逻辑拓扑是关于数据是怎样沿着网络传播的。

一个网络的物理拓扑结构和逻辑拓扑结构可能完全不同。常见的网络拓扑结构有如下几种：

## 一、星型结构

星形结构是目前在局域网中应用最为普遍的一种，在企业网络中几乎都是采用这一方式。星型网络几乎都是 Ethernet（以太网）网络专用的，它是因网络中的各工作站节点设备通过一个网络集中设备（如集线器或交换机）连接在一起，各节点呈星状分布而得名的。这类网络目前用得最多的传输介质是双绞线，如常见的五类线、超五类双绞线等。其基本连接图如图 1－2 所示。

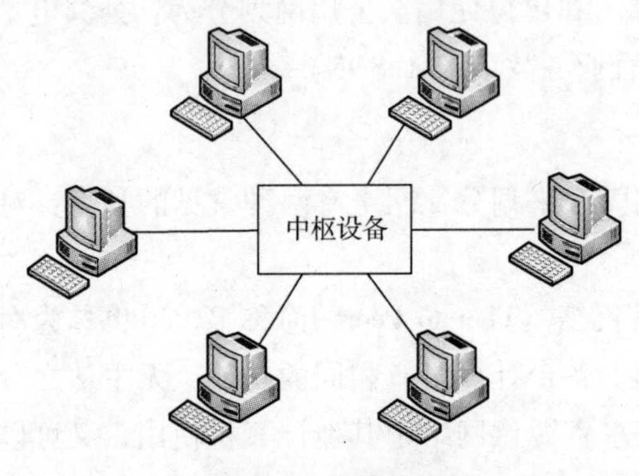


**图 1－2　星型结构**

优点：结构简单，易于实现，管理方便。

缺点：中央节点的负担较重，形成瓶颈，其故障将造成全网瘫痪。

## 二、环型结构

环型结构的网络形式主要应用于令牌网中，在这种网络结构中各设备是直接通过电缆来串接的，最后形成一个闭环，整个网络发送的信息就是在这个环中传递，通常把这类网络称为“令牌环网”。环型拓扑结构的网络示意图如图 1－3 所示。

实际上大多数情况下环型拓扑结构的网络不会是所有计算机真的要连接成物理上的环形，一般情况下，环的两端是通过一个阻抗匹配器来实现环的封闭的，因为在实

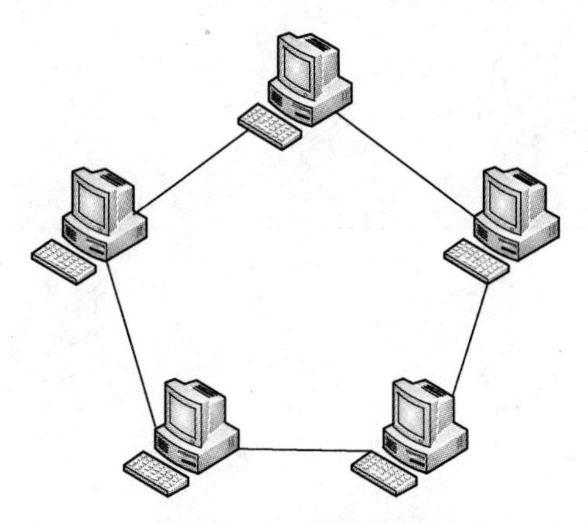

图 1-3　环型结构

际组网过程中因地理位置的限制不方便真的做到环的两端物理连接。

优点：结构简单，控制简便，结构对称性好。

缺点：节点的故障会引起全网故障，故障检测困难。

## 三、树型结构

在树型拓扑结构中，节点按层次进行连接，如图 1-4 所示。信息交换主要在上下节点之间进行。树型拓扑结构有多个中心节点，各个中心节点均能处理业务，但最上面的主节点有统管整个网络的能力。

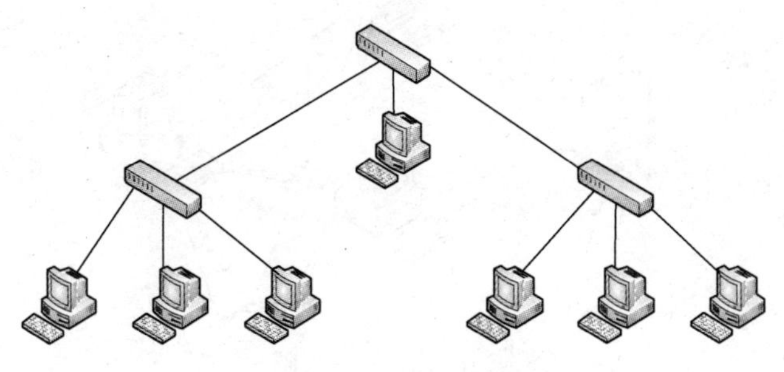

图 1-4　树型结构

优点：通信线路连接简单，网络管理软件也不复杂，维护方便。

缺点：可靠性不高。如中心节点出现故障，则和该中心节点连接的节点均不能工作。

## 四、总线型结构

总线型拓扑结构中所有设备都直接与总线相连，它所采用的介质一般也是同轴电缆（包括粗缆和细缆）。不过现在也有采用光缆作为总线型传输介质的，如后面将要讲的 ATM 网、Cable Modem 所采用的网络等都属于总线型网络结构。其结构示意图如图 1-5 所示。

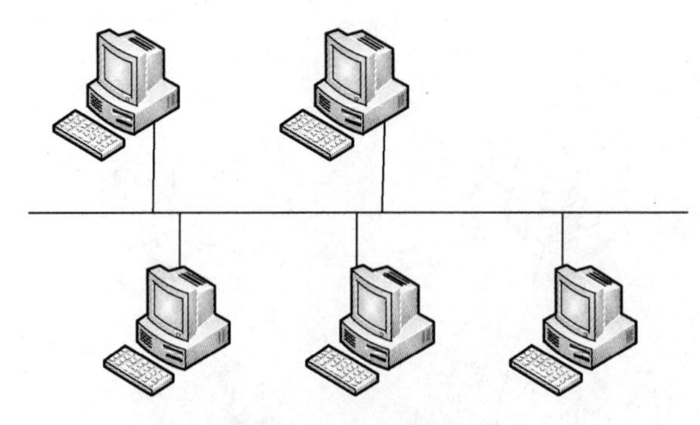

图 1－5　总线型结构

优点：易于扩充，增加或减少用户比较方便。

缺点：可靠性不高。如果总线出了问题，则整个网络不能工作，且故障诊断和隔离较难。

## 五、网状结构

网状拓扑结构主要指各节点通过传输线互相连接起来，并且每一个节点至少与其他两个节点相连，是广域网中的基本拓扑结构，不常用于局域网。网状结构示意图如图 1－6 所示。

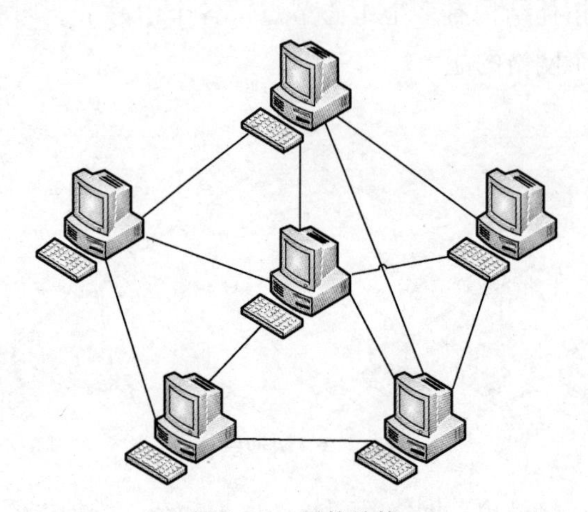

图 1－6　网状结构

优点：两个节点间存在多条传输通道，具有较高的可靠性。

缺点：结构复杂，实现起来费用较高，不易管理和维护。

## 六、混合结构

混合结构是由前面所讲的星型结构和总线型结构的网络结合在一起的网络结构，这样的拓扑结构更能满足较大网络的拓展，解决星型网络在传输距离上的局限，而同时又解决了总线型网络在连接用户数量上的限制。混合拓扑结构同时兼顾了星型网络

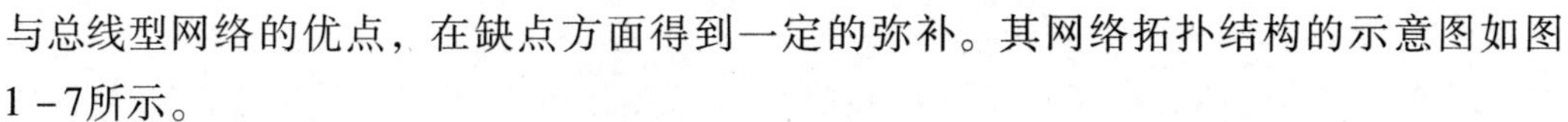

与总线型网络的优点，在缺点方面得到一定的弥补。其网络拓扑结构的示意图如图1－7所示。

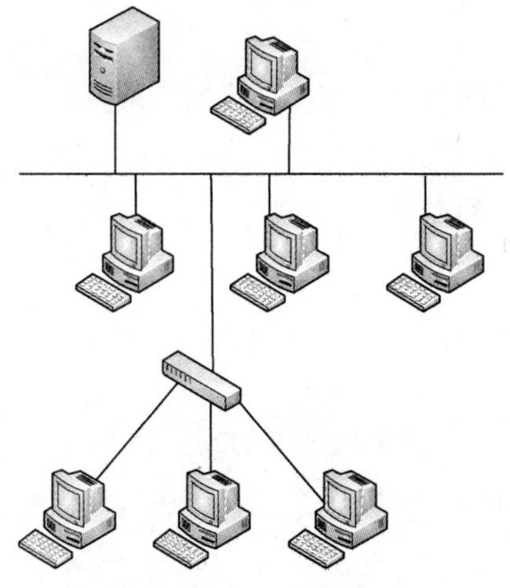

**图1－7 混合型结构**

构造网络时首先要选择采用哪种网络拓扑结构来物理连接所有的节点及计算机系统。

混合拓扑结构主要有以下几个特点：

1. 应用相当广泛。主要是因为它解决了星型和总线型拓扑结构的不足，满足了大公司组网的实际需求。

2. 扩展相当灵活。主要是继承了星型拓扑结构的优点。但由于仍采用广播式的消息传送方式，所以在总线长度和节点数量上也会受到限制，不过在局域网中是不存在太大问题的。

3. 同样具有总线型网络结构的网络速率会随着用户的增多而下降的弱点。

4. 较难维护。主要是受到总线型网络拓扑结构的制约，如果总线断了，则整个网络就瘫痪了，但是如果是分支网段出了故障，则不影响整个网络的正常运作。另外，整个网络非常复杂，维护起来不容易。

5. 速度较快。其骨干网采用高速的同轴电缆或光缆，所以整个网络在速度上应该不受太多的限制。

## 实 例

### 了解学校机房的计算机网络系统

**实例一：**

了解学校的网络实验室或机房的计算机网络系统，了解并熟悉该网络的软硬件结构，分析该计算机网络的功能和类型，并列出该网络所使用的软件和硬件清单。

操作步骤：

1. 参观PC通过双绞线连接到交换机，认识并记录双绞线、水晶头、网卡和交换机。

2. 观看并记录交换机与交换机的连接（级联还是堆叠）。

3. 查看并记录机房交换机与楼宇交换机的连接。

4. 画出机房网络的逻辑拓扑图。

5. 提交机房网络的逻辑拓扑图。

**实例二：**

### 分析校园网的拓扑结构

观察所在学校的网络中心或校园网，了解校园网的拓扑结构，分析该网络为什么要采用这种拓扑结构。

操作步骤：

1. 参观校园网管中心，认识并记录服务器、路由器和核心交换机。

2. 观看并记录交换机与服务器、路由器的连接，路由器与 Internet 的连接。

3. 查看并记录核心交换机与楼宇交换机的连接。

4. 认识并记录光缆、光纤接口。

5. 在纸上画出校园网络的逻辑拓扑图，分析该网络为什么要采用这种拓扑结构。

**实例三：**

### 利用 Visio 软件绘制校园网的逻辑拓扑图

Visio 是 Windows 操作系统下运行的流程图和矢量绘图软件，它是 Microsoft Office 软件的一个部分，可以绘制网络图、流程图、组织结构图等，功能强大，使用方便。用户启动 Visio 2013，起始页面会自动进入档案选项，可从最近使用的档案或建立的自订选项中立即开始绘制图表。Visio 2013 提供 60 种以上的模板供用户选择，轻松绘图。用户还可根据不同的场合和观众类型，套用布景主题和效果功能。Visio 2013 配备最佳化的迷你工具列，让格式设定、新增连接器或调整图形配置等常用的操作变得更有效率。用户只需按一下鼠标右键便可修改图形。

利用 Visio 2013 绘制网络拓扑图的操作步骤如下：

1. 启动 Visio 2013，在打开的如图 1-8 所示的窗口右边“特色”模板中选择“详细网络图”选项，打开如图 1-9 所示的“详细网络图”对话框，单击“创建”按钮，进入“详细网络图”拓扑结构绘制界面，如图 1-10 所示。

图 1－8　Visio 2013 主界面

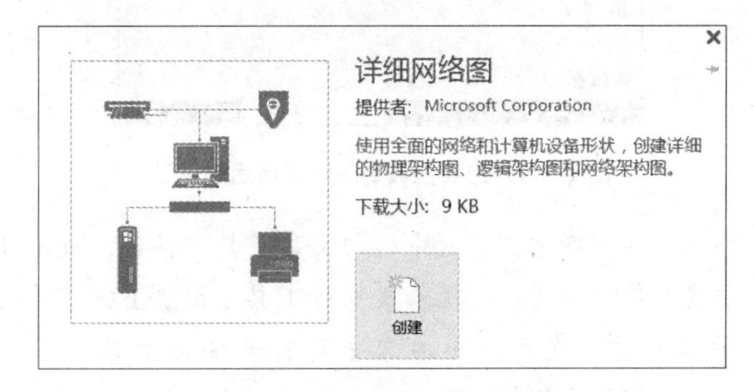


图 1－9　“详细网络图”对话框

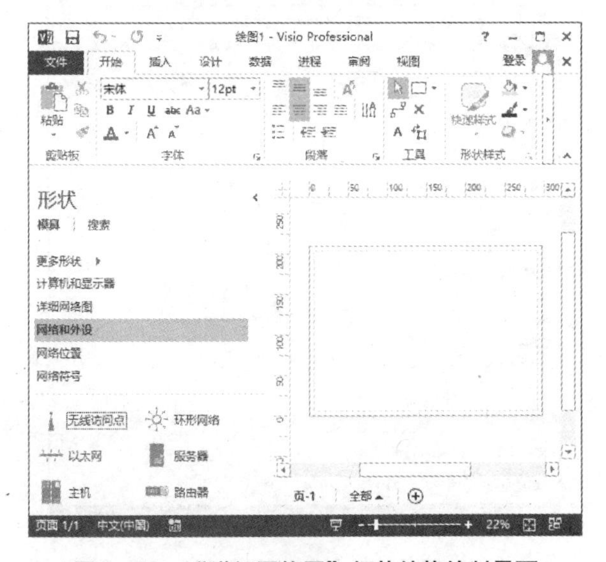


图 1－10　“详细网络图”拓扑结构绘制界面

2. 在左边形状列表中选择相应的形状，按住鼠标左键把相应形状拖到右边绘制平台窗口中的相应位置，然后松开鼠标。如图 1－11 所示，在“网络和外设”选项中的形状列表中分别选择“路由器”和“服务器”，并将其拖至相应位置。选定形状后，可调整形状大小或按一定角度旋转形状；也可在形状上右单击打开快捷菜单，选择相关命令对形状进行编辑。

图 1－11　形状拖放到绘制平台后的图示

3. 要为某形状加标注可单击工具栏中的“文本工具”按钮，也可以通过在形状上面右单击出现的形状工具栏中选择“编辑文本”工具。形状下方即可以显示一个小的文本框，此时可输入标注。在标注上右单击可打开快捷菜单对标注进一步编辑。图 1－12 所示为给路由器形状加上标注。

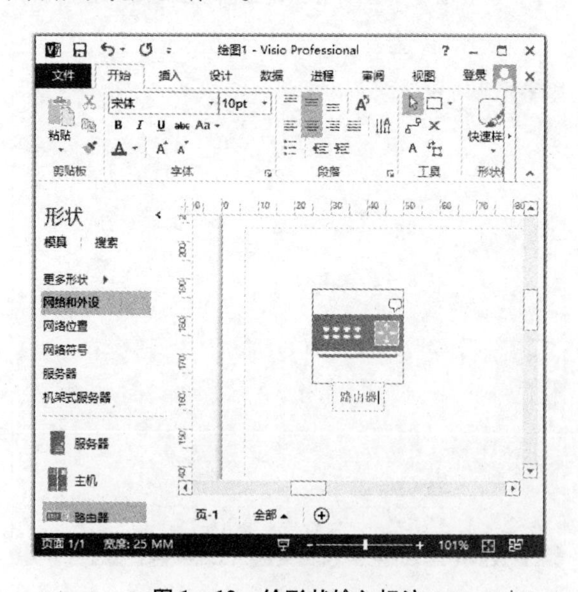


图 1－12　给形状输入标注

4. 形状间的连接，可以使用工具栏中的“连接线”工具，也可通过在形状上面右单击出现的形状工具栏中选择“连接线”工具。选择“连接线”工具后，根据需要首先选择一个形状的连接点，然后拖至另一个形状的连接点后松开鼠标即可。对连接线的编辑同样可通过快捷菜单完成。图 1－13 所示为路由器和服务器这两个形状的连接。

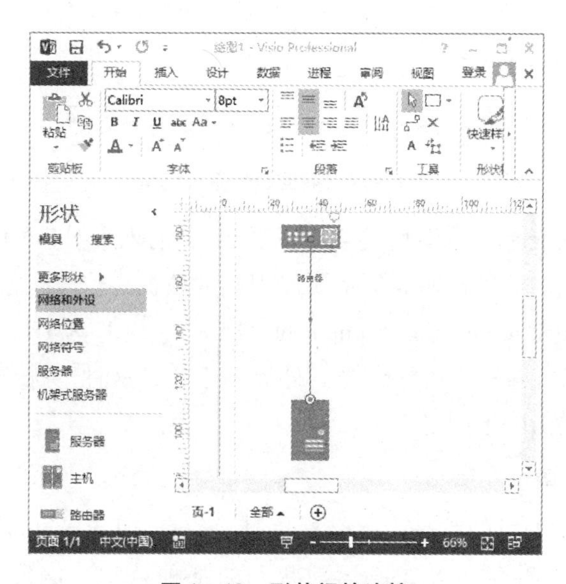


**图 1－13　形状间的连接**

5. 把其他网络设备形状一一添加并与网络中的相应设备形状连接起来即可形成一个完整的网络拓扑图。

6. 绘制校园网络的拓扑结构图。

# 任务三　认识数据通信系统

数据通信是一门独立的学科，涉及的范围很广，它的任务就是利用通信媒体传输信息。信息就是知识，数据就是信息的表现形式，信息是数据的内容。数据通信就是通过传输介质，采用网络、通信技术来使信息数据化并传输。计算机使用 0 和 1（即比特）数字信号表示数据，计算机网络中的信息通信与共享通过以下过程实现：一台计算机中的比特信号通过网络传送到另一台计算机中被处理或使用。从物理上讲，通信系统只使用传输介质传输电流、无线电波或光信号。

## 一、数据通信系统模型

数据通信系统是指通过通信线路和通信控制处理设备将分布在各处的数据终端设备连接起来，执行数据传输功能的系统。

数据通信系统由信源、信宿和信道三部分组成，数据通信系统模型如图 1－14 所示。通信的目的就是传递信息，通信中，产生和发送信息的一端叫信源，接收信息的一端叫信宿。信源和信宿之间要通过通信线路才能互相通信。通信线路通常被称为信道。信道物理性质的不同对通信的速率和传输质量的影响也不同。其中，信源与信宿又被称为数据终端设备（Data Terminal Equipment，DTE）。

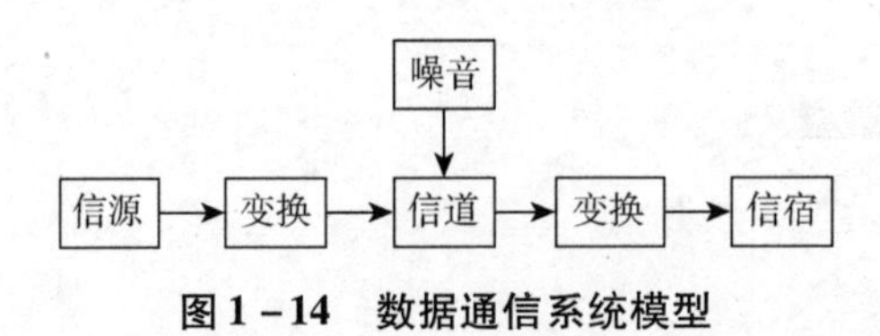


**图 1－14　数据通信系统模型**

信号变换器的功能是把信源所要发送的数据转换成适合于在信道上传输的信号，或者把从信道上接收的信号转换成信宿所能识别的数据。信号变换器又称为数据线路终接设备（Data Circuit-terminating Equipment，DCE）。DCE 为 DTE 提供了入网的连接点。另外，信息在传输过程中可能会受到外界的干扰，这种干扰称为噪音。不同的物理信道受各种干扰的影响不同。

（一）信息、数据和信号

计算机网络通信的目的就是为了交换信息。信息（Information）是有用的知识或消息，是人对现实世界存在方式或运动状态的某种认识。信息一般用数据和信号表示。

数据（Data）是传递信息的实体，总是和一定的形式相联系，能够被识别，也可以被描述，如十进制数、二进制数、字符等。数据分两种：模拟数据和数字数据，前者取连续值，后者取离散值。模拟数据（Analog data）也称为模拟量，指的是取值范围是连续的变量或者数值，例如声音、图像、温度、压力等。数字数据（digital data）也称为数字量，指的是取值范围是离散的变量或者数值，例如整数、字符、文本等。计算机中一般采用二进制形式，只有“0”和“1”两个数值。在数据通信中，人们习惯将被传输的二进制代码的 0、1 称为码元。

信号（Signal）是数据在传输过程中的表现形式，即信号是数据的电编码或电磁编码或光编码。它分为两种：模拟信号和数字信号。模拟信号是在各种介质上传送的一种随时间连续变化的电流、电压或电磁波，可以选用适当的参量信号在双绞线、同轴电缆和光纤上传送。数字信号是在介质上传送的一系列离散的电脉冲或光脉冲，是一种离散信号。模拟信号和数字信号可以相互转换。在数据通信中，数据以电信号或光信号的形式从一端传送到另一端。模拟信号和数字信号的波形如图 1－15 所示。

信息、信号和数据这三者是紧密相关的。在数据通信系统中，人们关注得更多的是数据和信号。

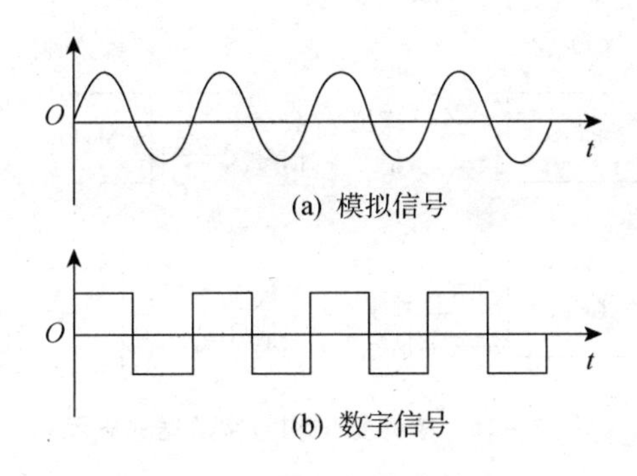


**图 1－15 模拟信号和数字信号**

（二）模拟传输和数字传输

所谓传输是将信号从一个位置传送到另一个位置。

模拟传输是传输模拟信号的一种方法，这些信号与模拟数据或数字数据无关，它们可以代表模拟数据，如声音；也可以代表数字数据，如通过调制解调器变换了的二进制数据。模拟信号传送一定距离后，由于幅度衰减而失真变形，所以在长距离传送时，需在沿途加若干放大器将信号放大。但放大器在放大信号的同时，也放大了噪声，同样会引起误差，且误差是沿途累加的。对于声音数据，有一点误差，还可辨认，但对于数字数据，一点误差都是不允许的。

相反，数字传输是用以数字信号形式传输的。它可以直接传输二进制数据或编码的二进制数据（为了更适合传输介质的要求），也可以传输数字化的模拟数据，如数字化的声音。数字信号在传输过程中，也会由于信号幅度衰减而失真，但由于数字信号只包含有限个电平值，如二进制数字信号就只有两个电平值，分别为“0”和“1”，故只要在数字信号衰减到可能无法辨认是原电平之前，在沿途适当的地方（一般为50km）加中继器将该信号恢复原值，即可继续传输。中继器具有对数字信号整形、放大的功能，比较简单，它的引入不会产生积累误差，这也是当今采用数字传输方法传输模拟数据的原因。

模拟数据和数字数据两者均可由模拟信号和数字信号表示和传输。通常，模拟数据是时间的函数并占有一定的频率范围，这种数据可直接由占有相同频率范围的电磁信号表示，大多数声音的能量都集中在窄得多的频率范围内。声音信号的标准频率范围为300Hz～3400Hz，电话设备的所有输入也是在此范围之内。在该频率范围内，可以十分清晰地传播声音。这种模拟数据也可以由数字信号表示和传输，这时需要有一个将模拟数据转换为数字信号的设备。例如可以通过一个变换器 Codec（编码/译码器）将声音信号进行数字化。同样，数字数据可以由数字信号直接表示，也可以通过一个变换器 Modem（调制/解调器）由模拟信号来表示。它们之间的关系可以由图 1－16 加以说明。

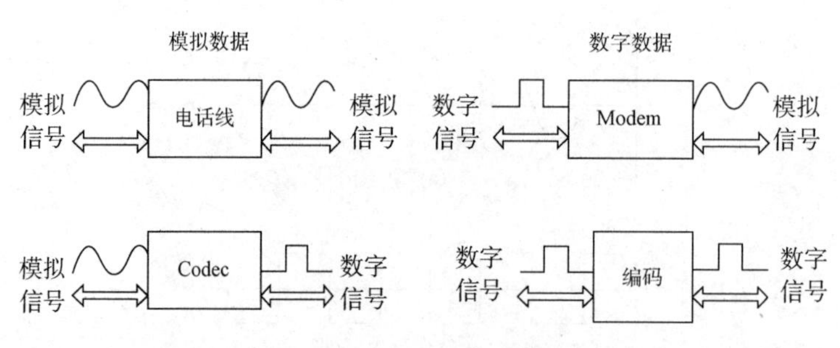


**图1-16 模拟数据和数字数据的表示**

（三）信道

信道是信息传输的通道，即信息进行传输时所经过的一条通路。一条传输介质上可以有多条信道（多路复用）。与信号分类相对应，信道可以分为用来传输数字信号的数字信道和用来传输模拟数据的模拟信道。数字信号经过数-模转换后可以在模拟信道上传输；模拟信号经过模-数转换后可以在数字信道上传输。

## 二、数据通信系统的技术指标

数据通信系统的技术指标主要体现在数据传输的数量和质量两方面。数量体现在信道传输信息的能力和速度，可用信道带宽、信道容量和数据传输速率表示；质量则是信息传输的可靠性，一般用误码率来衡量。

（一）信道带宽

在传输过程中，每种信号都要占据一定的频率范围，称该频率范围为信道带宽，通常简称为带宽。带宽 $W=f_{max}-f_{min}$，其中 $f_{min}$ 是信道能通过的最低频率，$f_{max}$ 是信道能通过的最高频率，两者都是由信道的物理特性决定的。例如，声音的频率范围主要在300Hz~3400Hz之间，故电话线一条话路的带宽是300Hz~3400Hz；又如，一条电缆可传送1MHz频率范围的信号，则称该电缆的带宽为1MHz。信道带宽越宽，在一定时间内信道上传输的信息量就越多，则信道容量就越大，传输效率也就越高。按照信道带宽通常可将信道分作三类：窄带信道（带宽为0~300Hz），音频信道（带宽为300Hz~3400Hz）和宽带信道（带宽为3400Hz以上）。

（二）信道容量

信道容量用来表示一个信道传输数字信号的能力，它以数据传输速率作为指标，即信道所能支持的最大数据传输速率。信道容量只由信道本身的特征（带宽、信噪比）来决定，与具体的通信手段无关，它表示的是信道所能支持的数据传输速率的上限。

对于无噪信道，根据奈奎斯特定理，如果信道带宽为 $H$，码元状态为 $N$，则信道的最大数据传输速率（bit/s）为：

$$C = 2H\log_2 N$$

这里 $C$ 与码元状态数 $N$ 有关，对于无噪信道，$N$ 可以取任意值，因而无噪信道的信道容量是无限的。

实际的信道总是有噪声的，噪声的存在限制了 $N$ 的无限增长。根据香农（Shannon）定理，带宽为 $H$ 的有噪声信道，其最大的数据传输速率为：

$$C = H\log_2 (1 + S/N)$$

其中，$S/N$ 为信道的信噪比，即信号功率与噪声功率的比值，$S$ 为信号功率，$N$ 为噪声功率。信噪比通常用分贝（dB）来表示，分贝和一般比值的换算关系为：

$$信噪比(dB) = 10\lg S/N$$

如果 $S/N = 100$，则用分贝表示的信噪比即为20dB。

例如，信道带宽为3000Hz，信噪比为30dB，则最大数据速率为：

$$C = 3000\log_2 (1 + 1000)\ \text{bit/s} \approx 3000 \times 9.97\text{bit/s} \approx 30000\text{bit/s}$$

这是极限值，只有理论上的意义。实际上在3000Hz带宽的电话线上数据传输速率能达到9600bit/s就很不错了。

### （三）数据传输速率

数据传输速率是指单位时间内信道上所能传输的数据量，可用“比特率”来表示。在数值上等于每秒钟传输构成数据代码的二进制信息位数，单位为比特/秒（bit/s），记做b/s或bps。对于二进制数据，数据传输速率为：

$$S = 1/t\ (\text{bps})$$

其中，$t$ 为发送每一比特所需要的时间。

例如，如果在通信信道上发送一个比特信号所需的时间为0.1ms，那么信道的数据传输速率为10000bps。在实际应用中，常见的数据传输速率单位有：Kbps（$10^3$bps）、Mbps（$10^6$bps）、Gbps（$10^9$bps）。

在模拟信号传输中，有时会使用波特率（波形速率）衡量模拟信号的传输速度，波特率指每秒传送的波形的个数。

### （四）误码率

误码的产生是由于在信号传输中，衰变改变了信号的电压，致使信号在传输中遭到破坏，产生误码，如果有误码就有误码率。误码率为：

$$误码率 = 传输中的误码/所传输的总码数 \times 100\%$$

误码率是衡量数据在规定时间内数据传输精确性的指标。另外，也有将误码率定义为用来衡量误码出现的频率。

# 任务四　掌握数据通信关键技术

## 一、数据传输方向

数据通信按照信号传送方向与时间的关系，可以分为三种：单工通信、半双工通信和全双工通信。

### （一）单工通信

如图1－17（a）所示，在单工通信方式中，信号只能向一个方向传输，任何时候都不能改变信号的传送方向。只能向一个方向传送信号的通信信道，只能用于单工通信方式中。

### （二）半双工通信

如图1－17（b）所示，在半双工通信方式中，信号可以双向传送，但必须是交替进行，一个时间只能向一个方向传送。可以双向传送信号，但必须交替进行的通信信道，只能用于半双工通信方式中。

### （三）全双工通信

如图1－17（c）所示，在全双工通信方式中，信号可以同时双向传送。只有可以双向同时传送信号的通信信道，才能实现全双工通信，自然也就可以用于单工或半双工通信。

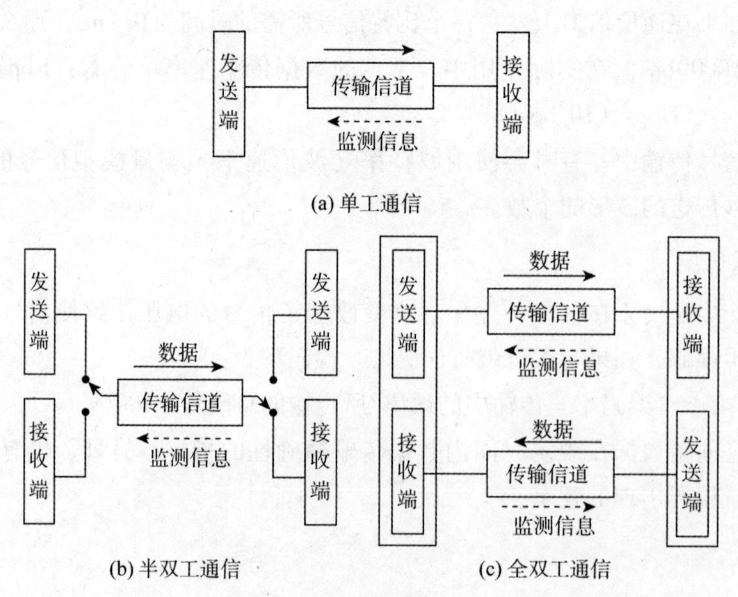


图1－17　数据传输方向

## 二、数据传输方式

### （一）异步传输与同步传输

数字通信中必须解决的一个重要问题，就是要求通信的收发双方在时间基准上保持一致。即接收方必须知道它所接收的数据每一位的开始时间与持续时间，这样才能正确地接收发送方发来的数据。

1. 异步传输。异步传输方式指收发两端各自有相互独立的位定时时钟，数据的传输速率是双方约定的，收方利用数据本身来进行同步的传输方式，一般是起止式同步方式。其工作原理是：每个字节作为一个单元独立传输，字节之间的传输间隔任意，如图 1－18 所示。

| 1位 | 7位 | 1位 | 1~2位 |
|---|---|---|---|
| 起始位 | 字　　符 | 校 验 | 终止位 |

**图 1－18　异步传输的数据格式**

异步传输方式中，不传送字符时，并不要求收发时钟“同步”，但在传送字符时，要求收发时钟在每一字符中的每一位上“同步”。

异步传输的优点是简单、可靠，常用于面向字符的、低速的异步通信场合。例如，主计算机与终端之间的交互式通信通常采用这种方式。

2. 同步传输。同步传输方式是相对于异步传输方式的，是针对时钟的同步，即指收发双方采用了统一时钟的传输方式。至于统一时钟信号的来源，或是双方有一条时钟信号的信道，或是利用独立同步信号来提取时钟。同步传输的方式不是对每个字节单独进行同步，而是对一组字符组成的数据块进行同步，每个数据块的头部和尾部都要附加一个特殊的字符或比特序列，标记一个数据块的开始和结束，一般还要附加一个校验序列（如 16 位或 32 位 CRC 校验码），以便对数据块进行差错控制，如图 1－19 所示。

| 块开始标志 | 数据块（二进制位流） | 块校验序列 | 块结束标志 |
|---|---|---|---|

**图 1－19　同步传输的数据格式**

在同步传输方式中，是以固定的时钟节拍来传输信号的，即有恒定的传输速率。在串行数据流中，各个信号码元之间相对位置都是固定的，接收方为了从收到的数据流中正确地区分出一个个信号码元，首先必须建立准确的时钟信号，即位同步，也就是要求收发两方具有一个同步（同频同相）时钟，从而满足收发双方同步工作的要求。

与异步传输方式相比，同步传输方式中的设备，或是双方之间的信道比较复杂，但同步传输方式没有起止位，所以传输效率较高。

（二）串行通信与并行通信

数据通信按照字节使用的信道数，可以分为串行通信和并行通信两种。

1. 串行通信。计算机采用 8 位的二进制代码来表示一个字符。在数据通信中，按照图 1－20（a）所示的方式，将待传送的每个字符的二进制代码按由低位到高位的顺序，依次发送。

2. 并行通信。在数据通信中，按图 1－20（b）所示的方式，将表示一个字符的 8 位二进制代码同时通过 8 条并行的通信信道发送出去，每次发送一个字符代码。

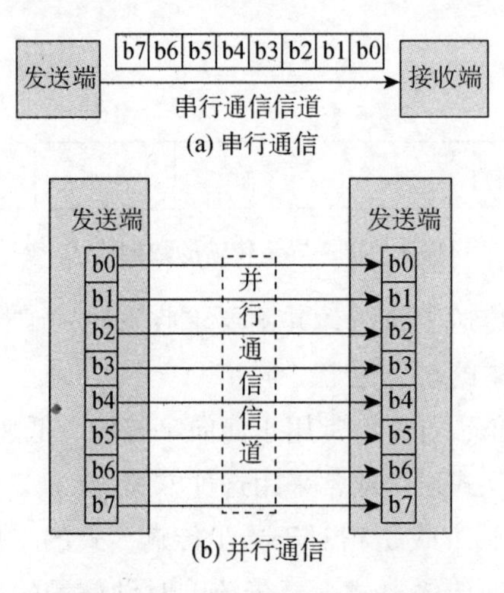


**图 1－20　串行通信和并行通信**

显然，采用串行通信方式只需要在收发双方之间建立一条通信信道，采用并行通信方式的收发双方之间必须建立并行的多条通信信道。对于远程通信来说，在同样传输速率的情况下，并行通信在单位时间内所传送的码元是串行通信的 $n$ 倍（此例中 $n=8$）。由于并行通信方式需要建立多个通信信道，造价较高，因此在远程通信中，人们一般采用串行通信方式。

### 三、数据传输技术

（一）基带传输

在数据通信中，表示计算机二进制比特序列的数字数据信号是典型的矩形脉冲信号。人们把矩形脉冲信号的固有频带称作基本频带（简称为基带）。这种矩形脉冲信号就叫做基带信号。在数字通信信道上直接传送基带信号的方法称为基带传输。

基带传输在基本不改变数字数据信号波形的情况下直接传输数字信号，具有速率高和误码率低等优点，在计算机网络通信中被广泛采用。

（二）频带传输

电话交换网是用于传输语音信号的模拟通信信道，并且是目前覆盖面最广的一种通信方式。因此，利用模拟通信信道进行数据通信也是普遍使用的通信方式之一。为了利用模拟语音通信的电话交换网实现计算机的数字数据信号的传输，必须首先将数字信号转换成模拟信号。

（三）宽带传输

宽带传输是指具有比原来话音信道带宽更宽的信道。使用这种宽带技术进行传输的系统，称为宽带传输系统。宽带传输系统可以进行高速的数据传输，并且允许在同一信道上进行数字信息和模拟信息服务。

## 四、数据编码方法

在计算机中数据是以离散的二进制比特序列方式表示的。计算机数据在传输过程中的数据编码类型，主要取决于它采用的通信信道所支持的数据通信类型。

根据数据通信类型，网络中常用的通信信道分为两类：模拟通信信道与数字通信信道。相应的用于数据通信的数据编码方式也分为两类：模拟数据编码与数字数据编码。

（一）模拟数据编码方法

电话通信信道是典型的模拟通信信道，它是目前世界上覆盖面最广、应用最普遍的一类通信信道。无论网络与通信技术如何发展，电话仍然是一种基本的通信手段。传统的电话通信信道是为传输语音信号设计的，只适用于传输音频范围为 300 ~ 3400Hz 的模拟信号，无法直接传输计算机的数字信号。为了利用模拟语音通信的电话交换网实现计算机的数字数据信号的传输，必须首先将数字信号转换成模拟信号。

我们将发送端数字信号变换成模拟数据信号的过程称为调制（Modulation），将调制设备称为调制器（Modulator）；将接收端把模拟数据信号还原成数字数据信号的过程称为解调（Demodulation），将解调设备称为解调器（Demodulator）；将同时具备调制与解调功能的设备，称为调制解调器（Modem）。

（二）数字数据编码方法

在数据通信技术中，我们将利用模拟通信信道通过调制解调器传输模拟数据信号的方法称为频带传输，将利用数字通信信道直接传输数字数据信号的方法称为基带传输。

频带传输的优点是可以利用目前覆盖面最广、普遍应用的模拟语音通信信道。用于语音通信的电话交换网技术成熟并且造价较低，但其缺点是数据传输速率和系统效率较低。基带传输在基本不改变数字数据信号频带（即波形）的情况下直接传输数字信号，可以达到很高的数据传输速率和系统效率。因此，基带传输是目前迅速发展与广泛应用的数据通信方式。

在基带传输中，数字数据信号的编码方式主要有以下几种，如图 1－21 所示。

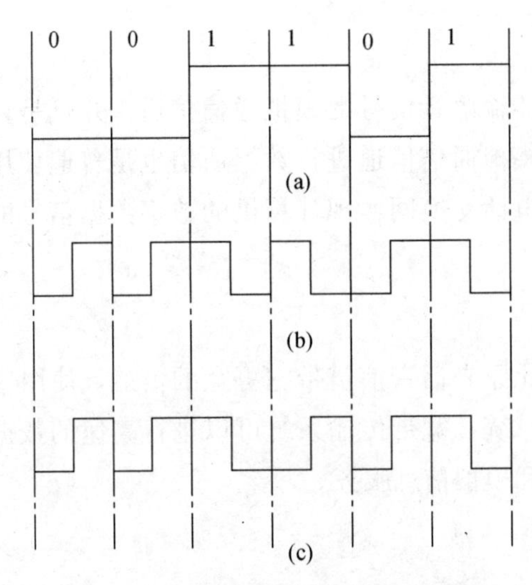


**图 1－21　数字数据信号的编码方式**

1. 非归零码（Non Return to Zero，NRZ）：可以规定用负电平表示逻辑“0”，用正电平表示逻辑“1”，也可以有其他表示方法。

2. 曼彻斯特（Manchester）编码：每个比特的中间有一次电平跳变，可以把“0”定义为由低电平到高电平的跳变，“1”定义为由高电平到低电平的跳变。

3. 差分曼彻斯特（Difference Manchester）编码：是对曼彻斯特编码的改进，“0”和“1”是根据两比特之间有没有跳变来区分的。如果下一个数是“0”，则在两比特中间有一次跳变；如果下一个数据是“1”，则在两比特中间没有电平跳变。

## 五、多路复用技术

在长途通信中，一些高容量的传输通道（如卫星设施、光缆等），其可传输的频率带宽很宽，为了高效合理地利用这些资源，出现了多路复用技术。多路复用就是在单一的通信线路上同时传输多个不同来源的信息 。多路复用原理如图 1－22 所示。从不同发送端发出的信号 $S_1$，$S_2 \cdots S_n$，先由复用器合为一个信号，再通过单一信道传输至接收端。接收前先由分离器分出各个信号，再被各接收端接收。可见，多路复用需经复合、传输、分离三个过程。

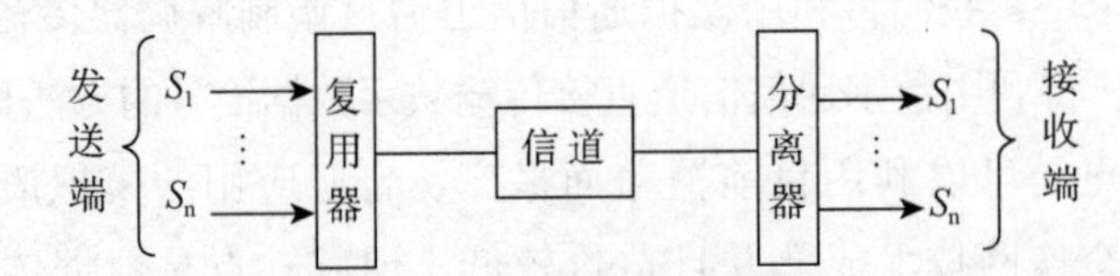


**图 1－22　多路复用原理**

如何实现多个不同信号的复合与分离，是多路复用技术研究的中心问题。为使不同的信号能够复合为一个信号，要求各信号存在一定的共性；复合的信号能否分离，又取决于各信号有无自己的特征。根据不同信道的情况，事先对被传送的信息进行处理，使之既有复合的可能性，又有分离的条件。也就是说，各信号在复合前可各自做一标记，然后复合、传输。接收时再根据各自的标记来识别分离它们。常见的多路复用技术有以下几种：

（一）频分多路复用（FDM）

频分多路复用的典型例子有许多，如无线电广播、无线电视中将多个电台或电视台的多组节目对应的声音、图像信号分别载在不同频率的无线电波上，同时在同一无线空间中传播，接收者根据需要接收特定的某种频率的信号收听或收看。同样，有线电视也是基于同一原理。总之，频分多路复用是把线路或空间的频带资源分成多个频段，将其分别分配给多个用户，每个用户终端通过分配给它的子频段传输，如图 1－23 所示。在 FDM 频分多路复用中，各个频段都有一定的带宽，称为逻辑信道。为了防止相邻信道信号频率覆盖造成的干扰，相邻两个信号的频率段之间设立一定的“保护”带，保护带对应的频率未被使用，以保证各个频带互相隔离不会交叠。

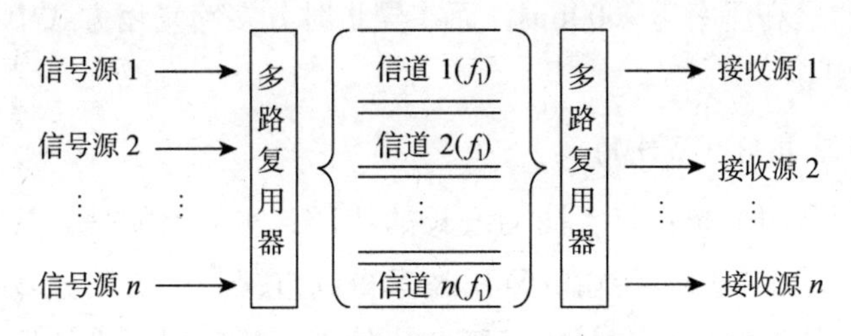


**图 1－23 频分多路复用原理**

（二）时分多路复用（TDM）

时分多路复用是按传输信号的时间进行分割，使不同的信号在不同时间内传送，即将整个传输时间分为许多时间间隔（称为时隙、时间片），每个时间片被一路信号占用。也就是说 TDM 是通过在时间上交叉发送每一路信号的一部分来实现一条线路传送多路信号，如图 1－24 所示。

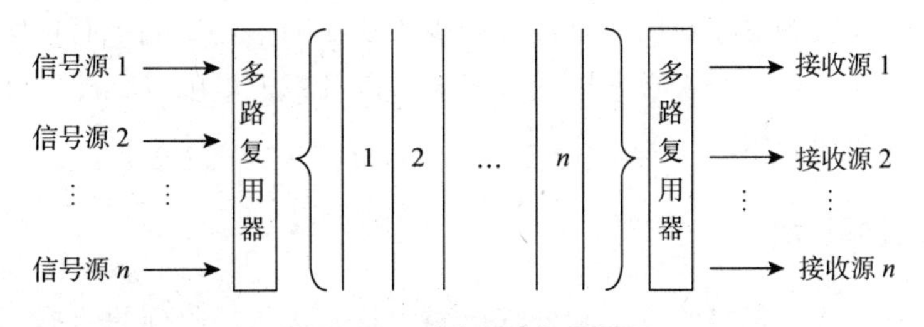


**图 1－24 时分多路复用原理**

时分多路复用线路上的每一时刻只有一路信号存在，而频分是同时传送若干路不同频率的信号。因为数字信号是有限个离散值，所以适合采用时分多路复用技术，而模拟信号一般采用频分多路复用。

1. 同步时分多路复用。同步时分多路复用采用固定时间片分配方式，即将传输信号的时间按特定长度连续地划分成特定时间段，再将每一时间段划分成等长度的多个时间片，每个时间片以固定的方式分配给各路数字信号，各路数字信号在每一时间段都顺序分配到一个时间片。

由于在同步时分多路复用方式中，时间片预先分配且固定不变，无论是否传输数据，时间片拥有者都占有一定时间片，形成了时间片浪费，其时间片的利用率很低，为了克服同步时分多路复用的缺点，引入了异步时分多路复用技术。

2. 异步时分多路复用。异步时分多路复用技术能动态地按需分配时间片，避免每个时间段出现空闲时间片。也就是只有某一路用户有数据要发送时才把时间片分配给它。当用户暂停发送数据时不给它分配线路资源。所以每个用户的传输速率可以高于平均速率（即通过多占时间片），最高可达到线路总的传输能力（即占有所有的时间）。如线路总的传输能力为28. 8Kbps，三个用户公用此线路，在同步时分多路复用方式中，每个用户的最高速率为9600bps，而在异步时分多路复用方式中，每个用户的最高速率可达28. 8Kbps。

### （三）波分多路复用（WDM）

波分多路复用利用了光具有不同的波长的特征，实际上就是光的频分复用。随着光纤技术的使用，基于光信号传输的复用技术得到重视。光的波分多路复用是利用波分复用设备将不同信道的信号调制成不同波长的光，并复用到光纤信道上，由于波长不同，所以各路光信号互不干扰；在接收方，采用波分设备将各路波长的光分解出来。

### （四）码分多路复用（CDM）

码分多路复用也是一种共享信道的方法，每个用户可在同一时间使用同样的频带进行通信，但使用的是基于码型分割信道的方法，即每个用户分配一个地址码，各个码型互不重叠，通信各方之间不会相互干扰，且抗干扰能力强。

码分多路复用技术主要用于无线通信系统，特别是移动通信系统。它不仅可以提高通信的话音质量和数据传输的可靠性并减少干扰对通信的影响，而且增大了通信系统的容量。笔记本电脑、个人数字助理（PDA）以及掌上电脑等移动性计算机的联网通信就是使用了这种技术。

## 六、差错控制技术

数据通信中，由于信号的衰减和外部电磁干扰，接收端收到的数据与发送端发送的数据不一致的现象称为传输差错。传输中出错的数据是不可用的，不知道是否有错的数据同样是不可用的。判断数据经传输后是否有错的手段和方法称为差错检测，确保传输数据正确的方法和手段称为差错控制。差错控制编码又可分为检错码和纠错码，检错码为每个传输的分组加上一定的冗余信息，接收端可以根据这些冗余信息发现传输差错，但是不能确定是哪个或哪些位出错，并且自己不能纠错；纠错码为每个传输的分组加上足够的冗余信息，以便在接收端能发现并自动纠正传输差错。目前常用的检错码有：奇偶校验码、循环冗余码。

（一）奇偶校验

奇偶校验是最常用的检错方法，也是一种最简单、在数据通信中广泛采用的编码。其原理是在面向字节的数据通信中，在每个字节的尾部都加上1个校验位，构成一个带有校验位的码组，使得码组中“1”的个数成为奇数（奇校验）或偶数（偶校验），并把整个码组一起发送出去，一个数据段以字节为单位加上校验码后连续传输。接收端收到信号之后，对每个码组检查其中“1”的个数是否为奇数（奇校验）或偶数（偶校验），如果检查通过就认为收到的数据正确，否则判为出错，并发送一个信号给发送端，要求重发该段数据。

这种方法简单实用，但只能对付少量的随机性错误，检错能力较低。奇偶校验码还可分为垂直奇（偶）校验、水平奇（偶）校验和水平垂直奇（偶）校验（方阵码）。

1. 水平奇/偶校验码。信息字段以字符为单位，检验字段仅含一个位称为校验位，使用七个单位的ASCII码来构造成八单位的检错码时若采用奇/偶校验，校验位的取值应使整个码字包括校验位中为1的比特个数为奇数或偶数。通常在异步传输方式中采用偶校验，同步传输方式中采用奇校验。

例：信息字段　　奇校验码　　偶校验码

0110001　　01100010　　01100011

2. 垂直奇/偶校验码（组校验）。被传输的信息进行分组，并排列为若干行和列。组中每行的相同列进行奇/偶校验，最终产生由校验位形成的校验字符（校验行），并附加在信息分组之后传输。

例：4个字符（4行）组成一信息组

其垂直奇/偶校验码为：

0111001　　0010101　　0101011　　1010101　　0101101

第1字符　　第2字符　　第3字符　　第4字符　　奇校验字符

水平垂直奇/偶校验码（方阵校验）

0111001　　0

0010101　　1

0101011　　0

1010101　　0

1010010　　1　　偶校验字符

奇偶校验能够检测出信息传输过程中的部分误码（1位误码能检出，2位及2位以上误码不能检出），同时，它不能纠错。在发现错误后，只能要求重发。但由于其实现简单，仍得到了广泛使用。奇偶校验码多用于计算机硬件中，遇到麻烦时能够重新操作或者通过简单的错误检测。例如 SCSI 总线使用奇偶校验位检测传输错误，许多微处理器的指令调整缓存中也用到奇偶校验保护。

（二）循环冗余校验

循环冗余校验（Cyclic Redundancy Check，CRC）是一种比较复杂的校验方法。此方法将整个数据块看成是一个连续的二进制数据，从代数的角度将整个数据块看成是一个报文码多项式，除以另一个称为“生成多项式”的多项式。CRC 码由两部分组成，前者是信息码，即需要校验的信息，后面是校验码，如果 CRC 码共长 $n$ 个 bit，信息码长 $k$ 个 bit，就称为（$n$，$k$）码。

在代数编码理论中，将一个码组表示为一个多项式，码组中各码元当作多项式的系数。例如 1100101 表示为：

$$1 \cdot x^6 + 1 \cdot x^5 + 0 \cdot x^4 + 0 \cdot x^3 + 1 \cdot x^2 + 0 \cdot x + 1，即 x^6 + x^5 + x^2 + 1$$

设编码前的原始信息多项式为 $P(x)$，$P(x)$ 的最高幂次加 1 等于 $k$；生成式项式为 $G(x)$，$G(x)$ 的最高幂次等于 $r$；CRC 多项式为 $R(x)$；编码后的带 CRC 的信息多项式为 $T(x)$，则发送方编码方法为：将 $P(x)$ 乘以 $x^r$（即对应的二进制码序列左移 $r$ 位），再用“模二算法”除以 $G(x)$，则所得余式即为 $R(x)$。

所谓“模二算法”，是指在进行加减法运算过程中不进位也不借位，而是直接用对应位相减，即：

$$1-1=0 \qquad 0-0=0 \qquad 0-1=1 \qquad 1-0=1$$

例如，在普通的除法运算中，由于 $101<110$，所以在上商的时候，不能上 1，而“模二除法”则不需要考虑这一点，只要是位数达到除数的位数就可以上商。

接收方解码方法：将 $T(x)$ 除以 $G(x)$，如果余数为 0，则说明传输中无错误发生，否则说明传输有误。

假设要发送的数据比特序列是 110011（$k=6$），选定的生成多项式比特序列为 11001（$r=4$），则 CRC 码的生成步骤为：

1. 将发送数据比特序列对应的多项式乘以 $x^4$（即对应的二进制码序列左移 4 位），那么产生的乘积所对应的二进制比特序列为 1100110000。

2. 将乘积用生成多项式比特序列去除，按“模二算法”应为：

```
                      100001
G(x) ──► 11001 ) 1100110000
                 11001
                 ──────────
                      10000
                      11001
                      ─────
                       1001 ◄── R(x)
```

3. 将余数比特序列加到乘积中，得：

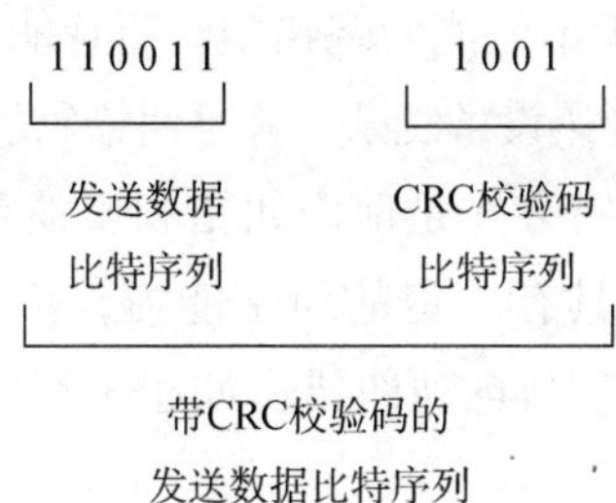


4. 如果数据在传输的过程中没有发生错误，接收端收到的带有 CRC 校验码的数据比特序列一定能被相同的生成多项式整除，即：

```
             100001
     11001 )1100111001
            11001
            ----------
                 11001
                 11001
                 -----
                     0
```

在发送报文时，将相除的结果的余数作为校验码附在报文之后发送出去。接收端接收后先对传输过来的码字用同一个生成多项式去除，若能除尽（即余数为0）则说明传输正确；若除不尽，则传输有误，要求发送方重发。

使用 CRC 校验，可查出所有的单位错和双位错，以及所有具有奇数位的差错和所有长度少于生成多项式串长度的实发错误，能查出 99% 以上更长位的突发性错误，误码率低，因此得到广泛的应用。但 CRC 校验码的生成和差错检测需要用到复杂的计算，用软件实现比较麻烦，而且速度慢，目前已经有相应的硬件来实现这一功能。

为了能对不同场合下的各种错误模式进行校验，已经提出了几种 CRC 生成多项式的国际标准，主要有：

CRC－12　　$G(x) = x^{12} + x^{11} + x^{3} + x^{2} + x + 1$

CRC－16　　$G(x) = x^{16} + x^{15} + x^{2} + x + 1$

CRC-CCITT　$G(x) = x^{16} + x^{12} + x^{5} + 1$

CRC－32　　$G(x) = x^{32} + x^{23} + x^{22} + x^{16} + x^{12} + x^{11} + x^{10} + x^{8} + x^{7} + x^{5} + x^{4} + x^{2} + x + 1$

### （三）差错控制方法

在计算机通信中，主要有以下三种差错控制方式：

1. 反馈重发纠错方式。反馈重发纠错方式的工作原理：发送端对发送序列进行差错编码，即能够检测出错误的校验序列。接收端将根据校验序列的编码规则判断是否有传输错误，并把判决结果通过反馈信道传回给发送端。若无错，接收端确认接收；若有错，则接收端拒收，并通知发送端，发送端将重新发送序列，直接接收端接收正确为止。

2. 前向纠错方式。前向纠错方式中，发送端对数据进行检错和纠错编码，接收端收到这些编码后，进行译码，译码不但能发现错误，而且能自动地纠正错误，因而不需要反馈信道。这种方式的缺点是译码设备复杂，并且纠错码的冗余码元较多，故效率较低。

3. 混合纠错方式。混合纠错方式是前向纠错和反馈重发纠错两种方式的结合。在这种纠错方式中，发送端编码具有一定的纠错能力，接收端对收到的数据进行检测。如发现有错并未超过纠错能力，则自动纠错；如超过纠错能力则发出反馈信息，命令发送端重发。

### 七、通信网简介

通信网是一种使用交换设备和传输设备将地理上分散用户终端设备互连起来实现通信和信息交换的系统。通信最基本的形式是在点与点之间建立通信系统，但这不能称为通信网，只有将许多的通信系统（传输系统）通过交换系统按一定拓扑结构组合在一起才能称之为通信网。也就是说，有了交换系统才能使某一地区内任意两个终端用户相互接续，才能组成通信网。通信网由用户终端设备、交换设备和传输设备组成。交换设备间的传输设备称为中继线路（简称中继线），用户终端设备至交换设备的传输设备称为用户路线（简称用户线）。

通信网可从不同角度分类：按业务内容可分为电报网、电话网、图像网、数据网等；按地区规模可分为农村网、市内网、长途网、国际网等；按服务对象可分为公用网、军用网、专用网等；按信号形式可分为模拟网、数字网等。

#### 实　例

讨论生活中有哪些通信系统

**实例一：**

1. 通信和我们的生活紧密联系，举例说明不同通信方式（打电话、电报、发邮件、发短信、传真、网上聊天、汇款、快递等）给我们生活带来的便利。

2. 不同通信方式各自特点，使用相应的通信方式来解决各种问题。

**实例二：**

参观生活中的电话系统、有线广播系统

1. 根据具体的条件，参观所在学校或其他单位的内部电话系统，按照通信系统基本模型了解该系统的基本组成，查看该系统的主要技术指标，思考该系统采用了何种传输方式和传输技术。

2. 根据具体的条件，参观所在学校或其他单位的有线广播系统，按照通信系统基本模型了解该系统的基本组成，查看该系统的主要技术指标，思考该系统采用了何种传输方式和传输技术。

# 习　题

1. 计算机网络系统的基本组成是（　　）。

A. 局域网和广域网

B. 计算机网和通信网

C. 通信子网和资源子网

D. 计算机网络硬件系统和计算机软件系统

2. 计算机网络建立的主要目的是实现计算机资源的共享。计算机资源主要指计算机的（　　）。

A. 软件和数据库　　B. 服务器、工作站和软件

C. 硬件、软件与数据　　D. 通信子网与资源子网

3. 一个计算机网络典型系统可由（　　）子网和（　　）子网组成。

4. 计算机网络中的四种资源共享是指：硬件资源共享、（　　）、数据资源共享和通信信道资源共享。

5. 根据作用范围划分，网络可划分为（　　）、局域网和城域网。

6. 信号是数据的电编码或电磁编码，分为（　　）和（　　）两种。

7. 数据通信可以有（　　）、（　　）和（　　）三种通信方式。

8. 数据通信中，信道复用技术常用的两种分别是（　　）和（　　）。

9. 把计算机输出的信号转换成普通双绞线线路上能传输的信号的设备是（　　）。

10. 什么是计算机网络？计算机网络是如何定义的？计算机网络的基本特征是什么？

11. 计算机网络的功能有哪些？试举例说明计算机网络的功能。

12. 计算机网络可以从哪些方面进行分类？

13. 简述局域网和广域网的区别。

14. 从局域网应用的角度来看，计算机局域网的特征表现在哪些方面？

15. 网络拓扑结构定义是什么？常见的网络拓扑结构有几种？各有什么特点？

16. 计算机网络的传输方式有哪些？各用哪些传输介质？

17. 画出 011101010 的曼彻斯特编码和差分曼彻斯特编码的波形（设初始为高电平）。

18. 数据分为模拟数据和数字数据，说出两者最根本的区别。

19. 什么是信道带宽、信道容量？

20. 什么是半双工通信？

21. 什么是多路复用技术？简述目前常用几种多路复用技术的工作原理。

22. 画出典型的通信系统模型。

23. 带宽为3kHz，信噪比为20dB，传送二进制信号则可达到的最大数据速率是多少？

24. 采用生成多项式 $x^6+x^4+x+1$ 发送的报文到达接收方为101011000110，所接收的报文是否正确？试说明理由。

25. 设输入信息码字多项式为 $M(x)=x^6+x^5+x^3+x+1$（信息码字为1101011），预先约定的生成多项式为 $G(x)=x^4+x^2+x+1$，试用长除法求出传送多项式 $R(x)$ 及其对应的发送代码。

项目二

# 网络通信协议的安装与分析

计算机与计算机之间的通信离不开通信协议，通信协议实际上是一组规定和约定的集合。两台计算机在通信时必须约定好本次通信做什么，是进行文件传输，还是发送电子邮件，怎样通信，什么时间通信等。本项目的主要目标是安装与分析掌握网络通信协议。

学习目标

1. 了解网络体系结构的概念。
2. 掌握 ISO 参考模型及其工作机制。
3. 掌握 TCP/IP 模型及主要协议。
4. 能够安装网络协议以及配置 IP 地址。
5. 了解 IP 数据包和 UDP/TCP 数据包结构。
6. 使用 Wireshark 软件抓包，并对数据包进行分析。

## 任务一　认识网络体系结构

计算机网络体系结构精确定义了计算机网络及其组成部分的功能和各部分之间的交互功能。计算机网络体系结构采用分层对等结构，对等层之间有交互作用。计算机网络是一种十分复杂的系统，应从物理、逻辑和软件结构来描述其体系结构。具体来说，逻辑结构是指执行各种网络操作任务所需的功能；物理结构是指实现网络逻辑功能的各种网络系统和设备；软件结构是指网络软件的结构，这些网络软件就是在各网络部件中执行网络功能和程序。常见的网络体系结构大多是从逻辑结构的角度描述的。

### 一、协议（Protocol）

协议是通信双方为实现通信而设计的约定或对话规则。协议代表着标准化，是一组规则的集合，用来规定有关功能部件在通信过程中的操作。在现实生活中，为了实现人与人之间的正常通信和交流，也会受到通信规则的限制。一个协议就是一组控制数据通信的规则。这些规则明确地规定了所交换数据的格式和时序。

网络协议包括三要素：语义、语法和时序。

1. 语义：规定通信双方准备“讲什么”，即需要发出何种控制信息，以及完成的动作与做出的响应。例如：在基本型数据链路控制协议中规定，协议元素 SOH 的语义表示传输报文的报头开始，而 ETX 表示正文结束。

2. 语法：规定通信双方“如何讲”，确定用户数据与控制信息的结构与格式。例如：传输以太网帧时，可以用一定的协议元素和格式来表达，其中，FCS 表示帧校验序列。

3. 时序：规定双方“何时讲”，即对事件执行顺序的详细说明。例如：双方通信时，首先由发送端发送数据，如果接收端收到了正确的报文，则回应 ACK 消息，若收到的是错误的报文，则回应 NAK 消息，要求发送端重发。

由此可以看出，协议实际上是计算机之间通信时所用的一种交流语言。

## 二、层次（Layer）

人们对于一些难以处理的复杂问题，通常是分解为若干个较容易处理的小一些的问题，以降低问题处理的难度，这就是分层处理。在计算机网络中，将总体要实现的功能分配在不同的模块中，每个模块要完成的服务及服务实现的过程都有明确规定。每个模块叫做一个层次，不同的网络系统分成相同的层次；不同系统的同等层具有相同的功能；高层使用低层提供的服务时，并不需知道低层服务的具体实现方法。

在层次结构中，各层有各层的协议。一台机器上的第 $n$ 层与另一台机器上的第 $n$ 层进行通话，通话的规则就是第 $n$ 层协议。一个 $n$ 层协议的层次结构如图 2－1 所示。

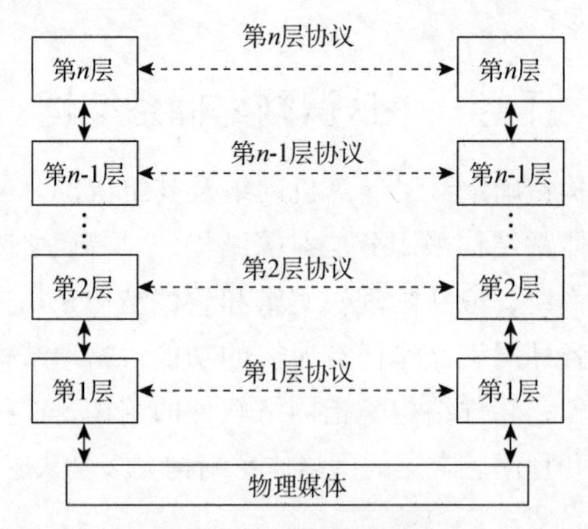


**图 2－1　协议层次结构**

实际上，数据并不是从一台机器的第 $n$ 层直接传送到另一台机器的第 $n$ 层，而是每一层都把数据和控制信息交给它的下一层，由底层进行实际的通信。

分层的基本原则如下：

1. 网络中的每一个节点都具有相同的分层结构，同一个节点的相邻层之间有一个明确规定的接口，该接口定义低层向高层提供的服务。

2. 每一层完成一组特定的有明确含义的协议功能，并尽可能地减少在相邻层间传递信息的数量。

3. 同一节点中的每一层能够同相邻层通信，但不准跨层进行通信。两个节点间的通信除底层为水平通信外，其他各层都是垂直通信，也就是说网络中各个节点的直接接口，只能是底层。

计算机网络采用层次结构的优点：

1. 各层之间相互独立。高层并不需要知道低层是如何实现的，而仅需要知道该层通过层间的接口所提供的服务。

2. 设计灵活。当任何一层发生变化时，例如由于技术的进步促进实现技术的变化，只要接口保持不变，则在这层以上或以下各层均不受影响。

3. 结构上可分割开。各层都可以采用最合适的技术来实现，各层实现技术的改变不影响其他层。

4. 易于实现和维护。由于整个系统被分割为若干个易于处理的部分，这种结构使得一个庞大而又复杂的系统的实现和维护变得更容易。

5. 能促进标准化工作。这主要是因为每一层的功能和所提供的服务都已有了精确的说明。

### 三、接口（Interface）

接口是同一节点内相邻层之间交换信息的连接点。同一个节点的相邻层之间存在着明确规定的接口，低层向高层通过接口提供服务。只要接口条件不变、低层功能不变，低层功能的具体实现方法和技术的变化不会影响整个系统的工作。

### 四、网络体系结构（Network Architecture）

网络协议对计算机网络是不可缺少的，一个功能完备的计算机网络需要制定一整套复杂的协议集。对于结构复杂的网络协议来说，最好的组织方式是层次结构模型。计算机网络协议就是按照层次结构模型来组织，这种网络层次结构模型与各层协议的集合就被定义为计算机网络体系结构。

## 任务二　掌握 OSI 参考模型及其工作机制

### 一、OSI 参考模型的提出

1974 年，美国的 IBM 公司宣布了它研制的系统网络体系结构 SNA（Systems Network Architecture)，这个网络标准就是按照分层的方法制订的。网络分层后，使得一个公司所生产的各种设备都能够很容易地互联成网络。

1977 年 3 月，国际标准化组织（International Organization for Standardization，ISO）的技术委员会 TC97 成立了一个新的技术分委会 SC16，专门研究"开放系统互联"，并于 1983 年提出了 OSI（Open System Interconnection，开放系统互连）参考模型，即著名的 ISO7498 国际标准。OSI 参考模型兼容于现有网络标准，为不同网络体系提供参照，将不同机制的计算机系统联合起来，使它们之间可以相互通信。

## 二、OSI 参考模型的结构

在 OSI 参考模型中采用三级抽象：模型（即体系结构）、服务定义和协议规范（即协议规格说明），自上而下逐步求精。OSI 参考模型并不是一般的工业标准，而是一个为制定标准用的概念性框架。OSI 参考模型将整个网络分成了七层，从低到高的顺序为：物理层、数据链路层、网络层、传输层、会话层、表示层和应用层，图 2－2 所示的就是 OSI 参考模型层次示意图。

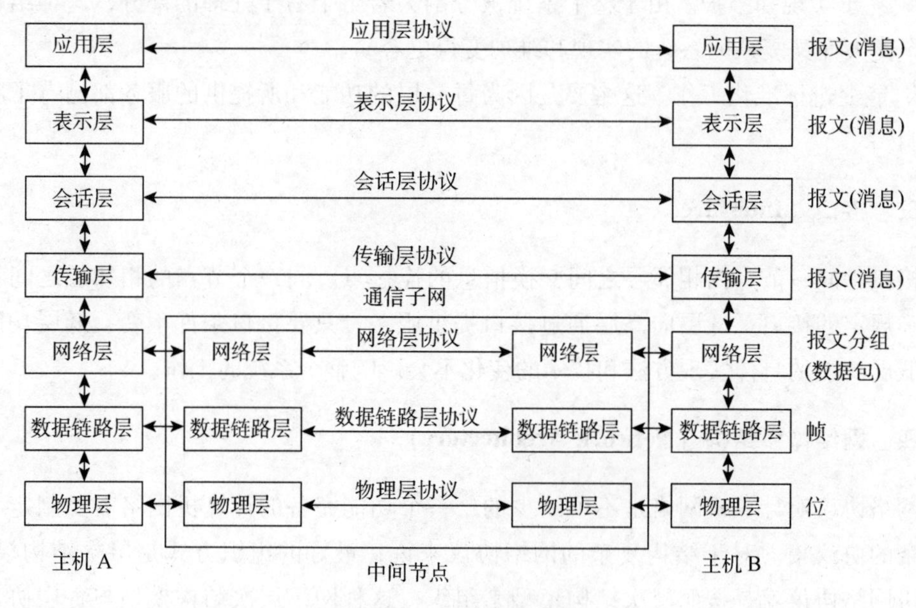


**图 2－2　OSI 参考模型**

## 三、OSI 参考模型的功能

OSI 参考模型各层的基本功能如图 2－3 所示。

### （一）物理层

物理层（Physical Layer）是 OSI 参考模型的最底层，它利用传输介质为数据链路层提供物理连接。为此，该层定义了物理链路的建立、维护和拆除有关的机械、电气、

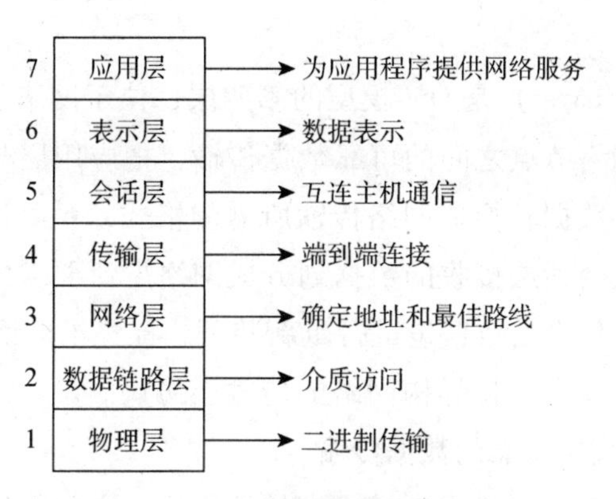


**图 2－3　OSI 模型各层的基本功能**

功能和规程特性等。数据通过该接口从一台设备传送给另一台设备。物理层应保证数据按位传送的正确性。该层设计时涉及的问题有：信号“1”和“0”用多少伏的电压表示；一个比特信息用多长时间（也叫位宽）；传输方式（半工、半双工或全双工）；初始连接如何建立；当双方通信完毕又如何拆开这个连接；接插器（网络插头和插座）有多少个引脚，每个引脚的规格和作用等。

（二）数据链路层

数据链路层（Data Link Layer）是 OSI 模型的第二层，它控制网络层与物理层之间的通信。数据链路层的主要功能是将从网络层接收到的数据分割成特定的可被物理层传输的帧。帧是用来移动数据的结构包，它不仅包括原始（未加工）数据（或称“有效载荷”），还包括发送方和接收方的网络地址以及纠错和控制信息。其中地址确定了帧将发送到何处，而纠错和控制信息则确保帧无差错到达。

数据链路层可使用的协议有 SLIP、PPP、X. 25 和帧中继等。常见的集线器和低档的交换机网络设备都是工作在这个层次上，Modem 之类的拨号设备也是。工作在这个层次上的交换机俗称“第二层交换机”。

（三）网络层

网络层（Network Layer）是 OSI 模型的第三层。网络层的主要功能是将网络地址翻译成对应的物理地址，并决定如何将数据从发送方路由到接收方。该层将数据转换成一种称为数据包的数据单元，每一个数据包中都含有目的地址和源地址，以满足路由的需要。

网络层对数据包进行分段和重组。分段即是指当数据从一个能处理较大数据单元的网络段中传送到仅能处理较小数据单元的网络段时，网络层减小数据单元的大小的过程。重组过程即是重构被分段的数据单元。

由网络层协议来决定数据到达目的地的路径，负责处理网络通信、堵塞和介质传输速率。TCP/IP 协议中的 IP 和 IPX/SPX 协议中的 IPX 都是典型的网络层协议。

（四）传输层

传输层（Transport Layer）是OSI模型的第四层，位于网络层和会话层之间。传输层的主要功能是提供网络节点之间的可靠数据传输，把应用层与其他数据传输的各层隔离出来。该层负责将数据转换成网络传输所需的格式，检测传输结果，并纠正不成功的传输。传输层把从会话层接收的数据划分成网络层所要求的数据包进行传输，并在接收端再把经网络层传来的数据包进行重新装配，提供给会话层。TCP/IP协议中的TCP是一个典型的跨平台、支持异构网络的传输层协议。IPX/SPX协议中传输层协议SPX在Netware网络上提供可靠的数据传输。

实际上，传输层是整个协议层次结构中的核心层。它的作用是为发送端和接收端之间提供性能可靠的数据传输，而与当前实际使用的网络无关。传输层在整个网络体系结构中起承上启下的作用，它的下面三层实现面向数据的通信，上面三层实现面向信息的处理，传输层是数据传送的最高一层，也是七层模式中最重要和最复杂的一层。

（五）会话层

会话层（Session Layer）是OSI模型的第五层。会话层的主要功能是负责对各网络节点应用程序或者进程之间的协商和连接；不仅建立合适的连接，而且验证会话双方，要求双方提供身份验证。

会话层允许不同机器上的用户建立会话关系。会话层服务之一是管理对话，会话层允许信息同时双向传输，或某一时刻只能单向传输；另一种会话服务是同步。如果网络平均每小时出现一次大故障，而两台计算机之间要进行长达两小时的文件传输时该怎么办呢？每一次传输中途失败后，都不得不重新传输这个文件。而当网络再次出现故障时，又可能半途而废了。为了解决这个问题，会话层提供了一种方法，即在数据流中插入检查点，每次网络崩溃后，仅需要重传最后一个检查点以后的数据。

（六）表示层

表示层（Presentation Layer）是OSI模型的第六层。表示层确保一个应用程序的命令和数据能被网络上其他计算机理解，也就是将一种格式转换成另一种格式的数据转换，使用户之间的通信尽可能简化，与设备无关。这些格式转换包括打印机的网络接口、视频显示和文件格式等。

表示层以下的各层只关心可靠地传输比特流，而表示层关心的是所传输信息的语法和语义。

表示层处理流经节点的数据编码的表示方式问题，以保证一个系统应用层发出的信息可被另一系统的应用层读出。如果必要，该层可提供一种标准表示形式，用于将计算机内部的多种数据表示格式转换成网络通信中采用的标准表示形式。数据压缩和加密也是表示层可提供的转换功能之一。

（七）应用层

应用层（Application Layer）是 OSI 模型的最高层，直接面向用户，是用户访问网络的接口层。应用层的主要功能是提供计算机网络与最终用户的界面，提供完成特定网络服务所需的各种应用程序协议。其他六个层次解决了网络通信和表示的问题，应用层则解决应用程序相互请求数据和服务，包括文件传输、数据库管理和网络管理等问题。电子邮件服务、WWW 服务都是应用层的软件。

在 OSI 参考模型中，各层的数据类型是不相同的。应用层、表示层、会话层和传输层的数据是消息（Message），网络层的数据单位是数据包（Packet），数据链路层的数据单位是帧（Frame），物理层的数据单位是位（Bit）。数据从一层传输到相邻层时，支持各功能层协议的软件负责相应的格式转换。

OSI 参考模型定义的标准框架只是一种抽象的分层结构，具体的实现则有赖于各种网络体系的具体标准，它们通常是一组可操作的协议集合，对应于网络分层，不同层次有不同的通信协议。

## 四、OSI 模型中数据的传输

在 OSI 参考模型中，通信是在系统进程之间进行的。需注意的是，除物理层外，在各对等层之间只有逻辑上的通信，并无直接的通信，较高层间的通信要使用较低层提供的服务。在物理层以上，每个协议实体顺序向下送到较低层，以便使数据最终通过物理信道到达它的对等层实体。图 2－4 描述了信息在 OSI 参考模型中的流动过程。

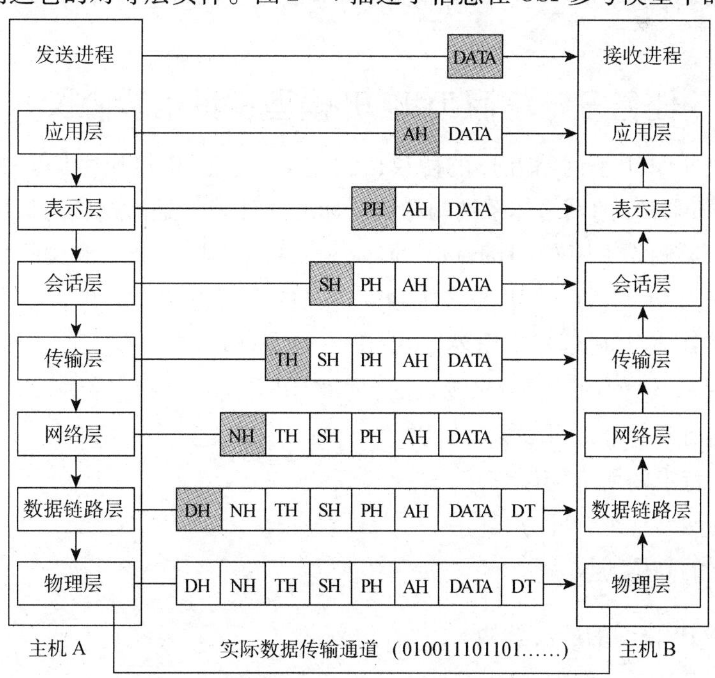


**图 2－4　信息在 OSI 参考模型中的流动过程**

1. 当发送端的应用进程需要发送数据到网络中另一台主机的应用进程时，数据首先被传给应用层，应用层为数据加上本层的控制报头信息后，传递给表示层。

2. 表示层接收到这个数据单元后，加上本层的控制报头信息，然后传送到会话层。

3. 同样，会话层加上本层的报头信息后再传递给传输层。

4. 传输层接收到这个数据单元后，加上本次的控制报头，形成传输层的协议数据单元 PDU，然后传送给网络层。通常将传输层的 PDU 称为段（Segment）。

5. 传输层报文送到网络层后，由于网络层的数据长度往往有限制，所以，从传输层过来的长数据段会被分成多个较小的数据段，分别加上网络层的控制信息后形成网络层的 PDU 传送。通常将网络层的 PDU 叫做数据包（Packet）。

6. 网络层的分组继续向下层传送，到达数据链路层，加上数据链路层的控制信息，构成数据链路层的协议数据单元，称为帧（Frame）。

7. 数据链路层的帧被继续传送到物理层，物理层将数据信息以比特（Bit）流的方式通过传输介质传送出去。

8. 如果不能直接到达目标计算机，则会先传送到通信子网的路由设备上进行转发。

9. 当最终到达目标节点时，比特流将通过物理层依次向上传送。每层对其相应的控制信息进行识别和处理，然后再将去掉该层控制信息的数据提交给上层处理。最后，发送进程的数据就传到了接收端的接收进程。

由这个过程可以了解到，发送端和接收端的进程通信，需要在 OSI 环境中经过复杂的处理过程。但对于用户来说，这个复杂的处理过程是透明的。两个应用进程好像在直接通信，这就是开放系统在网络通信过程中的一个最主要的特点。

## 任务三　掌握 TCP/IP 模型及其主要协议

TCP/IP 是一组用于网络互连的协议，它是 20 世纪 70 年代中期，美国国防部为 ARPANET 广域网开发的网络体系结构和协议标准，其名字是由这些协议中的两个主要协议组成，即传输控制协议（Transmission Control Protocol，TCP）和网际协议（Internet Protocol，IP）。实际上，TCP/IP 是多个独立定义的协议的集合，包含了大量的协议和应用，简称为 TCP/IP 协议集。虽然 TCP/IP 不是 ISO 标准，但它作为 Internet/Intranet 中的标准协议书，其使用已经越来越广泛。TCP/IP 具有如下特点：

1. 开放的协议标准，可以免费使用。

2. 独立于特定的网络硬件。

3. 统一的网络地址分配方案。

4. 标准化的高层协议。

### 一、TCP/IP 模型的层次结构

TCP/IP 模型和 OSI 参考模型一样采用了层次结构的理论，但两者在层次划分上有

很大的区别。TCP/IP 与 OSI 相比，简化了高层的协议及层次（会话层和表示层），将其整合到了应用层，使得通信的层次减少，提高了通信的效率。同时在最底层定义了网络接口层，与 OSI 参考模型的最低两层数据链路层和物理层相对应，两者关系如图 2 – 5 所示。

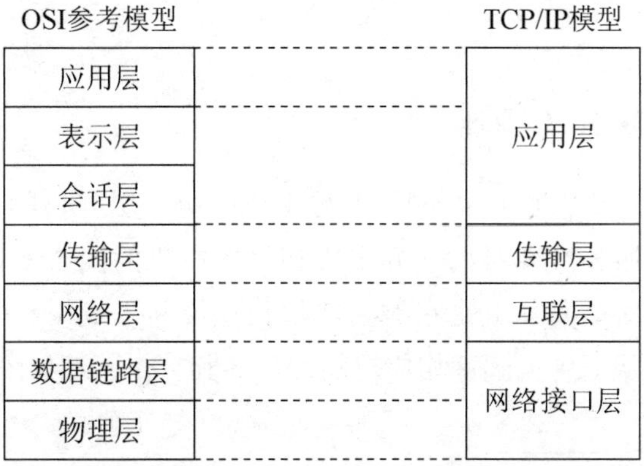

| OSI参考模型 | TCP/IP模型 |
| --- | --- |
| 应用层 | 应用层 |
| 表示层 | |
| 会话层 | |
| 传输层 | 传输层 |
| 网络层 | 互联层 |
| 数据链路层 | 网络接口层 |
| 物理层 | |

**图 2 – 5　TCP/IP 模型与 OSI 参考模型**

TCP/IP 模型可以分为以下四个层次：

1. 网络接口层。网络接口层（Network Interface Layer）是 TCP/IP 体系结构的最底层，它负责通过网络发送和接收 IP 数据包。TCP/IP 体系结构并未对网络接口层使用的协议作硬性的规定，它允许主机接入网络时使用多种现成的与流行的协议，例如局域网协议或其他一些协议。

2. 互联层。互联层（Internet Layer）的主要功能是负责通过网络接口层发送 IP 数据包，或接收来自网络接口层的帧并将其转为 IP 数据包，然后把 IP 数据包发往网络中的目的节点。为正确发送数据，互联层还具有路由选择、拥塞控制的功能。这些数据包的到达顺序和发送顺序可能不同，因此如果需要按顺序发送和接收时，传输层必须对数据包排序。

3. 传输层。传输层（Transport Layer）的作用是提供可靠的点到点的数据传输，能够确保源节点传送的数据包正确到达目标节点。为保证数据传输的可靠性，传输层协议也规定了确认、差错控制和流量控制等机制。传输层从应用层接收数据，并在必要的时候把它分成较小的单元，传递给网络层，且确保到达对方的各段信息正确无误。

4. 应用层。应用层（Application Layer）为用户提供网络应用，并为这些应用提供网络支撑服务，把用户的数据发送到低层，为应用程序提供网络接口。由于 TCP/IP 将所有与应用相关的内容都归为一层，所以在应用层要处理高层协议、数据表达和对话控制等任务。

## 二、TCP/IP 与 OSI 参考模型的比较

1. 两者都采用了层次结构的概念，都能够提供面向连接和无连接两种通信服务机制。

2. 前者是四层模型，后者是七层结构。

3. 对可靠性要求不同，TCP/IP 更高。

4. TCP/IP 是先有协议集然后建立模型，不适用于非 TCP/IP 网络；OSI 模型是在协议开发前设计的，具有通用性。

5. OSI 模型只是理论上的模型，并没有成熟的产品，而 TCP/IP 已经成为“事实上的标准”。

## 三、TCP/IP 模型的工作原理

与 OSI 参考模型一样，TCP/IP 网络上源主机的协议层与目的主机的同层协议层之间，通过下层提供的服务实现对话。源主机和目的主机的同层实体称为对等实体或对等进程，它们之间的对话实际上是在源主机协议层上从上到下，然后穿越网络到达目的主机后再在协议层从下到上到达相应层的过程。其工作原理如图 2－6 所示。

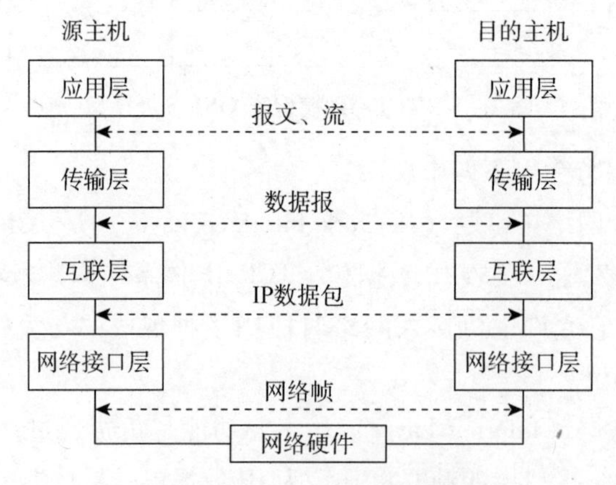


**图 2－6　TCP/IP 的工作原理**

目前，TCP/IP 包含了 100 多个协议，用来将计算机数据通信设备组成实际的 TCP/IP 计算机网络。TCP/IP 模型各层的一些主要协议如图 2－7 所示，其主要特点是应用层有很多协议，而网络层和传输层协议少而确定，这恰好表明 TCP/IP 协议可以应用到各种不同的网络上，同时也能为不同的应用提供服务。正因如此，Internet 才发展到今天这种规模。表 2－1 给出了 TCP/IP 协议集的主要协议以及它们提供的主要服务。

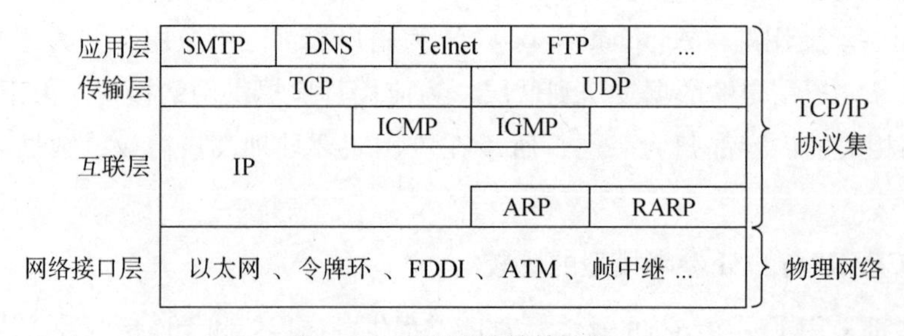


**图 2－7　TCP/IP 的协议集**

表 2-1 TCP/IP 协议集的主要协议以及它们提供的主要服务

| 协议 | 提供服务 | 相应层次 | 协议 | 提供服务 | 相应层次 |
|---|---|---|---|---|---|
| IP | 数据包服务 | 互联层 | TCP | 可靠性服务 | 传输层 |
| ICMP | 差错和控制 | 互联层 | FTP | 文件传送 | 应用层 |
| ARP | IP 地址→物理地址 | 互联层 | Telnet | 终端仿真 | 应用层 |
| RARP | 物理地址→IP 地址 | 互联层 | DNS | 域名→IP 地址 | 应用层 |

TCP/IP 的基本作用：要在网络上传输数据信息时，首先要把数据拆分成一些小的数据单元（不超过 64KB）；然后加上“包头”做成数据包（段），再交给 IP 层在网络上陆续地发送和传输，如图 2-8 所示，采用这种数据传输方式的计算机网络就叫做“分组交换”或“包交换”网络；其次，在通过电信网络进行长距离传输时，为了保证数据传输质量，还要转换数据的格式，即拆包或重新打包；最后，接收数据的一方必须使用相同的协议，逐层拆开原来的数据包，恢复原来的数据，并加以校验，若发现有错，就要求重发。

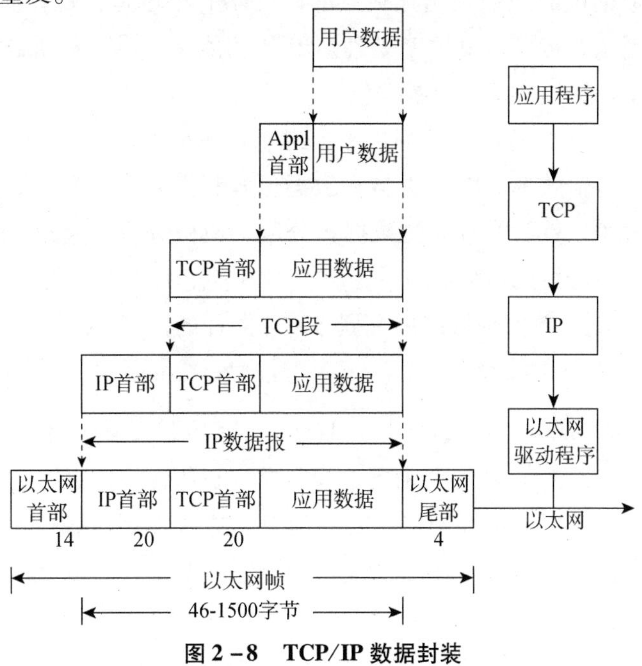


图 2-8 TCP/IP 数据封装

## 四、互联层协议

在 TCP/IP 模型中，互联层是第二层，它相当于 OSI 参考模型网络层的无连接网络服务，负责将源主机的报文分组发送到目的主机，源主机与目的主机可以在同一网络上，也可以在不同的网络上。互联层的协议将数据包封装成 Internet 数据报，并运行必要的路由算法，主要包括：Internet 协议（IP）、Internet 控制报文协议

（ICMP）、Internet 组管理协议（IGMP）、地址解析协议（ARP）和反向地址解析协议（RARP）。

（一）IP

IP（Internet 协议）是 TCP/IP 的心脏，也是互联层中最主要的协议，负责完成网络中数据包的路径选择，并跟踪这些数据包到达不同目的端。它利用一个共同遵守的通信协议，使 Internet 成为一个允许连接不同类型的计算机和不同操作系统的网络。而通信协议规定了通信双方在通信中所应共同遵守的约定，即两台计算机交换信息所使用的共同语言，同时，计算机的通信协议精确地定义了计算机在彼此通信过程中的所有细节。例如，每台计算机发送信息的格式和含义，在什么情况下应发送规定的特殊信息，以及接收方的计算机应做出哪些应答，等等。IP 提供以下功能：

1. 无连接、不可靠传输服务。由于从整体上 TCP/IP 协议设计为以分层方式运行在不同的层上，因此 IP 的无连接和不可靠，是指 IP 协议仅提供最好的传输服务，但不保证数据包能成功到达目的端，并且在传输过程中 IP 协议不维护任何关于后续数据包的状态信息，每个数据包的处理是相互独立的。可靠的传输是在传输层由 TCP 实现的，面向连接的传输也是在传输层由 TCP 处理。IP 的功能是提供一种机制，以向传输层协议发送数据包和从传输层协议接收数据包。

2. 数据包分段和重组。IP 协议的进一步功能是在最大传输单元的基础上，限制数据包的大小以提高传输效率。IP 通常会在数据包源和目的点之间某处的路由器上，选择适当的数据包大小，然后将较大的数据包分段，使得分段的大小正好适合在网络上传递的帧的大小。当分段到达目的地后，IP 会将其重组为原来的数据包。

3. 路由功能。IP 负责完成网络中数据包传输路径的选择。

（二）ICMP

ICMP（Internet Control Message Protocol，Internet 控制报文协议）是 TCP/IP 协议族的一个子协议，用于在 IP 主机、路由器之间传递控制消息。控制消息是指网络通不通、主机是否可达、路由是否可用等网络本身的消息。这些控制消息虽然并不传输用户数据，但是对于用户数据的传递有重要的作用。ICMP 消息包含在 IP 数据包中，可以找到到达子网内正确主机的方法。

1. ICMP 回送应答。最经常使用的 ICMP 消息是在用于检查网络连通性的 ping 命令中实现的，它向发送者提供关于 IP 连接的反馈信息，通常作为调试工具使用。

2. ICMP 重定向。当路由器检测到其路由比相同网段上的另一个路由器上的路由差时，路由器会向主机发出 ICMP 重定向信息，并且命令主机使用最优的路由器作为网关。

3. ICMP 源抑制。IP 用 ICMP 源抑制信息提供了流量控制的基本形式。ICMP 源抑制信息通知发送主机或网关，接收主机过载或不能接收通信；然后发送主机将降低其向

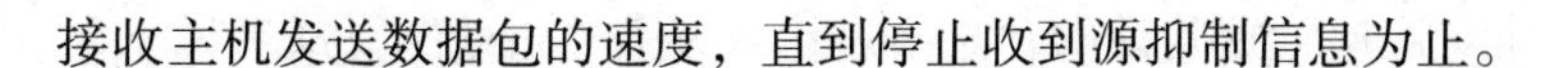

接收主机发送数据包的速度，直到停止收到源抑制信息为止。

（三）IGMP

IGMP（Internet Group Management Protocol，Internet 组管理协议）是 TCP/IP 中的一个组播协议，用于 IP 主机和与其直接相邻的组播路由器之间建立、维护组播组成员关系。其规定了处于不同网段的主机如何进行多播通信，其前提条件是路由器本身要支持多播。参与 IP 组播的主机可以在任意位置、任意时间、成员总数不受限制地加入或退出组播组。

（四）ARP/RARP

ARP（Address Resolution Protocol，地址解析协议）是将 IP 地址与网络物理地址一一对应的协议，负责 IP 地址和网卡实体地址（MAC）之间的转换。在以太网中，一个网络设备要和另一个网络设备进行直接通信，除了知道目标设备的网络层逻辑地址（如 IP 地址）外，还要知道目标设备的第二层物理地址（MAC 地址）。ARP 协议的基本功能就是通过目标设备的 IP 地址，查询目标设备的 MAC 地址，以保证通信的顺利进行。

RARP（Reverse Address Resolution Protocol，反向地址转换协议）允许局域网的物理机器从网关服务器的 ARP 表或者缓存上请求其 IP 地址。网络管理员在局域网网关路由器里创建一个表以映射物理地址（MAC）和与其对应的 IP 地址。当设置一台新的机器时，其 RARP 客户机程序需要向路由器上的 RARP 服务器请求相应的 IP 地址。假设在路由表中已经设置了一个记录，RARP 服务器将会返回 IP 地址给机器，此机器就会存储起来以便日后使用。

### 五、传输层协议

传输层的目的是在网络层或互联层提供主机数据通信服务的基础上，在主机之间提供可靠的进程通信。本质上，传输层的功能一方面是加强或弥补网络层或互联网提供的服务；另一方面是提供进程通信机制。传输层协议包括 TCP 协议和 UDP 协议。

（一）TCP

TCP（Transmission Control Protocol，传输控制协议）规定首先要在通信双方建立一种“连接”，也叫做实现双方的“握手”。建立“连接”的具体方式是：呼叫的一方要找到对方，并由对方给出明确的响应，目的是需要确定双方的存在，并确定双方处于正常的工作状态。在传递多个数据报的过程中，发送的每一个数据报都需要接收方给以明确的确认信息，然后才能发送下一个数据报；如果在预定的时间内收不到确认信息，发送方会重发信息。正常情况下，数据传送结束后，发送方要发送“结束”信息，“握手”才会断开。

注意，“在通信双方建立连接”这句话的含义不是让双方去独占线路，或者说不是在双方之间搭建一条专线。真正双方独占线路是打电话的做法，所以在计算机网络中，通信双方建立的连接实际上是一种“虚拟”的连接，是由计算机系统中相应的软件程序实现的连接。

在计算机网络中，通常可以把连接在网络上的一台计算机叫做一台“主机”。传输层只能存在于端系统（主机）之中，所以又被称为“端到端”层或“主机到主机”层，或者说，只有在作为“源主机”和“目的主机”的计算机上才有传输层，才有传输层的相应程序，才执行传输层的操作。而在网络中的其他节点上，如集线器、交换机、路由器上，都是不需要传输层的。所以说，在传输层上建立的“连接”，只能是“端到端”的连接。发送数据报的工作，只能由发送方的传输层执行，接收数据报和发送“确认信息”的工作，也只能由接收方计算机的传输层执行。

TCP 协议还有一个作用就是保证数据传输的可靠性。TCP 协议实际上是通过一种叫做“进程通信”的方式，在通信的两端（双方）传递信息，以保证发出的数据报不仅都能到达目的地，而且是按照它们发出时的顺序到达的。如果数据报的顺序乱了，它就要负责进行“重新排列”，如果传输过程中某个数据丢失了或出现了错误，TCP 协议就会通知发送端重发该数据报。

（二）UDP

UDP（User Datagram Protocol，用户数据报协议）在网络中与 TCP 协议一样用于处理数据包，是一种无连接的协议。UDP 有不提供数据包分组、组装和不能对数据包进行排序的缺点，也就是说，当报文发送之后，是无法得知其是否安全完整到达的。UDP 用来支持那些需要在计算机之间传输数据的网络应用，包括网络视频会议系统在内的众多的客户/服务器模式的网络应用都需要使用 UDP 协议。UDP 协议从问世至今已经被使用了很多年，虽然其最初的光彩已经被一些类似协议所掩盖，但是即使是在今天，UDP 仍然不失为一项非常实用和可行的网络传输层协议。

UDP 协议的主要作用是将网络数据流量压缩成数据包的形式。一个典型的数据包就是一个二进制数据的传输单位。每一个数据包的前 8 个字节用来包含报头信息，剩余字节则用来包含具体的传输数据。

## 六、应用层协议

在 TCP/IP 模型中，应用层是最高层，对应 OSI 参考模型的最高层，包括了所有的高层协议，并且总是不断有新的协议加入。应用程序通过这一层访问网络，为用户提供所需的各种服务。应用层主要协议见表 2－2 所示。

表 2－2　应用层主要协议

| 序号 | 协议名称 | 英文描述 | 功能说明 |
|---|---|---|---|
| 1 | 域名系统 | DNS（Domain Name System） | 用于实现网络设备名字到 IP 地址映射的网络服务 |
| 2 | 文件传输协议 | FTP（File Transfer Protocol） | 用于实现交互式文件传输功能 |
| 3 | 简单文件传输协议 | TFTP（Trivial File Transfer Protocol） | 用于客户机与服务器之间进行简单的文件传输 |
| 4 | 简单邮件传送协议 | SMTP（Simple Mail Transfer Protocol） | 用于实现电子邮箱传送功能 |
| 5 | 超文本传输协议 | HTTP（HyperText Transfer Protocol） | 用于实现 WWW 服务 |
| 6 | 简单网络管理协议 | SNMP（simple Network Management Protocol） | 用于管理与监视网络设备 |
| 7 | 远程登录协议 | Telnet | 用于实现远程登录功能 |
| 8 | 路由信息协议 | RIP（Routing Information Protocol） | 用于动态路由选择 |
| 9 | 网络文件系统 | NFS（Network File System） | 用于不同操作系统共享文件 |
| 10 | 远程过程调用协议 | RPC（Remote Procedure Call Protocol） | 用于从远程主机程序上请求服务 |

## 七、其他网络协议

目前的计算机网络中除了使用 TCP/IP 协议外，还会用到其他的网络协议，常见的有 NetBEUI 协议、IPX/SPX 协议等。

### （一）NetBEUI 协议

NetBEUI（NetBIOS Enhanced User Interface，NetBIOS 用户扩展接口协议）是 NetBIOS 协议的增强版本，是为 IBM 开发的非路由协议，用于携带 NetBEUI 通信。NetBIOS 协议是一种在局域网上的程序可以使用的应用程序编号接口（API），为程序提供了请求低级服务的统一的命令集，作用是给局域网提供网络以及其他特殊功能，几乎所有的局域网都是在 NetBIOS 协议的基础上工作的。

NetBEUI 缺乏路由和网络层寻址功能，NetBEUI 帧中唯一的地址是数据链路层媒体访问控制（MAC）地址，该地址标志了网卡但没有标志网络。由于 NetBEUI 不需要附加的网络地址和网络层头尾，所以速度很快并很有效，然而由于其不支持路由，所以 NetBEUI 只适用于只有单个网络或整个环境都桥接起来的小工作组环境。

NetBEUI 曾被许多操作系统采用，例如 Windows for Workgroup、Windows 9x 系列、Windows NT 等。NetBEUI 协议在许多情形下很有用，是 Windows 98 之前的操作系统的缺省协议。一台只安装了 TCP/IP 协议的 Windows 9x 机器要想加入到 WINNT 域，必须安装 NetBEUI 协议。TCP/IP 尽管是目前最流行的网络协议，但 TCP/IP 协议在局域网中的通信效率并不高，使用它在浏览“网上邻居”中的计算机时，经常会出现不能正常浏览的现象，此时安装 NetBEUI 协议就会解决这个问题。在 Windows 操作系统中，默认情况下在安装 TCP/IP 协议后会自动安装 NetBIOS。比如在 Windows 2000/XP 中，当选择“自动获得 IP”后会启用 DHCP 服务器，从该服务器使用 NetBIOS 设置；如果使用静态 IP 地址或 DHCP 服务器不提供 NetBIOS 设置，则启用 TCP/IP 上的 NetBIOS。

NetBEUI 虽然在小型局域网络的速度非常快，但是却无法在广域网中被路由到其他的网络区段，因此如果对于广域网也有同样的要求，应用在网络中要同时使用两种通信协议：NetBEUI 和 TCP/IP 协议。NetBEUI 用于与同一个局域网内的计算机通信，而当通过路由器与其他网络内的计算机通信时就使用 TCP/IP 协议。

（二）IPX/SPX 协议

IPX/SPX（Internet Packet Exchange/Sequences Packet Exchange，Internet 分组交换/顺序分组交换）是 Novell 公司的通信协议集。与 NetBEUI 形成鲜明对比的是 IPX/SPX 比较庞大，在复杂环境下具有很强的适应性。这是因为 IPX/SPX 在设计一开始就考虑了网段的问题，因此它具有强大的路由功能，适合于大型网络使用。当用户端接入 NetWare 服务器时，IPX/SPX 及其兼容协议是最好的选择。但在非 Novell 网络环境中，一般不使用 IPX/SPX。

IPX 主要实现网络设备之间连接的建立、维持和终止；SPX 协议是 IPX 的辅助协议，主要实现发出信息的分组、跟踪分组传输，保证信息完整无缺地传输。

在 Windows 操作系统中，一般使用 NWLink IPX/SPX 兼容协议和 NWLink NetBIOS 两种 IPX/SPX 的兼容协议，统称为 NWLink 协议。NWLink 协议继承了 IPX/SPX 协议的优点，更适应 Windows 的网络环境。IPX/SPX 协议一般可以应用于大型网络（比如 Novell）和局域网游戏环境中（比如“反恐精英”、“星际争霸”）。不过，如果不是在 Novell 网络环境中，一般不使用 IPX/SPX 协议，而是使用 IPX/SPX 兼容协议，尤其是在 Windows 9x/2000 组成的对等网中。

**实例一：**

安装网络协议

网络中的各台计算机必须添加相应的通信协议才能互相通信，TCP/IP 协议是局域网中最常用的通信协议。Windows 操作系统一般会自动安装 TCP/IP 协议，在 Windows 7 系统中安装其他协议的步骤如下：

1. 单击“开始”菜单—“控制面板”—“网络和共享中心”，打开“网络和共享中心”，如图 2-9 所示。

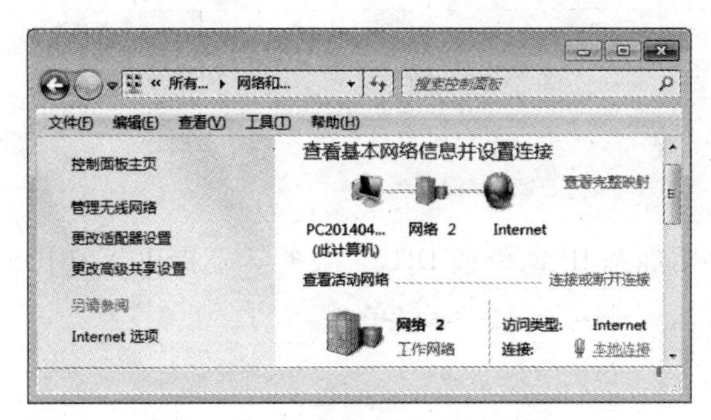


图 2－9　网络和共享中心界面

2. 单击“查看活动网络”—“本地连接”，打开“本地连接状态”对话框，如图2－10 所示。单击“属性”命令，打开“本地连接属性”对话框，如图 2－11 所示。

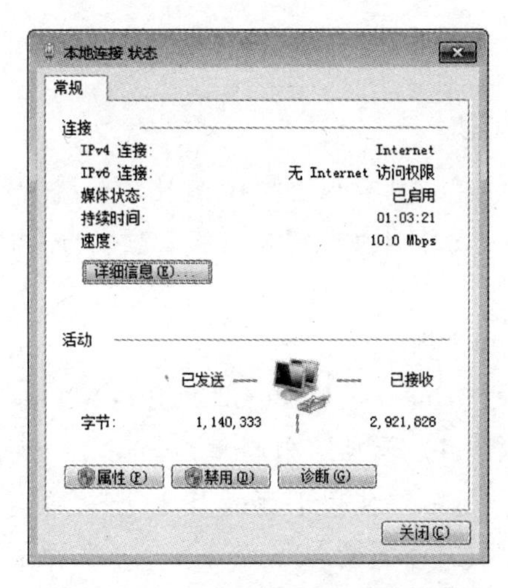


图 2－10　“本地连接状态”对话框

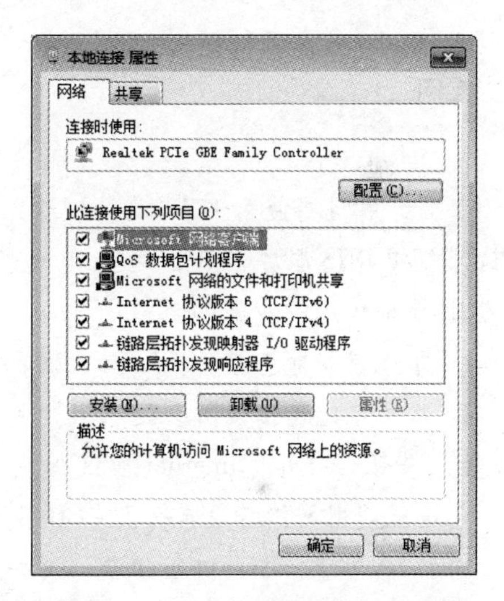


图 2－11　“本地连接属性”对话框

3. 单击“安装”按钮，打开“选择网络功能类型”对话框，选择“协议”组件，如图 2－12 所示。单击“添加”按钮，打开“选择网络协议”对话框，如图2－13所示。

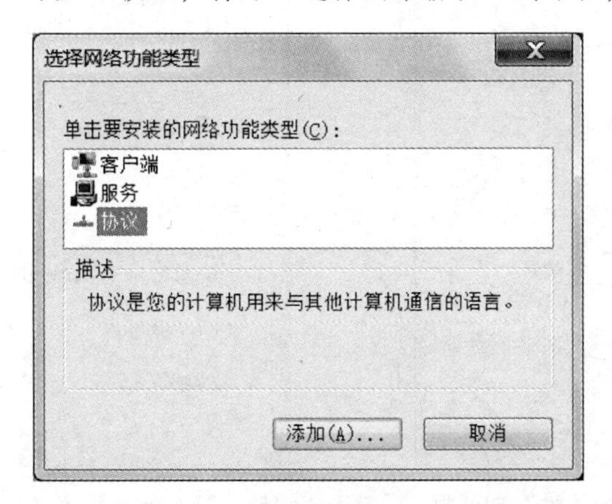


图 2－12　“选择网络功能类型”对话框

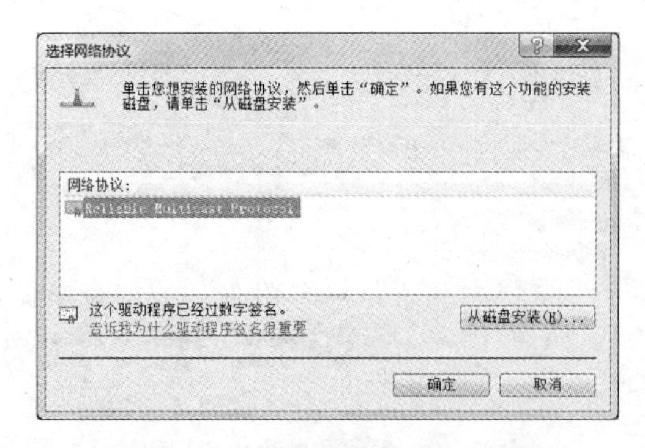


图 2-13 “选择网络协议”对话框

4. 在“选择网络协议”对话框中选择“Reliable Multicast Protocol（可靠多播协议）”，单击“确定”按钮即可完成该协议的安装。

**实例二：**

## 设置 IP 地址信息

一台计算机要使用 TCP/IP 协议连入 Internet，必须具有合法的 IP 地址、子网掩码、默认网关和 DNS 服务器 IP，这些 IP 地址信息是由网络自动分配或网络管理员分配的。设置 IP 地址信息的步骤如下：

1. 打开“本地连接属性”对话框，如图 2-14 所示。

2. 选择“此连接使用下列项目”列表框中的“Internet 协议（TCP/IPv4）”，单击“属性”按钮，打开“Internet 协议版本 4（TCP/IPv4）属性”对话框，如图 2-15 所示。在这里使用网络管理员分配的 IP 地址信息，选中“使用下面的 IP 地址”单选按钮，输入 IP 地址、子网掩码和默认网关，选中“使用下面的 DNS 服务器地址”单选按钮，输入首选 DNS 服务器的 IP 地址。

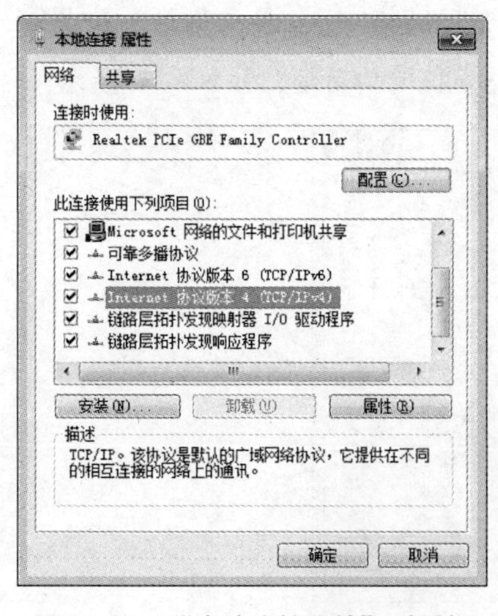


图 2-14 “本地连接属性”对话框

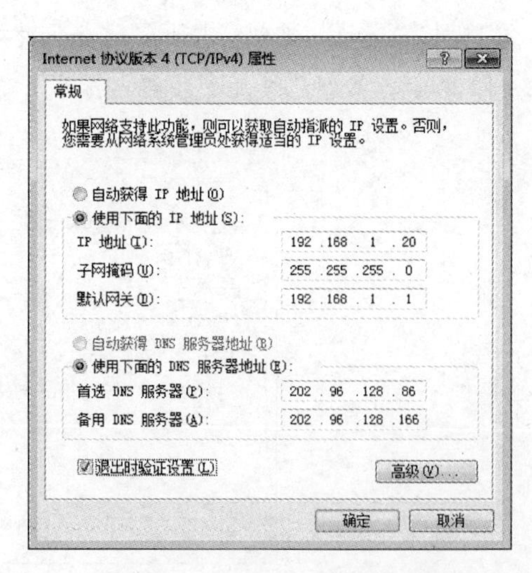


图 2-15 “Internet 协议（TCP/IPv4）属性”对话框

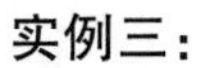

**实例三：**

### 使用 ipconfig 命令来查看网卡配置信息

Ipconfig 命令用于显示当前计算机的网卡配置信息。在 Windows 7 系统中的操作步骤如下：

1. 单击“开始”菜单—“所有程序”—“附件”—“命令提示符”，进入“命令提示符”界面。

2. 在命令行模式中直接输入“ipconfig”，此时它将显示每个已经配置了接口的 IP 地址、子网掩码和默认网关值，如图 2－16 所示。

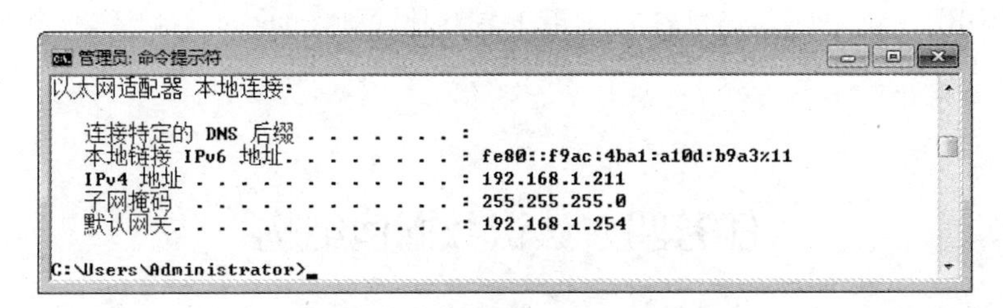


**图 2－16　ipconfig 命令的运行**

3. 在命令行模式中输入“ipconfig/all”。当使用 all 选项时，ipconfig 能为 DNS 和 WINS 服务器显示它已配置且所要使用的附加信息（如 IP 地址等），并且显示内置于本地网卡中的物理地址（MAC），如图 2－17 所示。

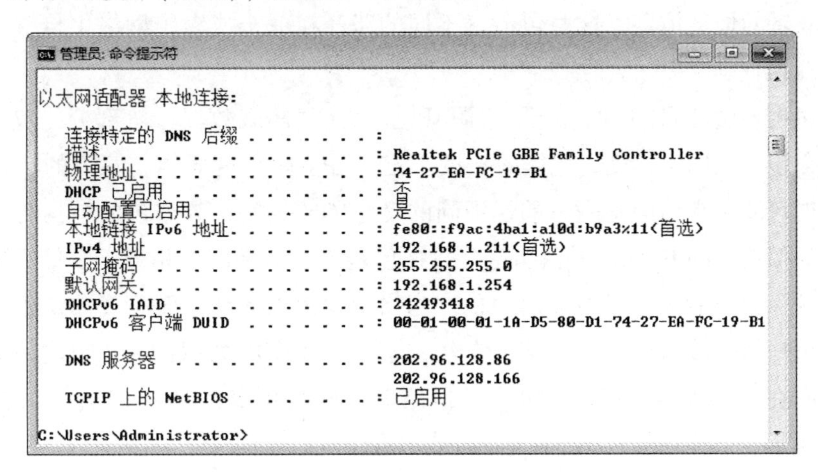


**图 2－17　ipconfig/all 命令的运行**

**实例四：**

### 访问 Web 站点和 FTP 站点

在 Internet 中，经常通过浏览器访问 Web 站点和 FTP 站点来实现资源共享，在访问相应不同类型站点时需要使用不同的协议。操作步骤如下：

1. 打开 IE 浏览器，在 IE 浏览器的地址栏中输入 Web 站点的 URL。由于 Web 服务器使用“超文本传输协议（HTTP）”，因此 Web 站点 URL 的第一部分应为 http：//，例如：http：//www. 163. com。

2. 打开 IE 浏览器，在 IE 浏览器的地址栏中输入 FTP 站点的 URL。由于 FTP 服务器使用“文件传输协议（FTP）”，因此 FTP 站点 URL 的第一部分应为 ftp：//，例如：ftp：//192. 168. 12. 3。

比较 HTTP 和 FTP 协议，思考这两种协议的不同。

利用 Internet 进行电子邮件收发、QQ 聊天、视频点播，思考在平时使用 Internet 时，还见到过哪些协议？这些协议分别处于 TCP/IP 中的哪一层？支持何种服务？

注意，URL（统一资源定位符）是用于完整地描述 Internet 上网页和其他资源的地址的一种标志方法。

## 任务四　认识数据包结构

### 一、IP 数据包结构

包（Packet）是 TCP/IP 协议通信传输中的数据单位，一般也称“数据包”。

在包交换网络里，单个消息被划分为多个数据块，这些数据块称为包，它包含发送者和接收者的地址信息。这些包沿着不同的路径在一个或多个网络中传输，并且在目的地重新组合。

数据包主要由“目的 IP 地址”、“源 IP 地址”、“净载数据”等部分构成，包括包头和包体，包头是固定长度，包体的长度不定，各字段长度固定，双方的请求数据包和应答数据包的包头结构是一致的，不同的是包体的定义。数据包的结构与我们平常写信非常类似：目的 IP 地址是说明这个数据包是要发给谁的，相当于收信人地址；源 IP 地址是说明这个数据包是发自哪里的，相当于发信人地址；而净载数据相当于信件的内容。正是因为数据包具有这样的结构，安装了 TCP/IP 协议的计算机之间才能相互通信。我们在使用基于 TCP/IP 协议的网络时，网络中其实传递的就是数据包，如图 2－18 所示。

<table>
<tr><td>0</td><td>3</td><td>7</td><td>15</td><td>20</td><td>31</td></tr>
<tr><td>版本</td><td>首部长度</td><td>服务类型</td><td colspan="3">总长度</td></tr>
<tr><td colspan="3">标识</td><td>标志</td><td colspan="2">片偏移</td></tr>
<tr><td colspan="2">生存时间</td><td>协议</td><td colspan="3">首部校验和</td></tr>
<tr><td colspan="6">源地址</td></tr>
<tr><td colspan="6">目的地址</td></tr>
<tr><td colspan="6">可选项</td></tr>
<tr><td colspan="6">数　据</td></tr>
</table>

图 2－18　IP 数据包的结构

有人说，局域网中传输的不是“帧”（Frame）吗？没错，但是TCP/IP协议是工作在OSI模型第三层（网络层）、第四层（传输层）上的，而帧是工作在第二层（数据链路层）上的。上一层的内容由下一层的内容来传输，所以在局域网中，“包”是包含在“帧”里的。

## 二、UDP/TCP数据包结构

TCP提供一种面向连接的、可靠的字节流传送服务。TCP数据包的结构如图2－19所示。

| 0 | 7 | 15 | 31 |
| --- | --- | --- | --- |
| 源端口 | | 目的端口 | |
| 序　号 | | | |
| 确认序号 | | | |
| 首部长度 | 保留 | 标　志 | 窗　口 |
| 校验和 | | 紧急指针 | |
| 可选项 | | | |
| 数　据 | | | |

**图2－19　TCP数据包的结构**

每个TCP段都包含源端和目的端的端口号，用于寻找发送端和接收端应用进程。这两个值加上IP包头中的源端IP地址和目的端IP地址，确定一个唯一TCP连接。

序号用来标识从TCP发端向TCP收端发送的数据字节流。它表示在这个报文段中的第一个数据字节。

确认序号包含发送确认的一端所期望收到的下一个序号。

首部长度给出首部中32bit字的数目。

紧急指针是一个正的偏移量，与序号字段中的值相加表示紧急数据最后一个字节的序号。其余字段的意义和IP包中的差不多。

为了保证TCP层的数据能有效地传输，在建立TCP连接时，用到了三次握手机制。具体过程如下（假设在A、B间通信，A、B的初始化序号为X、Y）：

1. 由A向B发出SYN信号，告诉B，A的初始化序号为X。
2. 由B向A发出ACK和SYN信号，告诉A，B知道A的初始化序号为X，B的是Y。
3. 由A向B发出ACK信号，告诉B，A知道B的初始化序号是Y。

经过这样的初始化后，TCP连接的建立就完成了，A与B之间的数据传输也可靠了。

## 实　例

**实例一：**

使用Wireshark软件抓包

“包”听起来非常抽象，那么是不是不可见的呢？通过一定技术手段，是可以感知到数据包的存在的。比如在把鼠标移动到任务栏右下角的网卡图标上（网卡需要接好双绞线、连入网络），就可以看到“发送：××包，收到：××包”的提示。通过数据包捕获软件，也可以将数据包捕获并加以分析。利用抓包软件 Wireshark，可以方便地分析数据，可以很清楚地看到捕获到的数据包的 MAC 地址、IP 地址、协议类型端口号等细节。通过分析这些数据，网管员就可以知道网络中到底有什么样的数据包在活动了。

操作步骤：

1. 打开 Wireshark，选择“Capture”—“Interfaces”，如图 2－20 所示。

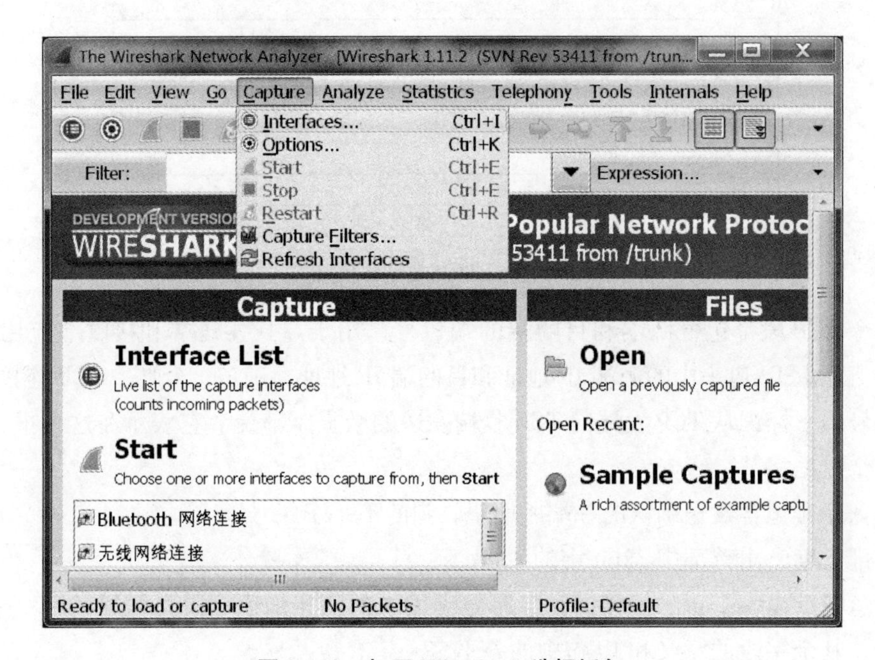


**图 2－20　打开 Wireshark 选择抓包**

2. 选择对应的网卡接口，如图 2－21 所示。

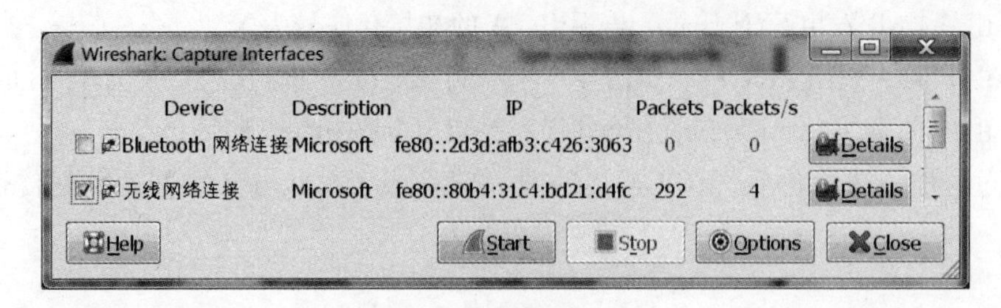


**图 2－21　选择网卡接口**

3. 点击“Start”按钮，获得数据包，如图 2－22 所示。

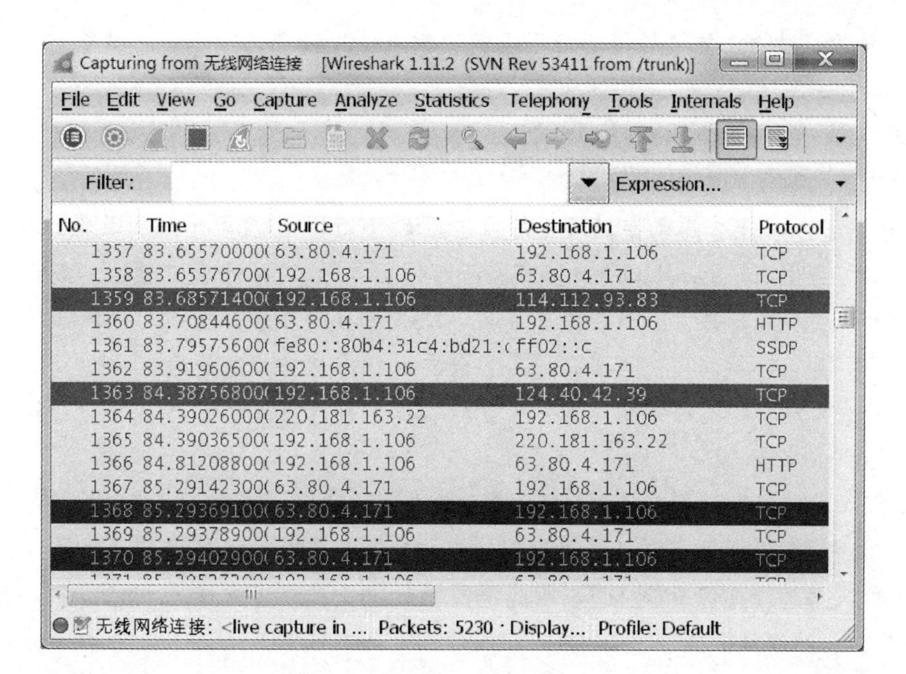


**图 2-22　Wireshark 软件分析**

**实例二：**

分析数据包

捕捉到的数据是在以太网上传输的原始数据，共 71 字节，以一帧的形式传输，具体数据（最左边四位表示数据的相对位置，数据以十六进制数的形式显示）如下：

0000　00 0f 3d 14 03 0d 00 14 85 40 82 57 08 00 45 00

0010　00 39 08 0e 00 00 80 11 26 45 c0 a8 01 02 ca 60

0020　80 56 04 5d 00 35 00 25 2c 83 00 02 01 00 00 01

0030　00 00 00 00 00 00 03 *77 77 77 04 67 64 64 78 02*

0040　*63 6e* 00 00 01 00 01

其中斜体部分为应用层 DNS 数据，加粗部分数据为传输层的 UDP 数据包首部，带框部分的数据为 IP 数据包首部，带下划线的数据为以太网数据包的首部。

1. 应用层数据。应用层按 DNS 的数据格式发给 DNS 服务器，其主要内容就要查询 www.gddx.cn（对应的 ACSII 码十六进制数为：77 77 77 04 67 64 64 78 02 63 6e）的 IP 的地址。具体数据如下（各部分数据的具体含义请参照 DNS，这里不作介绍，加粗部分就是要查询的域名的 ASCII 码）：

0020　　　　　　　　　　　00 02 01 00 00 01

0030 00 00 00 00 00 00 03 77 77 77 04 67 64 64 78 02

0040 63 6e 00 00 01 00 01

2. 传输层数据。传输层接到应用层的数据包传送任务，加上一个数据首部，共8字节，具体数据如下：

0020　　　　04 5d 00 35 00 25 2c 83

数据首部数据的含义如下：

045d：表示源端口号为：1117（十六进制数“045d”对应的十进制数为“1117”），这个端口与应用程序 nslookup. exe 绑定在一起，表示是 nslookup 发送出去的数据。

0035：目标端口号为：53，这个端口与 DNS 服务程序绑定在一起，传输层接收到这个数据将把上一层（即应用层）的数据分发给 DNS 服务程序处理。

25：表示这个传输层的数据总长度为37字节，即应用层数据29字节，传输层附加的数据首部8字节。

2c83：检验码，用于接收端检验收到的数据是否正确。

3. 网络层数据。网络层为了保证传输层的数据正确传送到 DNS 服务器端，必须指定目标的网络地址（即 IP 地址），因此，再加上 IP 头，封装成 IP 数据包。IP 头的数据共20字节，具体如下：

0000　　　　　　　　　　　　　　　　　　45 00

0010　00 39 08 0e 00 00 80 11 26 45 c0 a8 01 02 ca 60

0020　80 56

其数据结构的含义参照 IP 层首部数据结构的协议。主要的部分如下：

45：其中4表示 IPv4，即 IP 的版本4；5表示 IP 头共5各单元，即共20字节。

00 39：IP 数据包的总长为57字节。

80：TTL（Time to live）为128。

11：上一层的协议为 UDP。

26 45：IP 头数据校验码。

C0 a8 01 02：源 IP 地址 192. 168. 1. 2

Cn 60 80 56：目标 IP 地址 202. 96. 128. 86

4. 以太网数据包首部。本数据包首先在局域网传送，其网络接口层的数据为以太网数据格式。本层将上一层的 IP 数据包加上以太网数据包首部，构成以太网数据包在以太网上传送。其首部具体数据为：

0000　00　0f　3d　14　03　0d　00　14　85　40　82　57　08　00

各部分数据的含义如下：

00：0f：3d：14：03：0d：　　　　目标 MAC 地址为00：0f：3d：14：03：0d。

00：14：85：40：82：57：　　　　源 MAC 地址为00：14：85：40：82：57。

08：00：上一层的数据类型为 IP 数据包

# 习　题

1. (　　) 是 OSI 参考模型的第一层，它虽然处于最底层，却是整个开放系统的基础。

2. (　　) 的任务是在两个相连节点之间的线路上无差错地传送以帧为单位的数据。

3. (　　) 也称运输层，是两台计算机经过网络进行数据通信时，第一个端到端的层次，具有缓冲作用。

4. (　　) 为异种机通信提供一种公共语言，以便能进行交互操作。

5. (　　) 在 OSI 参考模型中处于最上层，由应用程序组成，它为最终用户提供服务。

6. (　　) 是应用最广泛的协议，已经被公认为事实上的标准，它也是现在的国际互联网的标准协议。

7. (　　) 是 TCP/IP 模型的最底层，也被称为主机网络层。

8. (　　) 是 TCP/IP 模型的最高层，与 OSI 参考模型相比，它包含了会话层、表示层和应用层的功能。

9. (　　) 提供 WWW 服务。

10. (　　) 实现远程登录功能，通常电子公告牌系统 BBS 可以使用这个协议登录。

11. (　　) 用于交互式的文件传输。

12. (　　) 负责计算机名字到 IP 地址的转换。

13. 将 IP 地址转换为相应物理网络地址的组协议是 (　　)。

14. 在 WWW 服务器与客户机之间发送和接收 HTML 文档时，使用的协议是 (　　)。

15. 网卡用来实现计算机和 (　　) 之间的物理连接。

16. Ipconfig 命令是 (　　)。

17. 计算机网络为什么会走向标准化?

18. 如何理解网络通信协议?

19. OSI 参考模型包括哪七层?

20. 简述 OSI 参考模型各层功能。

21. 简述 OSI 参考模型中发送方和接收方之间信息的流动过程。

22. TCP/IP 模型分为哪几层? 各层有哪些主要协议?

23. 简述 TCP/IP 网络模型中数据封装的过程。

24. 简述 TCP/IP 传输层协议 TCP 和 UDP 的特点。这两个协议分别适合于何种数据的传输?

25. 除了 TCP/IP 协议外，目前常见的网络协议还有哪些? 各有什么特点?

# 项目三

# 组建局域网

局域网是在某一局部区域内将多台计算机相互连接成的计算机网络，可以实现计算机资源的通信、共享与管理。从20世纪70年代以来，局域网技术已经发展成为重要的计算机网络技术。目前主流的局域网技术是以太网技术。本项目的主要目标是组建局域网。

学习目标

1. 了解以太网的基本工作原理，理解以太网的介质访问控制原理及冲突域。
2. 能够安装与设置以太网网卡，以及查看网卡 MAC 地址。
3. 掌握非屏蔽双绞线与 RJ－45 水晶头的连接方法以及测试方法。
4. 学会安装、调试无线网卡以及组建无线网络。

## 任务一　了解局域网及其拓扑结构

### 一、局域网概述

局域网（Local Area Network，LAN）是在一个局部的地理范围内（如一个学校、工厂和机关内），一般是方圆几千米以内，将各种计算机、外部设备和数据库等互相连接起来组成的计算机通信网。它可以通过数据通信网或专用数据电路，与远方的局域网、数据库或处理中心相连接，构成一个较大范围的信息处理系统。局域网可以实现文件管理、应用软件共享、打印机共享、扫描仪共享、工作组内的日程安排、电子邮件和传真通信服务等功能。局域网严格意义上是封闭型的。它可以由办公室内几台甚至上千上万台计算机组成。决定局域网的主要技术要素为：网络拓扑、传输介质与介质访问控制方法。

局域网是分组广播式网络，不需要网络层的路由功能，主要工作于 OSI 模型的低两层。为了使数据链路层能更好地适应多种局域网标准，把数据链路层划分为两个子层，介质访问控制子层（Medium Access Control，MAC）和逻辑链路控制子层（Logical

Link Control，LLC）。与接入到传输媒体有关的内容都放在 MAC 子层，而 LLC 子层则与传输媒体无关，不管采用何种协议的局域网对 LLC 子层来说都是透明的。

## 二、局域网的拓扑结构

拓扑结构和传输介质决定了各种 LAN 的特点，决定了它们的数据传输速率和通信速率。局域网的拓扑结构主要有以下几种：

### （一）总线形结构

总线形结构网络是将各个节点设备和一根总线相连，如图 3－1 所示，网络中所有的节点工作站都是通过总线进行信息传输的。作为总线的通信连线可以是同轴电缆、双绞线，也可以是扁平电缆。在总线结构中，作为数据通信必经的总线的负载能量是有限度的，这是由通信媒体本身的物理性能决定的。所以，总线结构网络中工作站节点的个数是有限制的，如果工作站节点的个数超出总线负载能量，就需要延长总线的长度，并加入相当数量的附加转接部件，使总线负载达到容量要求。总线形结构网络简单、灵活，可扩充性能好。所以，进行节点设备的插入与拆卸非常方便。另外，总线结构网络可靠性高、网络节点间响应速度快、共享资源能力强、设备投入量少、成本低、安装使用方便，当某个工作站节点出现故障时，对整个网络系统影响小。因此，总线结构网络是最普遍使用的一种网络。但是由于所有的工作站通信均通过一条共用的总线，所以实时性较差。

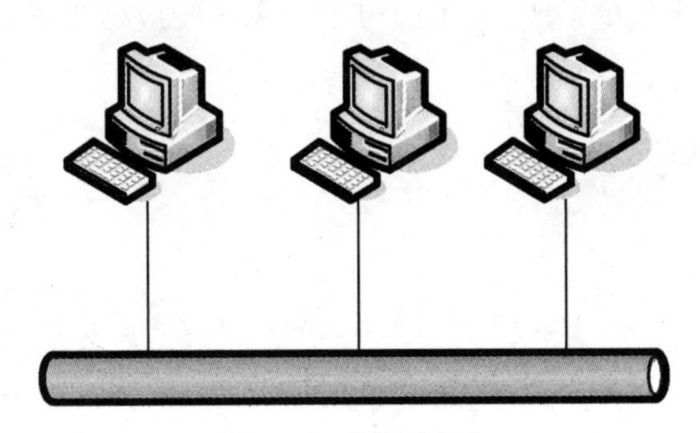

**图 3－1　总线形结构**

### （二）星形结构

这种结构的网络是各工作站以星形方式连接起来的，如图 3－2 所示，网中的每一个节点设备都以中防节为中心，通过连接线与中心节点相连，如果一个工作站需要传输数据，它首先必须通过中心节点。由于在这种结构的网络系统中，中心节点是控制中心，任意两个节点间的通信最多只需两步，所以，能够传输速度快，并且网络构形简单、建网容易、便于控制和管理。但这种网络系统，网络可靠性低，网络共享能力差，并且一旦中心节点出现故障则会导致全网瘫痪。

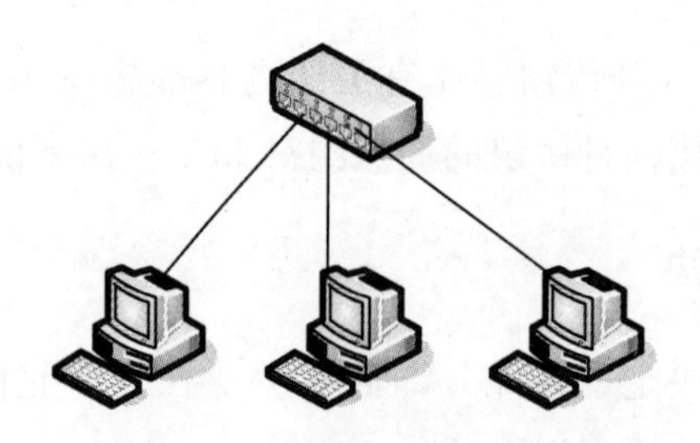

图 3－2　星形结构

（三）树形结构

树形结构网络是天然的分级结构，又被称为分级的集中式网络。其特点是网络成本低，结构比较简单。在网络中，任意两个节点之间不产生回路，每个链路都支持双向传输，并且，网络中节点扩充方便、灵活，寻查链路路径比较简单。但在这种结构网络系统中，除叶节点及其相连的链路外，任何一个工作站或链路产生故障会影响整个网络系统的正常运行，如图 3－3 所示。

（四）环形结构

环形结构是网络中各节点通过一条首尾相连的通信链路连接起来的一个闭合环形结构网，如图 3－4 所示。环形结构网络的结构也比较简单，系统中各工作站地位相等。系统中通信设备和线路比较节省。在网中信息设有固定方向单向流动，两个工作站节点之间仅有一条通路，系统中无信道选择问题；某个节点的故障将导致物理瘫痪。环网中，由于环路是封闭的，所以不便于扩充，系统响应延时长，且信息传输效率相对较低。

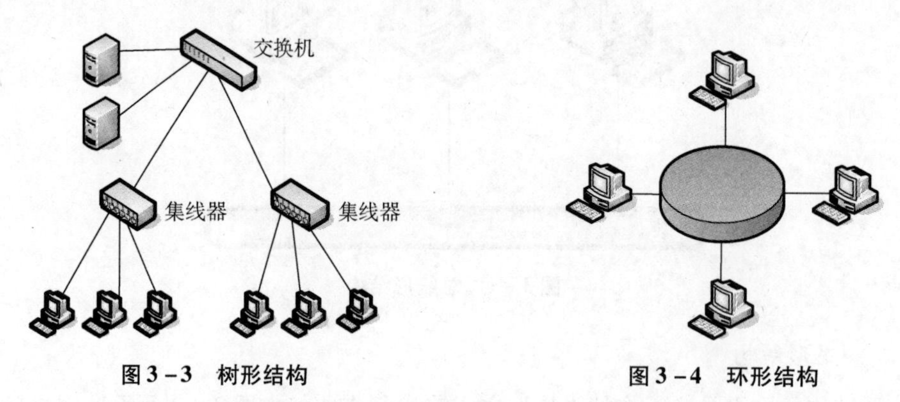


图 3－3　树形结构　　图 3－4　环形结构

# 任务二　认识以太网

## 一、标准以太网

最开始以太网只有 10Mbps 的吞吐量，它所使用的是 CSMA/CD（Carrier Sense Multiple Access/Collision Detection，带有冲突检测的载波监听多路访问）的访问控制方法，通常把这种最早期的10Mbps以太网称之为标准以太网。以太网可以使用粗同轴电缆、细同轴电缆、非屏蔽双绞线、屏蔽双绞线和光纤等多种传输介质进行连接。并且在IEEE 802.3标准中，为不同的传输介质制定了不同的物理层标准，在这些标准中前面的数字表示传输速度，单位是“Mbps”，最后的一个数字表示单段网线长度（基准单位是100m），Base表示“基带”的意思，Broad代表“宽带”。下面为几种标准以太网的物理性能：

1. 10Base－5：使用直径为0.4英寸、阻抗为50Ω粗同轴电缆，也称粗缆以太网，最大网段长度为500m。基带传输方法，拓扑结构为总线型。10Base－5组网主要硬件设备有：粗同轴电缆、带有AUI插口的以太网卡、中继器、收发器、收发器电缆、终结器等。

2. 10Base－2：使用直径为0.2英寸、阻抗为50Ω细同轴电缆，也称细缆以太网，最大网段长度为185m，基带传输方法，拓扑结构为总线型；10Base－2组网主要硬件设备有：细同轴电缆、带有BNC插口的以太网卡、中继器、T型连接器、终结器等。

3. 10Base-T：使用双绞线电缆，最大网段长度为100m。拓扑结构为星型；10Base-T组网主要硬件设备有：3类或5类非屏蔽双绞线、带有RJ－45插口的以太网卡、集线器、交换机、RJ－45插头等。

4. 1Base－5：使用双绞线电缆，最大网段长度为500m，传输速度为1Mbps。

10Broad－36：使用同轴电缆（RG－59/U CATV），网络的最大跨度为3600m，网段长度最大为1800m，是一种宽带传输方式。

5. 10Base-F：使用光纤传输介质，传输速率为10Mbps。

## 二、快速以太网

随着网络的发展，传统标准的以太网技术已难以满足日益增长的网络数据流量速度需求。1993年10月，Grand Junction公司推出了世界上第一台快速以太网集线器Fastch10/100和网络接口卡FastNIC100，快速以太网技术正式得以应用。随后Intel、Synaptics、3COM、BayNetworks等公司亦相继推出自己的快速以太网装置。与此同时，IEEE802工程组亦对100Mbps以太网的各种标准，如100BASE-TX、100BASE-T4、MⅡ、中继器、全双工等标准进行了研究。1995年3月IEEE宣布了IEEE802.3u 100BASE-T快速以太网标准（Fast Ethernet），就这样开始了快速以太网的时代。

快速以太网与原来在100Mbps带宽下工作的FDDI相比具有许多的优点，最主要体现在快速以太网技术可以有效地保障用户在布线基础实施上的投资，它支持3、4、5类双绞线以及光纤的连接，能有效利用现有的设施。快速以太网的不足其实也是以太网技术的不足，那就是快速以太网仍是基于CSMA/CD技术，当网络负载较重时，会造成效率的降低，当然这可以使用交换技术来弥补。100Mbps快速以太网标准又分为：100BASE-TX、100BASE-FX、100BASE-T4三个子类。

1. 100BASE-TX：是一种使用五类数据级无屏蔽双绞线或屏蔽双绞线的快速以太网技术。它使用两对双绞线，一对用于发送，一对用于接收数据。在传输中使用 4B/5B 编码方式，信号频率为 125MHz。符合 EIA586 的五类布线标准和 IBM 的 SPT 1 类布线标准。使用同 10BASE-T 相同的 RJ－45 连接器。它的最大网段长度为 100m。它支持全双工的数据传输。

2. 100BASE-FX：是一种使用光缆的快速以太网技术，可使用单模和多模光纤（62.5 和 125um）。多模光纤连接的最大距离为 550 米。单模光纤连接的最大距离为 3000m。在传输中使用 4B/5B 编码方式，信号频率为 125MHz。它使用 MIC/FDDI 连接器、ST 连接器或 SC 连接器。它的最大网段长度为 150m、412m、2000m 或更长至 10km，这与所使用的光纤类型和工作模式有关，它支持全双工的数据传输。100BASE-FX 特别适合于有电气干扰的环境、较大距离连接或高保密环境等情况下的适用。

3. 100BASE-T4：是一种可使用 3、4、5 类无屏蔽双绞线或屏蔽双绞线的快速以太网技术。100Base-T4 使用四对双绞线，其中的三对用于在 33MHz 的频率上传输数据，每一对均工作于半双工模式。第四对用于 CSMA/CD 冲突检测。在传输中使用 8B/6T 编码方式，信号频率为 25MHz，符合 EIA586 结构化布线标准。它使用与 10BASE-T 相同的 RJ－45 连接器，最大网段长度为 100m。

### 三、千兆以太网

千兆以太网技术作为最新的高速以太网技术，给用户带来了提高核心网络的有效解决方案，这种解决方案的最大优点是继承了传统以太技术价格便宜的优点。千兆技术仍然是以太技术，它采用了与 10M 以太网相同的帧格式、帧结构、网络协议、全/半双工工作方式、流控模式以及布线系统。由于该技术不改变传统以太网的桌面应用、操作系统，因此可与 10M 或 100M 的以太网很好地配合工作。升级到千兆以太网不必改变网络应用程序、网管部件和网络操作系统，能够节省投资。此外，IEEE 标准将支持最大距离为 550m 的多模光纤、最大距离为 70km 的单模光纤和最大距离为 100m 的铜轴电缆。千兆以太网填补了 802.3 以太网/快速以太网标准的不足。为了能够侦测到 64Bytes 资料框的碰撞，千兆以太网（Gigabit Ethernet）所支持的距离更短。千兆以太网支持的网络类型，如表 3－1 所示。

**表 3－1　千兆以太网支持的网络类型**

| 网络类型 | 传输介质 | 距离 |
| --- | --- | --- |
| 1000Base-CX | 屏蔽双绞线（STP） | 25m |
| 1000Base-T | 五类非屏蔽双绞线（UTP） | 100m |
| 1000Base-SX | 多模光纤 | 500m |
| 1000Base-LX | 单模光纤 | 3000m |

千兆以太网技术有两个标准：IEEE802.3z 和 IEEE802.3ab。IEEE802.3z 制定了光纤和短程铜线连接方案的标准。IEEE802.3ab 制定了五类双绞线上较长距离连接方案的标准。

IEEE802.3z 工作组负责制定光纤（单模或多模）和同轴电缆的全双工链路标准。IEEE802.3z 定义了基于光纤和短距离铜缆的 1000Base-X，采用 8B/10B 编码技术，信道传输速度为 1.25Gbit/s，去耦后实现 1000Mbit/s 传输速度。IEEE802.3z 具有下列千兆以太网标准：

1. 1000Base-SX：只支持多模光纤，可以采用直径为 62.5um 或 50um 的多模光纤，工作波长为 770nm ~ 860nm，传输距离为 220m ~ 550m。

2. 1000Base-LX：单模光纤，可以支持直径为 9um 或 10um 的单模光纤，工作波长范围为 1270nm ~ 1355nm，传输距离为 5km 左右。

3. 1000Base-CX：采用 150Ω 屏蔽双绞线（STP），传输距离为 25m。

IEEE802.3ab 工作组负责制定基于 UTP 的半双工链路的千兆以太网标准，产生 IEEE802.3ab 标准及协议。IEEE802.3ab 定义基于五类 UTP 的 1000Base-T 标准，其目的是在五类 UTP 上以 1000Mbit/s 速率传输 100m。IEEE802.3ab 标准的意义主要有两点：

1. 保护用户在五类 UTP 布线系统上的投资。

2. 1000Base-T 是 100Base-T 自然扩展，与 10Base-T、100Base-T 完全兼容。不过，在五类 UTP 上达到 1000Mbit/s 的传输速率需要解决五类 UTP 的串扰和衰减问题，因此，使 IEEE802.3ab 工作组的开发任务要比 IEEE802.3z 复杂些。

### 四、万兆以太网

以太网主要是在局域网中占绝对优势，在很长的一段时间中，由于带宽以及传输距离等原因，人们普遍认为以太网不能用于城域网，特别是在汇聚层以及骨干层。1999 年底成立了 IEEE802.3ae 工作组，进行万兆以太网技术的研究，并于 2002 年正式发布 IEEE802.3ae 标准。万兆以太网不仅再度扩展了以太网的带宽和传输距离，更重要的是使得以太网从局域网领域向城域网领域渗透。

万兆以太网规范包含在 IEEE802.3 标准的补充标准 IEEE 802.3ae 中，它扩展了 IEEE 802.3 协议和 MAC 规范，使其支持 10Gbps 的传输速率。万兆以太网联网规范主要有以下几种：

1. 10GBase-SR 和 10GBase-SW：主要支持短波（850nm）多模光纤（MMF），光纤距离为 2m ~ 300m。10GBase-SR 主要支持"暗光纤"（Darkfiber），暗光纤是指没有光传播并且不是任何设备连接的光纤。10GBase-SW 主要用于连接 SONET 设备，它应用于远程数据通信。

2. 10GBase-LW 和 10GBase-LR：主要支持长波（1310nm）单模光纤（SMF），光纤距离为 2m～10km。10GBase-LW 主要用来连接 SONET 设备，10GBase-LR 则用来支持“暗光纤”。

3. 10GBase-ER 和 10GBase-EW：主要支持超长波（1550nm）单模光纤（SMF），光纤距离为 2m～40km。10GBase-EW 主要用来连接 SONET 设备，10GBase-ER 则用来支持“暗光纤”。

4. 10GBase-LX4：10GBase-LX4 采用波分复用技术，在单对光缆上以 4 倍波长发送信号。10GBase-LX4 系统运行在 1310nm 的多模或单模暗光纤方式下。该系统的设计是针对 2m～300m 的多模光纤模式或 2m～10km 的单模光纤模式。

万兆以太网技术特点：

1. 万兆以太网是一种只采用全双工数据传输技术，其物理层（PHY）和 OSI 参考模型德尔第一层（物理层）一致，负责建立传输介质（光纤或铜线）和 MAC 层的连接。MAC 层相当于 OSI 参考模型的第二层（数据链路层）。万兆以太网标准的物理层分为两部分，分别为 LAN 物理层和 WAN 物理层。LAN 物理层提供了现在正广泛应用的以太网接口，传输速率为 10Gbps；WAN 物理层则提供了与 OC－192c 和 SDH VC－6－64c 相兼容的接口，传输速率为 9. 58Gbps。与 SONET 不同的是，运行在 SONET 上的万兆以太网依然以异步方式工作。WIS（WAN 接口子层）将万兆以太网流量映射到 SONET 的 STS－192c 帧中，通过调整数据包间的间距，使 OC－192c 的略低的数据传输率与万兆以太网相匹配。

2. 万兆以太网标准的物理层可进一步细分为五种具体的接口：1550nm LAN 接口、1310nm 宽频波分复用（WWDM）LAN 接口、850nm LAN 接口、1550nm WAN 接口和 1310nm WAN 接口。每种接口都有其对应的最适宜的传输介质。850nm LAN 接口适用在 50/125μm 多模光纤上，最大传输距离为 65m。50/125μm 多模光纤现在已用的不多，但由于这种光纤制造容易，价格便宜，所以用来连接服务器比较划算。1310nm 宽频波分复用（WWDM）LAN 接口适用在 66. 5/125μm 的多模光纤上，传输距离为 300m。1550nmWAN 接口和 1310nm WAN 接口适用在单模光纤上进行长距离的城域网和广域网数据传输，1310nm WAN 接口支持的传输距离为 10km，1550nm WAN 接口支持的传输距离为 40km。

3. 万兆以太网标准意味着以太网将具有更高的带宽（10Gbps）和更远的传输距离（最长传输距离可达 40km）。另外，过去有时需采用数千兆捆绑以满足交换机互连所需的高带宽，因而浪费了更多的光纤资源，现在可以采用万兆互联，甚至 4 万兆捆绑互联，达到 40Gbps 的宽带水平。由于万兆以太网只工作于光纤模式（屏蔽双绞线也可以工作于该模式），没有采用载波监听多路访问和冲突检测（CSMA/CD）协议和访问优先控制技术，简化了访问控制的算法。从而简化了网络的管理，并降低了部署的成本，因而得到了广泛的应用。

4. 万兆以太网技术提供了更多了更新功能，大大提升了 QoS（Quality of Service，服务质量），具有相当的革命性，因此，能更好地满足网络安全、服务质量、链路保护等多方面需求。当然，最重要的特性就是，万兆以太网技术甚至承袭了以太网、快速以太网及千兆位以太网技术。因此在用户普及率、使用方便性、网络互操作性及简易性上均占有极大的引进优势。在升级到万兆以太网解决方案时，用户不必担心既有的程序或服务是否会受到影响，升级的风险非常低，可实现平滑升级，保护了用户的投资；同时在未来升级到 40Gbps 甚至 100Gbps 都将有很明显的优势。

实 例

分析计算机网络实验室或机房的组网技术

参观学校计算机实验室，向相关实验室负责人或老师了解学校计算机实验室的局域网组网拓扑结构、所用的网络设备和传输介质、关键的组网技术、实验室管理制度等，了解相关局域网组网技术的特点，画出网络拓扑图。

## 任务三　认识以太网的介质访问控制

在总线型、环型和星型拓扑结构的网络中，都存在着在同一传输介质上连接多个节点的情况，而局域网中任何一个节点都要求与其他节点通信，这就需要有一种仲裁方式来控制各节点使用传输介质的方式，这就是所谓的介质访问控制。介质访问控制是确保对网络中各个节点进行有序访问的方法，局域网中主要采用两种介质访问控制方式：竞争方式和令牌传送方式。

传统以太网使用总线拓扑结构，它要求多台计算机共享单一的介质，采用竞争方式来完成介质访问控制。CSMA/CD 是以太网介质竞争方式基本的工作机制。

### 一、载波监听多路访问（CSMA）

CSMA 的基本原理是站点在发送数据之前，先监听信道上是否有别的站点在发送载波信号，若有，说明信道忙，否则认为信道是空闲的。然后根据预定的策略决定：①若信道空闲，是否立即发送；②若信道忙，是否继续监听。

即使信道空闲，若立即发送仍然会发生冲突。一种情况是远端站点刚开始发送，载波信号尚未传到监听站，这时若监听站立即发送，就会和远端站点发生冲突；另一种情况是虽然暂没有站发送，但碰巧两个站同时开始监听，如果它们都立即发送，也会发生冲突。所以，上面的控制决策的第①点就是想要避免这种虽然稀少、但仍可能发生的冲突。若信道忙时，如果坚持监听，发送的站一旦停止就可立即抢占信道。但是有可能几个站同时都在监听，同时都抢占信道，从而发生冲突。以上控制决策的第

②点就是进一步优化监听算法，使得有些监听站或所有监听站都后退一段随机时间再监听，以避免冲突。

监听算法并不能完全避免发生冲突，但若对以上两种控制策略进行精心设计，则可以把冲突概率降到最小。有三种监听算法，分别是“非坚持型”、“1-坚持型”和“P-坚持型”。

### （一）非坚持型监听算法

当一个站点准备好帧发送之前先监听信道：①若信道空闲，立即发送，否则转②；②若信道忙，则后退一个随机时间，重复。

由于随机时延后退，从而减少了冲突的概率；然而，可能出现的问题是因后退而使信道闲置一段时间，这使信道的利用率降低，并且增加了发送时延。

### （二）1-坚持型监听算法

当一个站准备好帧，发送之前先监听信道：①若信道空闲，立即发送，否则转②；②若信道忙，继续监听，直到信道空闲后立即发送。

这种算法的优、缺点与前一种正好相反，它有利于抢占信道，减少信道空闲时间，但是多个站同时都在监听信道时必然发生冲突。

### （三）P-坚持型监听算法

这种算法吸取了以上两种算法的优点，但较为复杂。这种算法描述如下：①信道空闲，以概率 $P$ 发送，以概率（$1-P$）延迟一个时间单位；一个时间单位等于网络传输时延 $t$；②信道忙，继续监听直到信道空闲，然后转到①；若发送延迟一个时间单位 $t$，则重复①。

困难的问题是决定概率 $P$ 的值，$P$ 的取值应在重负载下能使网络有效地工作。为了说明 $P$ 的取值对网络性能的影响，我们假设有 $n$ 个站正在等待发送，与此同时，有一个网站正在发送。当这个站发送停止时，实际要发送的站数等于 $nP$。若 $nP$ 大于1，则必有多个站同时发送，这必然会发生冲突，并会使等待发送的站点感到冲突后若重新发送，还会再一次发生冲突；更糟的是其他站点还可能产生新帧与这些为发出的帧竞争，更加剧了网上冲突。极端情况下网络吞吐率可能下降到0。要避免这种灾难，对于某种 $n$ 的峰值，$nP$ 必须小于1；然而若 $P$ 值太小，发送站就要等待较长的时间，在轻负载的情况下，这意味着较大的发送时延，例如只有一个站有帧要发送，若 $P=0.1$，则以上算法的第①步重复的平均次数为 $1/P=10$，也就是说这个站平均多等待9倍的时间单位 $t$。

## 二、冲突检测（CD）

载波监听只能减少冲突的概率，不能完全避免冲突。当两个帧发生冲突后，若继续发送，将会浪费网络带宽。如果帧比较长，对带宽的浪费就很多了。为了进一步改进带宽的利用率，发送站应采取边发边监听的冲突检测方法，即：①发送期间同时接收，并把接收的数据与站中存储的数据进行比较；②若比较结果一致，说明没有冲突，重复①；③若比较结果不一致，说明发生冲突，立即停止发送，并发送一个简短的干扰信号（jamming），使所有站都停止发送；发送干扰信号后，等待一段随机的时间，重新监听，再试着发送。

## 三、以太网的冲突域

带冲突检测的监听算法把浪费带宽的时间减少到检测冲突的时间，对局域网来说这个时间是很短的。图 3 – 5 指出了基带系统中检测冲突需要的最长时间，这个时间发生在网络中相距最远的两个站（A 和 D）之间。在 $t0$ 时刻 A 开始发送，假设经过一段时间 $t$（网络最大传播时延）D 开始发送，D 立即就会检测到冲突，并很快能停止；A 仍然感觉不到冲突，并继续发送，在经过一段时间 $t$，A 才会收到冲突信号，从而停止发送，可见在基带系统中检测冲突的最长时间是网络传播延迟的两倍（$2t$），我们把这个时间叫做冲突域。

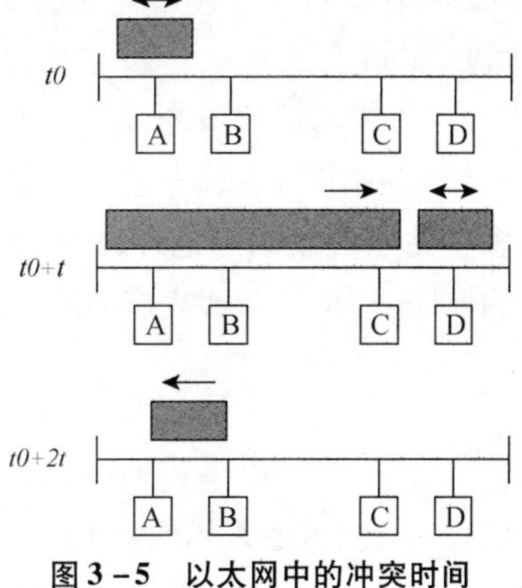


**图 3 – 5　以太网中的冲突时间**

与冲突窗口相关的参数是最小的帧长，假设图 3 – 5 中的 A 站发送的帧较短，在（$2t$）时间内已经发送完毕，这样 A 站在整个发送期间将检测不到冲突。为了避免这种情况，网络标准中根据设计的数据速率和最大网段长度规定了最小帧长 Lmin：

$$\mathrm{Lmin} = 2\mathrm{R}t$$

这里 R 是网络数据速率，有了最小帧长的限制，发送站必须对较短的帧增加填充位，使其等于最小帧长。接收站对收到的帧要检查长度，小于最小的帧被认为是冲突碎片而丢弃，因此组建以太网的一个关键就是网内任何两节点间所有设备的延时的总和应小于冲突域。以太网中规定最小的数据帧为 64 字节，如果传输速度为 10Mbps，则以太网的冲突域的大小为 25.6μs，即网络中最远的两个点的传输延迟时间小于 25.6μs；如果传输速度为 100Mbps，则以太网的冲突域的大小为 2.56μs，即网络中最远的两个点的传输延迟时间小于 2.56μs。

## 四、以太网的 MAC 地址

在 CSMA/CD 的工作机制中，接收数据的计算机必须通过数据帧中的地址来判断此数据帧是否发给自己，因此为了保证网络正常运行，每台计算机必须有一个与其他计算机不同的硬件地址，即网络中不能有重复地址。MAC 地址也称为物理地址，是 IEEE 802 标准为局域网规定的一种 48bit 的全球唯一地址，用在 MAC 帧中。MAC 地址是被嵌入到以太网网卡中的。在生产网卡时，MAC 地址被固化在网卡的 ROM 中，计算机在安装网卡后，就可以利用该网卡固化的 MAC 地址进行数据通信。对于计算机来说，只要其网卡不换，它的 MAC 地址就不会改变。

IEEE802 规定网卡地址为 6 字节，即 48bit，计算机和网络设备中一般以 12 个十六进制数表示，如：00－05－5D－6B－29－F5。MAC 地址中前 3 个字节由网卡生产商向 IEEE 的注册管理委员会申请购买，称为机构唯一标识号，又称公司标志符。例如 D-Link 网卡的 MAC 地址前 3 个字节为 00－05－5D。MAC 地址中后 3 个字节由厂商指定，不能重复。这样可以保证世界上的网卡没有重复地址，6 个字节的地址块可以得到 2 的 24 次方（大约 70 亿）个不同的地址。

在 MAC 数据帧传输过程中，目的地址的最高位为“0”代表单播地址，即接收端为单一站点，所以网卡的 MAC 地址的最高位总为“0”。目的地址的最高位为“1”代表组播地址，组播地址允许多个站点使用同一地址，当把一帧送给组地址时，组内所有的站点都会收到该帧。目的地址全为“1”代表广播地址，此时数据将传送到网上的所有站点。

## 五、以太网的 MAC 帧格式

实际上以太网有两种帧格式，目前普遍采用的是 DIX Ethernet V2 格式，DIX Ethernet V2 的 MAC 帧结构如图 3－6 所示。

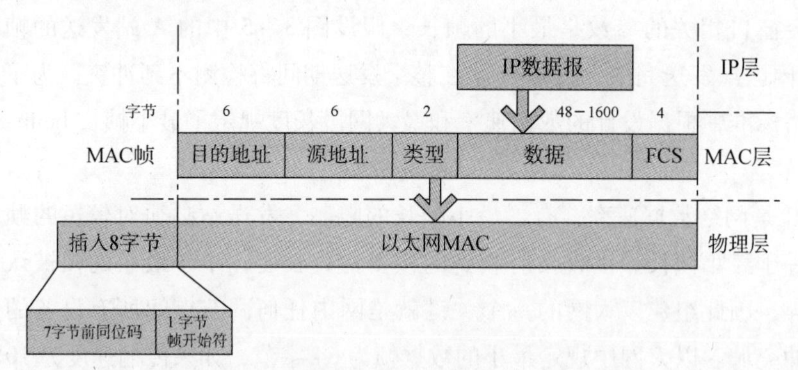


**图 3－6　MAC 帧格式**

CSMA/CD 规定 MAC 帧的最短长度为 64 字节，具体如下。

1. 目的地址：6 字节，为目的计算机的 MAC 地址。

2. 源地址：6 字节，本计算机的 MAC 地址。

3. 类型：2 字节，最高协议标志，说明上层使用何种协议。例如，若类型值为 0x0800，则上层使用 IP 协议；如果类型值为 0x8137，则上层使用 IPX。上层协议不同，以太网的帧的长度范围会有所变化。

4. 数据：长度在 0 ~ 1500 字节之间，是上层协议传下来的数据。由于 DIX Ethernet V2 没有单独定义 LLC 子层，如果上层使用 TCP/IP 协议，Data 就是 IP 数据报的数据。

5. 填充字段：保证帧长不少于 64 字节，即数据和填充字段的长度和应在 46 ~ 1500 字节之间，当上层数据小于 46 字节时，会自动添加字节。46 字节是用帧最小长度 64 字节减去前后的固定字段的字节数 18 得到的。当对方收到 MAC 数据帧时，会丢掉填充数据，还原为 IP 数据报，传递给上层协议。

6. FCS：帧校验序列，是一个 32 位的循环冗余码。

7. 前同步码：MAC 数据帧传给物理层时，还会加上同步码，10101010 序列，保证接收方与发送方同步。

MAC 子层还规定了帧间的最小间隔为 9.6μs，这是为了保证刚收到的数据帧的站点网卡上的缓存能有时间清理，做好接受下一帧的准备，避免因缓存占满而造成数据帧的丢失。

## 任务四　认识以太网网卡

网络适配器又称网卡或网络接口卡（Network Interface Card，NIC）。它是使计算机联网的设备，平常所说的网卡就是将 PC 机和 LAN 连接的网络适配器。网卡插在计算机主板插槽中，负责将用户要传递的数据转换为网络上其他设备能够识别的格式，通过网络介质传输。

### 一、以太网网卡的分类

1. 按网卡所支持带宽。按网卡所支持带宽的不同可分为 10M 网卡、100M 网卡、10/100M 自适应网卡、1000M 网卡几种。

2. 按网卡总线类型。根据网卡总线类型的不同，主要分为 ISA 网卡、EISA 网卡和 PCI 网卡三大类，其中 ISA 网卡和 PCI 网卡较常使用。ISA 总线网卡的带宽一般为 10M，PCI 总线网卡的带宽从 10M 到 1000M 都有。同样是 10M 网卡，因为 ISA 总线为 16 位，而 PCI 总线为 32 位，所以 PCI 网卡要比 ISA 网卡快。PCI 网卡如图 3 - 7 所示。

3. 按网卡的接口类型。根据传输介质的不同，网卡出现了 AUI 接口（粗缆接口）、BNC 接口（细缆接口）、RJ - 45 接口（双绞线接口）和光纤接口四种接口类型。另外还有综合了几种接口类型于一身的二合一网卡等。

除了以上几种类型，还有无线网卡、USB 网卡等类型的网卡。

图 3-7 PCI 网卡

## 二、以太网网卡的选择

目前绝大多数的局域网采用以太网技术，选购以太网网卡时应注意以下几个重点：

1. 注意网卡的应用领域。目前，以太网网卡有 10M、100M、10M/100M 及千兆网卡。对于大数据量网络来说，服务器应该采用千兆以太网网卡，这种网卡多用于服务器与交换机之间的连接，以提高整体系统的响应速率。而 10M、100M 和 10M/100M 网卡则属人们经常购买且常用的网络设备，这三种产品的价格相差不大。所谓 10M/100M 自适应是指网卡可以与远端网络设备（集线器或交换机）自动协商，确定当前的可用速率是 10M 还是 100M。对于通常的文件共享等应用来说，10M 网卡就已经足够了，但对于将来可能的语音和视频等应用来说，100M 网卡将更利于实时应用的传输。鉴于 10M 技术已经拥有的基础（如以前的集线器和交换机等），通常的变通方法是购买 10M/100M 网卡，这样既有利于保护已有的投资，又有利于网络的进一步扩展。就整体价格和技术发展而言，千兆以太网到桌面机尚需时日，但 10M 的时代已经逐渐远去。因而对中小企业来说，10M/100M 网卡应该是采购时的首选。

2. 注意网卡的总线接口方式。当前台式机和笔记本电脑中常见的总线接口方式都可以从主流网卡厂商那里找到适用的产品。但值得注意的是，市场上很难找到 ISA 接口的 100M 网卡。1994 年以来，PCI 总线架构日益成为网卡的首选总线，目前已牢固地确立了在服务器和高端桌面机中的地位。即将到来的转变是这种网卡将推广到所有的桌面机中。PCI 以太网网卡的高性能、易用性和增强了的可靠性使其被标准以太网网络所广泛采用，并得到了 PC 业界的支持。

3. 网卡兼容性和运用的技术。快速以太网在桌面一级普遍采用 100BaseTX 技术，以 UTP 为传输介质，因此，快速以太网的网卡设一个 RJ45 接口。由于小办公室网络普遍采用双绞线作为网络的传输介质，并进行结构化布线，因此，选择单一 RJ45 接口的网卡就可以了。适用性好的网卡应通过各主流操作系统的认证，至少具备如下操作系统的驱动程序：Windows、Netware、Unix 和 OS/2。智能网卡上自带处理器或带有专门设计的 AISC 芯片，可承担使用非智能网卡时由计算机处理器承担的一部分任务，因而即使在网络信息流量很大时，也极少占用计算机的内存和 CPU 时间。智能网卡性能好，价格也较高，主要用在服务器上。另外，有的网卡在 BootROM 上做文章，加入防病毒功能；有的网卡则与主机板配合，借助一定的软件，实现 Wake on LAN（远程唤醒）功能，可以通过网络远程启动计算机；还有的计算机则干脆将网卡集成到了主机板上。

4. 注意网卡的生产商。由于网卡技术的成熟性，目前生产以太网网卡的厂商除了国外的 3Com、英特尔和 IBM 等公司之外，台湾的厂商以生产能力强且多在内地设厂等优势，其价格相对比较便宜。

## 实 例

### 安装配置以太网网卡

1. 安装硬件网卡。关闭主机电源，按下电源插头。打开机箱后盖，在主板上找一个空闲 PCI 插槽，卸下相应的防尘片，保留好螺钉。将网卡对准插槽向下压入插槽中，用卸下的螺钉固定网卡的金属挡板，安装机箱后盖。

将双绞线跳线的 RJ－45 接头插入到网卡背板的 RJ－45 端口，如果通电且正常安装，网卡上的相应指示灯会亮。

2. 安装网卡驱动。在机箱中安好网卡后，重新启动计算机，系统自动检测新增加的硬件（对即插即用的网卡），插入网卡驱动程序光盘（如果是从网络下载到硬件的安装文件应指明其路径），通过添加新硬件向导引导用户安装驱动程序。

也可以通过单击“控制面板”—“添加硬件”命令，系统将自动搜索即插即用新硬件并安装其驱动程序。

3. 检测网卡的工作状态。

（1）在 Windows 7 系统中，右击桌面上的“计算机”图标，在弹出的快捷菜单中单击“属性”命令，打开“系统属性”对话框，如图 3－8 所示。

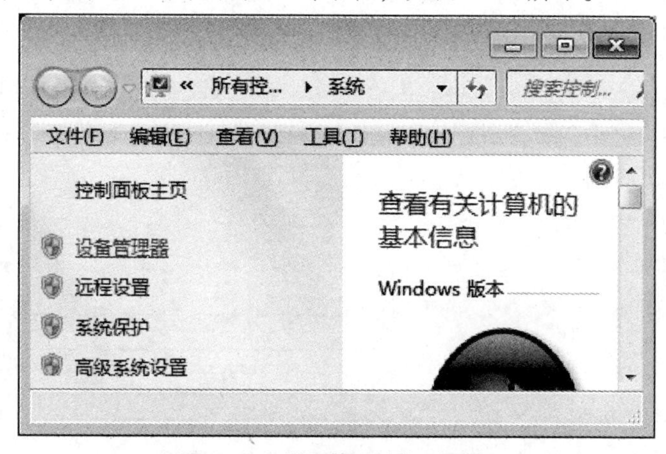


图 3－8 “系统属性”对话框

(2) 单击“控制面板主页”—“设备管理器”控制台，在“设备管理器”中单击“网络适配器”，可以看到已经安装的网卡，如图3-9所示。

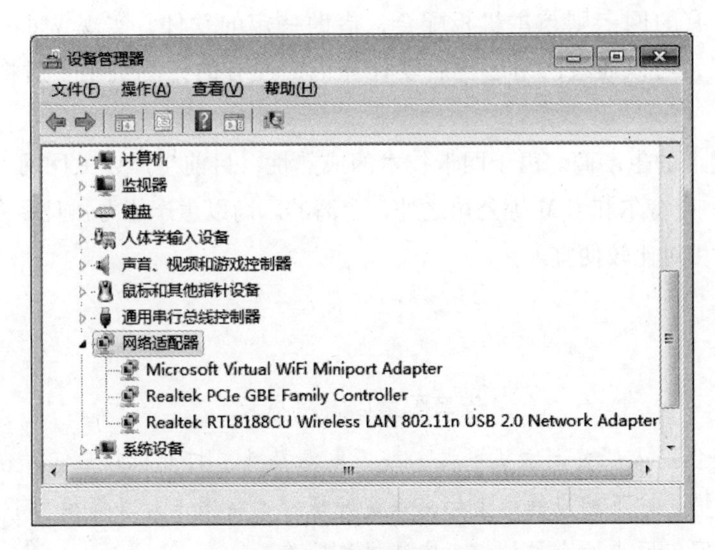


图3-9 网络适配器

右击已经安装的网卡，选择“属性”命令，可以查看该设备的工作状态，如图3-10所示。

图3-10 网卡工作状态

(3) 127.0.0.1是回送地址，指本地机，可以用ping 127.0.0.1来测试网卡是否连通，网卡驱动和网络协议是否安装好，如图3-11所示，如果安装正常，会成功发送与接收。

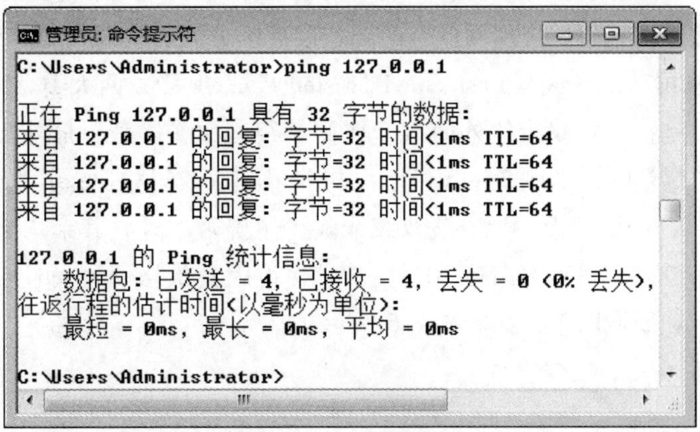


图3-11　网卡测试

4. 查看网卡的MAC。打开“本地连接状态”对话框，如图3-12所示。单击“详细信息”，打开“网络连接详细信息”对话框，可以看到网卡的实际地址，即MAC地址，如图3-13所示。

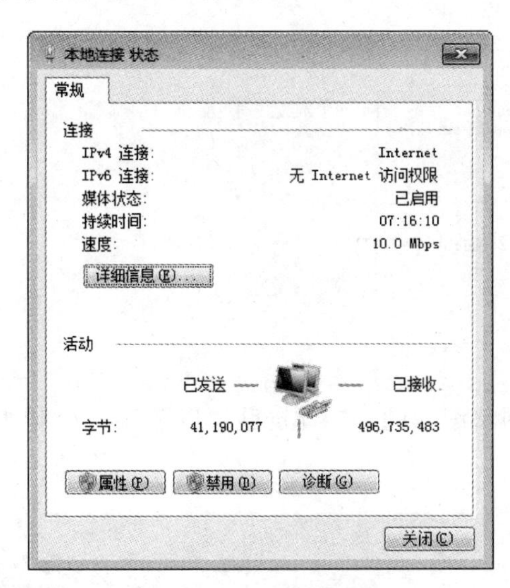


图3-12　本地连接状态图

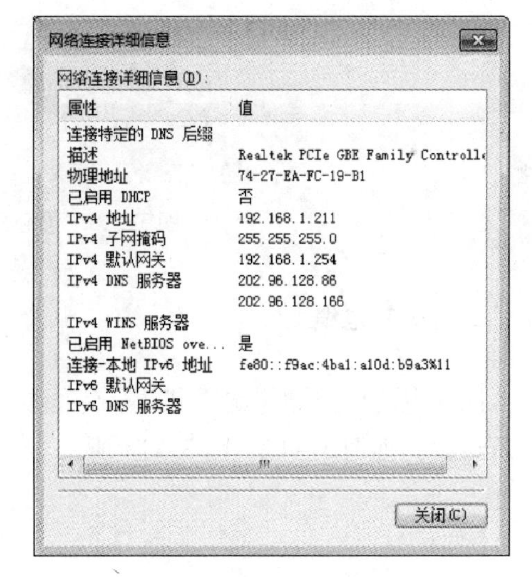


图3-13　MAC地址

# 任务五　认识网络传输介质

## 一、双绞线

双绞线由两根相互绝缘的导线绞合成匀称的螺纹状，作为一条通信线路。将两条、四条或更多这样的双绞线捆在一起，外面包上护套，就构成双绞线电缆，如图 3－14 所示。把两根绝缘铜导线，按一定的密度互相扭绞在一起，可以减少串扰及信号放射影响的程度，每一根导线在导电传输中放出的电波会被另一根线上发出的电波所抵消。

双绞线可按其是否外加金属网丝套的屏蔽层而区分为屏蔽双绞线（Shielded Twisted Pair，STP）和非屏蔽双绞线（Unshielded Twisted Pair，UTP）两大类。

屏蔽双绞线是在一对双绞线外面有金属筒缠绕，用作屏蔽，最外层再包上一层具有保护性的聚乙烯塑料，如图 3－15 所示。与非屏蔽双绞线相比，其误码率明显下降，约为 $10^{-6} \sim 10^{-8}$，价格较贵。无屏蔽双绞线除少了屏蔽层外，其余均与屏蔽双绞线相同，抗干扰能力较差，误码率高达 $10^{-5} \sim 10^{-6}$，但因其价格便宜而且安装方便，故广泛用于电话系统和局域网中，如图 3－16 所示。

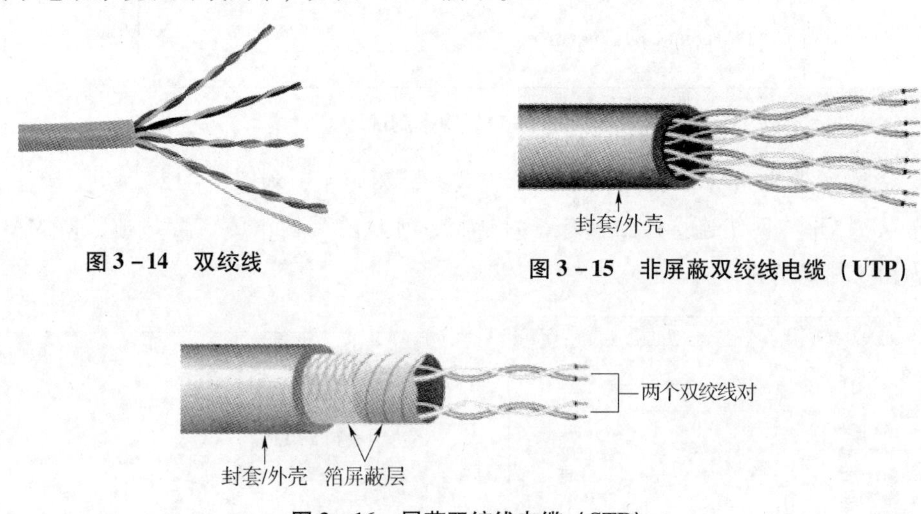


图 3－14　双绞线

图 3－15　非屏蔽双绞线电缆（UTP）

图 3－16　屏蔽双绞线电缆（STP）

## 二、同轴电缆

同轴电缆由内导体铜质芯线、绝缘层、网状编织的外导体屏蔽层以及保护塑料外层所组成，如图 3－17、图 3－18 所示。

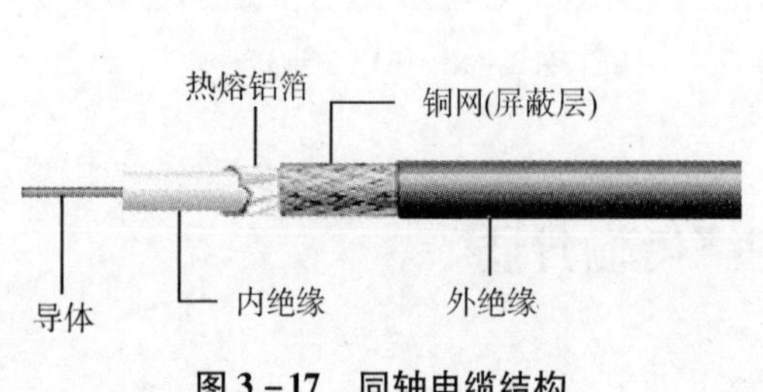


图 3－17　同轴电缆结构

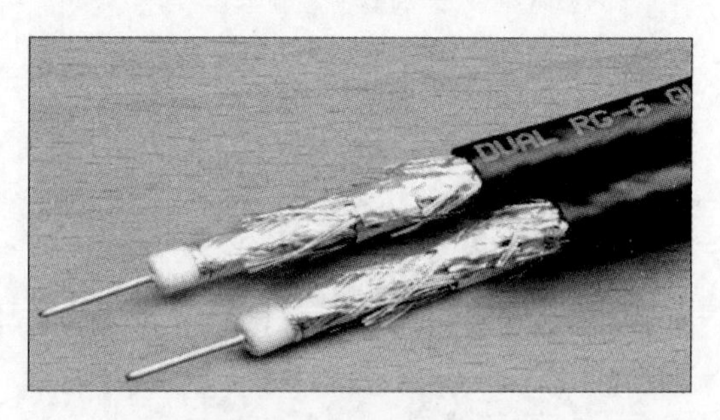


图 3－18　同轴电缆

目前在网络中应用得较多的有两类同轴电缆：50Ω的基带电缆和75Ω的宽带电缆。基带电缆的特性阻抗为50Ω，仅用于传输数字信号，并使用曼彻斯特编码方式和基带传输方式，即直接把数字信号送到传输介质上，无须经过调制，因此在局域网中被广泛地使用；宽带电缆用于频分多路复用的模拟信号发送，带宽可达300MHz～500MHz，常用于闭路电视的视频信号传输。

## 三、光纤

光纤是由玻璃或塑料制造的丝状物体，光脉冲在光纤中的传递便形成了光通信，其结构如图3－19所示，接口如图3－20所示。通信光纤分为单模光纤和多模光纤两种，单模光纤的纤芯直径很小，一般在4μm～10μm范围内，只允许同波长光的一种模式传输，无模式色散，因而传输频带很宽，传输容量大，传输质量高，但连接耦合较困难，成本较高。

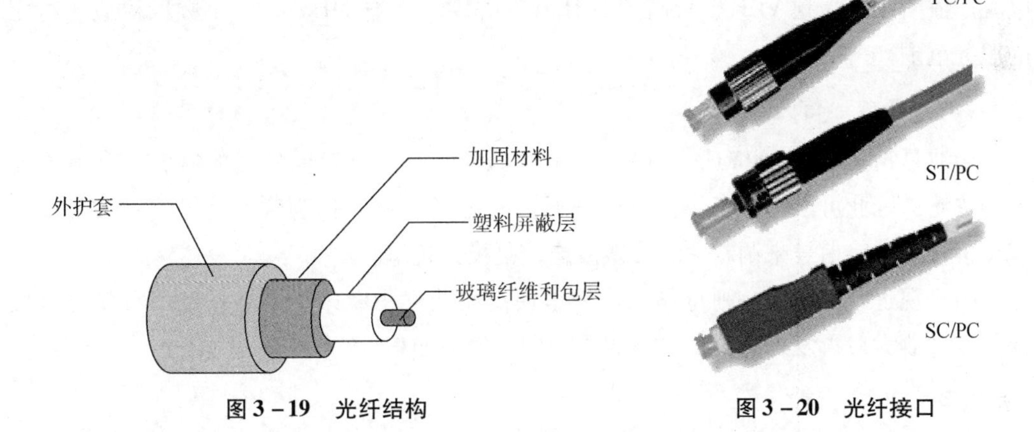


**图3－19　光纤结构**　　**图3－20　光纤接口**

多模光纤的直径较大，一般为50μm～75μm，允许不同波长的光以多种模式传输，存在模式色散现象，因此传输频带较窄，传输容量较小，但由于其直径较大，耦合连接容易，成本较低，所以应用较多。多条光纤组成一束，就构成一条光缆。

## 四、无线传输介质

利用电磁波在自由空间发送和接收信号进行的通信就是无线传输。地球上的大气层为大部分无线传输提供了物理通道，就是常说的无线传输介质。无线传输所使用的频段很广，人们现在已经利用了好几个波段进行通信。紫外线和更高的波段目前还不能用于通信。无线通信的方法有无线电波、微波、卫星、红外线等。图3－21所示为电信领域使用的电磁波频谱。

### （一）无线电通信

无线电波是一种能量的传播形式，电场和磁场在空间中是相互垂直的，并都垂直于传播方向，在真空中的传播速度等于光速300000km/s。其中，调频无线电使用中频

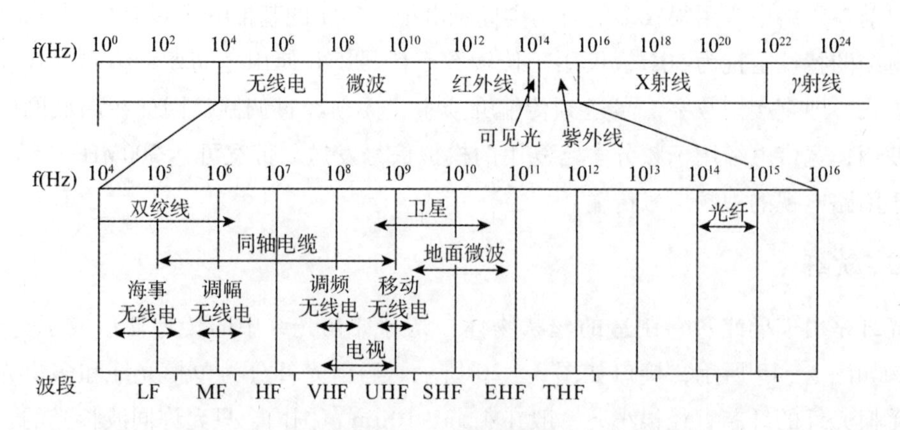


**图 3-21　电磁波频谱**

MF，移动通信等使用高频 HF，调频无线电广播使用甚高频 VHF（30MHz ~ 300MHz），电视广播使用甚高频 VHF 至特高频 UHF（300MHz ~ 3000MHz），各个频段对应于特定的服务范围。

（二）微波通信

微波是指频率为 300MHz ~ 300GHz 的电磁波，是一种定向传播的电波。微波沿着直线传播，因此可以集中于一点。微波通信是把微波信号作为载波信号，用被传输的模拟信号或数字信号来调制它，故微波通信是模拟传输。

为实现远距离传输，则每隔几十公里便需要建立中继站。中继站把前一站送来的信号经过放大后再发送到下一站，故称为微波接力通信。

（三）卫星通信

卫星通信简单地说就是地球上（包括地面和低层大气中）的无线电通信站间利用卫星作为中继而进行的通信。卫星通信系统由卫星和地球站两部分组成。卫星通信的特点是：通信范围大，只要在卫星发射的电波所覆盖的范围内，从任何两点之间都可进行通信；不易受陆地灾害的影响（可靠性高）；只要设置地球站电路即可开通（开通电路迅速）；同时可在多处接收，能经济地实现广播、多址通信（多址特点）；电路设置非常灵活，可随时分散过于集中的话务量；同一信道可用于不同方向或不同区间（多址连接）。

（四）红外线

红外线可能是最新的无线传输介质，它利用红外线来传输信号。常见于电视机等家电中的红外线遥控器，在发送端设有红外线发送器，接收端有红外线接收器。发送器和接收器可任意安装在室内或室外，但需使它们处于视线范围内，即两者彼此都可看到对方，中间不允许有障碍物。红外线通信还有抗干扰性强、系统安装简单、易于管理等优点，有传输距离短、通信设备的位置固定、无法灵活地组成网络等缺点。

## 实　例

### 制作双绞线

1. 认识双绞线跳线。制作双绞线跳线是组建局域网的基础技能，通常要使用双绞线跳线来完成布线系统与相应设备的连接。所谓双绞线跳线，是两端带有 RJ－45 水晶头的一段线缆。双绞线由 8 根不同颜色的线分成 4 对绞合在一起。RJ－45 水晶头前端有 8 个凹槽，凹槽内有 8 个金属触点，在连接双绞线和 RJ－45 水晶头时，需要注意的是要将双绞线的 8 根不同颜色的线按规定的排序插入 RJ－45 水晶头的 8 个凹槽中。在 EIA/TIA 布线标准中规定了两种线序 T568A 和 T568B。

EIA/TIA T568A 标准，是指双绞线的 8 根线从左到右的排列顺序依次为：

1－白绿、2－绿、3－白橙、4－蓝、5－白蓝、6－橙、7－白棕、8－棕。

而 EIA/TIA T568B 标准，则是指这 8 根线从左到右的排列顺序依次为：

1－白橙、2－橙、3－白绿、4－蓝、5－白蓝、6－绿、7－白棕、8－棕。

2. 制作双绞线。双绞线的连接方法有两种：直通线和交叉线。直通线的水晶头两端都遵循 EIA/TIA 568A 或 EIA/TIA 568B 标准，双绞线的每组线在两端是一一对应的，颜色相同的在两端水晶头的相应槽中保持一致。交叉线的水晶头一端遵循 EIA/TIA 568A，而另一端则采用 EIA/TIA 568B 标准。直通线主要用于将计算机连入交换机路由器等网络设备，交叉线主要用于将计算机与计算机、交换机与交换机相同类型端口的直接连接。

双绞线的制作实际上就是把一个称为水晶头的网络附件安装在双绞网线上的过程。在双绞网线制作过程中主要用到的网络材料、附件和工具包括五类以上的双绞线、8 芯 RJ－45 水晶头和双绞线钳等。这里以制作直通线为例讲解，交叉线方法一样，只是线的排序不一样，具体的步骤如下：

（1）利用斜口钳剪下所需要的双绞线长度，至少 0.6m，最多不超过 100m。然后再利用双绞线剥线钳将双绞线的外皮除去 2cm～3cm。有一些双绞线电缆上含有一条柔软的尼龙绳，如果在剥除双绞线的外皮时，觉得裸露出的部分太短，而不利于制作 RJ－45接头时，可以紧握双绞线外皮，再捏住尼龙线往外皮的下方剥开，就可以得到较长的裸露线。如图 3－22 所示。

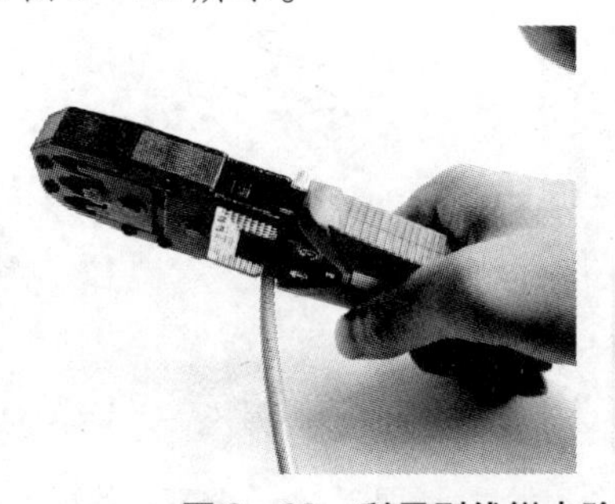
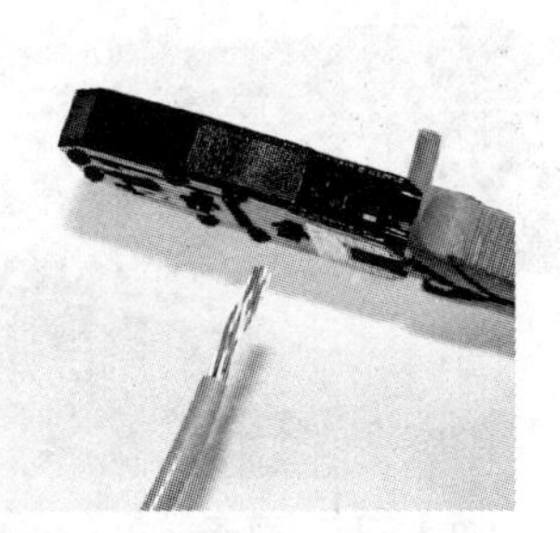

图 3－22　利用剥线钳去除双绞线外皮

(2) 接下来就要进行拨线的操作。将裸露的双绞线中的橙色对线拨向自己的左方，棕色对线拨向右方向，绿色对线拨向前方，蓝色对线拨向后方，如图 3－23 所示。左—橙、前—绿、后—蓝、右—棕。

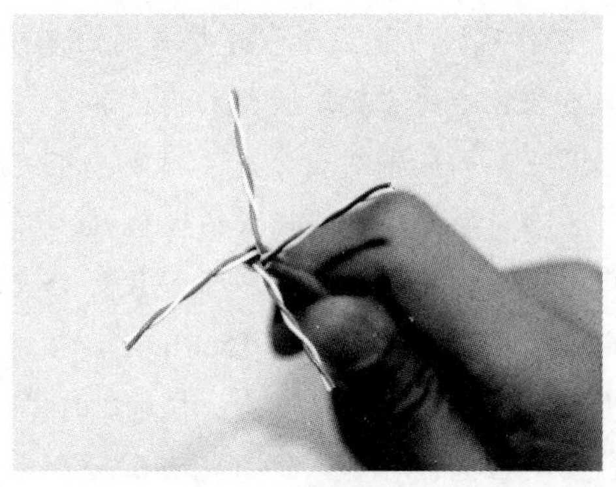

**图 3－23　拨线操作**

(3) 小心的剥开每一对线，按照 EIA/TIA 568B 的标准（白橙—橙—白绿—蓝—白蓝—绿—白棕—棕）排列好，如图 3－24 所示。

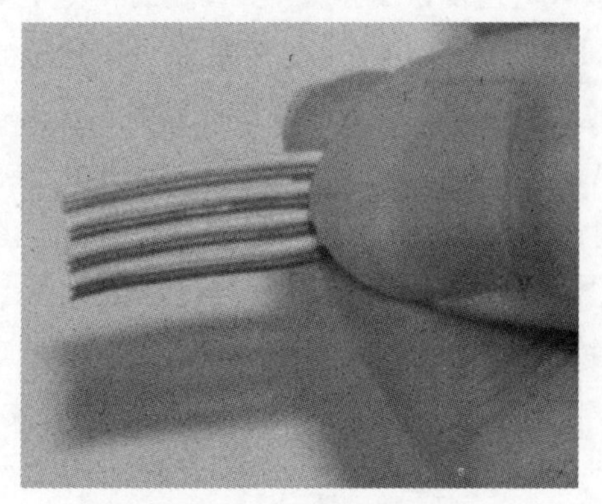

**图 3－24　按顺序排好线**

(4) 将裸露出的双绞线用剪刀或斜口钳剪至只剩约 1.4cm 的长度，如图 3－25 所示，最后再将双绞线的每一根线依序放入 RJ－45 接头的引脚内，第一只引脚内应该放白橙色的线，其余类推，如图 3－26 所示。

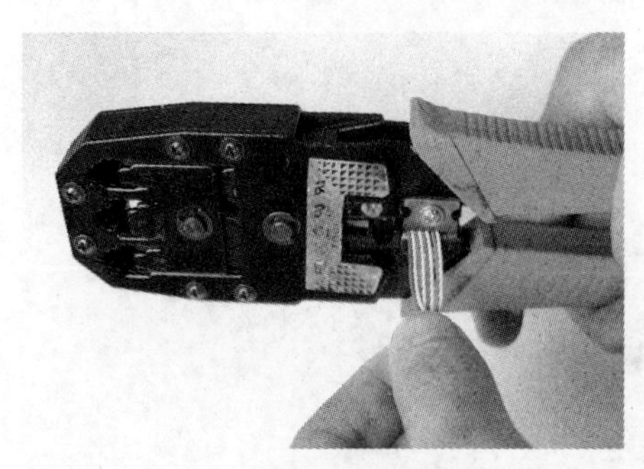

**图 3－25　剪齐线头**

**图 3－26　将双绞线插入 RJ－45 水晶头**

(5) 确定双绞线的每根线是否按正确顺序放置，并查看每根线是否进入到水晶头的底部位置，如图 3－27 所示。

(6) 用 RJ－45 压线钳压接 RJ－45 水晶头，把水晶头里的八块小铜片压下去，使每一块铜片的尖角都触到一根铜线，如图 3－28 所示。

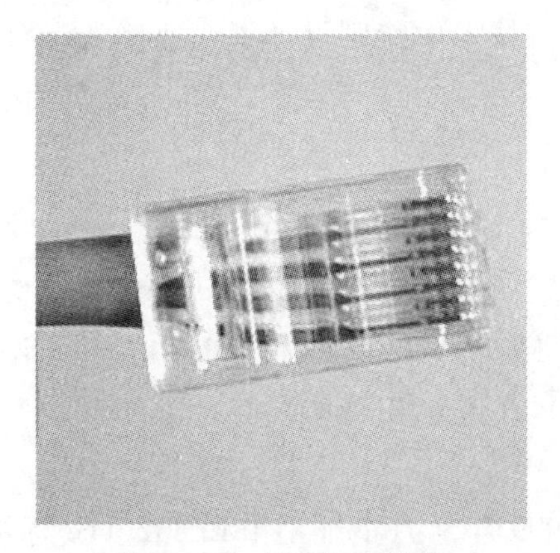

图 3－27　插好的双绞线

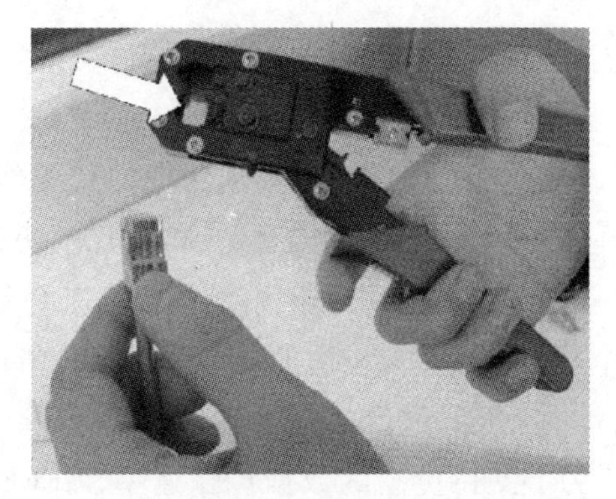

图 3－28　压线

(7) 重复步骤 (1) 到步骤 (6)，再制作另一端的 RJ－45 接头。因为是制作直通线，所以另一端 RJ－45 水晶头的引脚接法完全一样；如果是制作交叉线，那么另一端口按 EIA/TIA 568A 标准连接 RJ－45 水晶头。

3. 路线的测试。用测线仪测试网线和水晶头是否连接正常，如果两组 1、2、3、4、5、6、7、8 指示灯对应的灯同时亮，则表示制作双绞线制作成功，如图 3－29 所示。

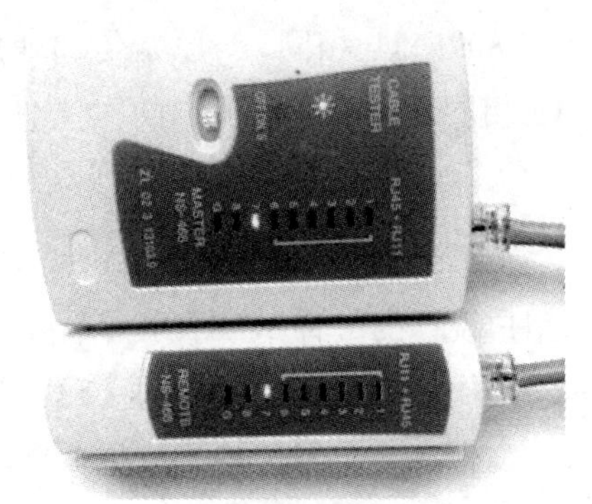


图 3－29　用测线仪测试

# 任务六　认识无线局域网

## 一、无线局域网的技术标准

最早的 WLAN 产品运行在 900Mhz 的频段上，速度大约只有 1Mbps～2Mbps。

1992 年，工作在 2.4GHz 频段上的 WLAN 产品问世，之后的大多数 WLAN 产品也都在此频段上运行。目前的 WLAN 产品所采用的技术主要包括：IEEE802.11、IEEE802.11b、HomeRF、IrDA 和蓝牙。由于 2.4GHz 的频段是对所有无线电系统都开放的频段，因此使用其中的任何一个频段都有可能遇到不可预测的干扰源，例如某些家电、手机、微波炉等。为此，无线电通信技术中特别设计了快速确认和跳频方案以确保链路稳定。

（一）IEEE802.11

1997 年 6 月，IEEE 推出了第一代无线局域网标准——IEEE802.11 该标准定义了物理层和介质访问控制子层（MAC）的协议规范，允许无线局域网及无线设备制造商在一定范围内建立操作网络设备，其速度大约有 1Mbps ~ 2Mbps。任何 LAN 应用、网络操作系统或协议（包括 TCP/IP、Novell NetWare）在遵守 IEEE802.11 标准的 WLAN 上运行时，就像运行在以太网上一样容易。

为了支持更高的数据传输速率，IEEE 于 1999 年 9 月批准了 IEEE802.11b 标准。IEEE802.11b 标准对 IEEE802.11 标准进行了修改和补充，其中最重要的改进就是在 IEEE802.11 的基础上增加了两种更高的通信速率 5.5Mbps 和 11Mbps。由于现行的以太网技术可以实现 10Mbps、100Mbps 乃至 1000Mbps 等不同速率以太网络之间的兼容，因此有了 IEEE802.11b 标准之后，移动用户将可以得到以太网级的网络性能、速度和可用性，管理者也可以无缝地将多种 LAN 技术集成起来，形成一种能够最大限度地满足用户需求的网络。

IEEE802.11g 是一种混合标准，兼容 802.11b，已取代 802.11b 成为市场主流，其载波的频率为 2.4GHz（跟 802.11b 相同），原始传递速度为 54Mbps，净传输速度约为 24.7Mpbs（跟 802.11a 相同），能满足用户的大文件传输和高清晰视频点播等要求。

（二）HomeRF

HomeRF 是专门为家庭用户设计的一种 WLAN 技术标准。HomeRF 利用跳频扩频方式，既可以通过时分复用支持语音通信，又能通过 CSMA/CA（Carrier Sense Multiple Access with Collision Avoidance，带有冲突避免载波监听多重访问）协议提供数据通信服务。最大传输速率为 2Mbps，传输范围超过 100m。

美国联邦通信委员会（FCC）最近采取措施，允许下一代 HomeRF 无线通信网络传送的最高速度提升到 10Mbps，这将使 HomeRF 的宽带与 IEEE802.11b 标准所能达到的 11Mbps 的带宽相差无几。

（三）蓝牙技术

对 IEEE802.11 来说，蓝牙（IEEE802.15）的出现不是为了竞争而是为了相互补充。“蓝牙”是一种极其先进的大容量近距离无线数字通信的技术标准，其目标是实现最高数据传输速度 1Mbps（有效传输速率为 721kbps）、最大传输距离为 10cm ~ 10m，通过增加发射功率可达到 100m。它的程序是写在 9mm × 9mm 的微芯片中的，同时配备了这样芯片的两个通信设备之间可以实现方便的无线连接。可以同时连接多个设备，最多可达 7 个，这就可以把用户身边的设备都连接起来，形成一个“个人领域的网络”(Personal Area Network)。

蓝牙比 802.11 更具移动性，比如，802.11 限制在办公室和校园内，而蓝牙却能把一个设备连接到 LAN（局域网）和 WAN（广域网），甚至支持全球漫游。此外，蓝牙成本低，体积小，可用于连接更多的设备。蓝牙最大的优势还在于，在更新网络骨干时，如果搭配蓝牙架构进行，使用整体网络的成本肯定比铺设线缆低。

对于用户来说，以下的情景可以实现：所有的设备（包括笔记本电脑、鼠标、打印机、接入点、移动电话和话筒等）都使用蓝牙协议无线地连接在一起，进行语音和数据的交换，同时，还可以通过无线或有线的接入点（如 PSTN、ISDN、LAN、xDSL）与外界相连。

#### （四）IrDA（Infrared Data Association，红外线数据标准协会）

IrDA 成立于 1993 年，是非营利性组织，致力于建立无线传播连接的国际标准。简单地说，IrDA 是一种利用红外线进行点对点通信的技术，其相应的软件和硬件技术都已经比较成熟。它的主要优点是：体积小、功率低，适合设备移动的需要；传输速率高，可达 16Mbps；成本低、应用普遍。

### 二、常见的无线局域网设备

组建无线局域网的设备主要包括：无线网卡、无线访问接入点、无线网桥、无线路由器和天线等，几乎所有的无线网络产品中都自含无线发射/接收功能。

#### （一）无线网卡

无线网卡在无线局域网中的作用相当于有线网卡在有线局域网中的作用，无线网卡主要包括 NIC（网卡）单元、扩频通信机和天线三个功能模板。NIC 单元属于数据链路层，负责建立主机与物理层之间的连接；扩频通信机与物理层建立对应关系，通过天线实现无线电信号的接收与发射。按无线网卡的总线类型，可将其分为适用于台式机的 PCI 接口的无线网卡和适用于笔记本电脑的 PCMCIA 接口的无线网卡，如图 3 - 30 所示为 PCMCIA 接口无线网卡，另外还有在台式机和笔记本电脑均可采用的 USB 接口的无线网卡，如图 3 - 31 所示。

图 3－30　PCMCIA 接口无线网卡

图 3－31　USB 接口无线网卡

（二）无线访问接入点

无线访问接入点（Access Point，AP）是在无线局域网环境中进行数据发送和接收的集中设备，相当于有线网络中的集线器，如图3－32 所示。通常，一个 AP 能够在几十至几百米的范围内连接多个无线用户。AP 可以通过标准的以太网电缆与传统的有线网络相连，从而可以作为无线网络和有线网络的连接点。由于无线电波在传播过程中会不断衰减，导致 AP 的通信范围被限定在一定的范围内，这个范围被称作微单元。如果采用多个 AP，并使它们的微单元互相有一定范围的重合，当用户在整个无线局域网覆盖区内移动时，无线网卡能够自动实现附近信号强度最大的 AP，并通过这个 AP 收发数据，保持不间断的网络连接，这种方式称为无线漫游。

图 3－32　无线访问接入点

（三）无线网桥

无线网桥主要用于无线和有线局域网之间的互联。当两个局域网无法实现有线连接或使用有线连接存在困难时，就可以使用无线网桥实现点对点的连接，此时无线网桥将起到协议转换的作用。

（四）无线路由器

无线路由器集成了无线访问接入点的接入功能和路由器的第三层路由选择功能，如图 3－33 所示。

（五）天线

天线（Antenna）的功能是将信号源发送的信号由天线传送至远处。天线一般有定向性和安全性之分，前者较适合长距离使用，而后者则适合区域性的使用。例如，若要将第一栋建筑物内的无线网络的范围扩展到 1km 甚至更远距离以外的第二栋建筑物，可选用的一种方法是在每栋建筑物上安装一个定向天线，天线的方向互相对准，第一栋建筑物的天线经过网桥连到有线网络上，第二栋建筑物的天线连到第二栋建筑物的网桥上，如此无线网络就可以接通相距较远的两个建筑物。图 3－34 所示为一款可用于室外的壁挂定向天线。

图 3－33　无线路由器

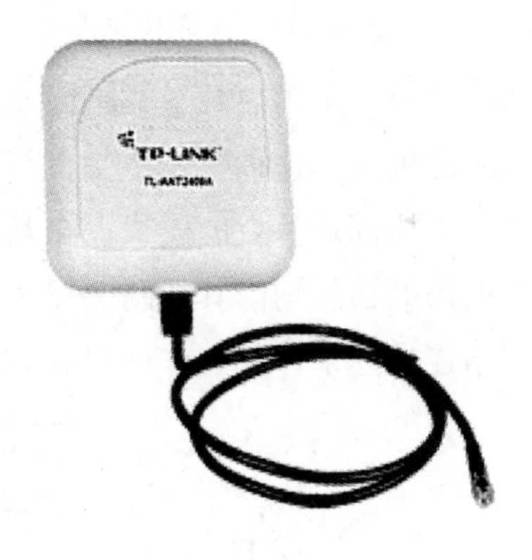


图 3－34　壁挂定向天线

## 三、无线局域网的组网模式

将上述几种无线局域网设备结合在一起使用，就可以组建出多层次、无线与有线并存的计算机网络。一般来说，无线局域网有两种组网模式，一种是无固定基站的，另一种是有固定基站的，这两种模式各有特点。无固定基站组成的网络称为自组网络，主要用于在安装无线网卡的计算机之间组成对等状态的网络。有固定基站的网络类似于移动通信的机制。网络用户的安装无线网卡的计算机通过基站（无线访问接入点或无线路由器）接入网络，这种网络应用比较广泛，一般用于有线局域网覆盖范围的延伸或作为宽带无线互联网的接入方式。

（一）自组网络模式

自组网络又称为对等网，是最简单的无线局域网结构，是一种无中心拓扑结构，网络连接的计算机具有平等的通信关系，仅适用于数量较少的计算机无线连接（通常是在5台主机以内），如图3－35所示。在任何时候，只要两个或更多的无线网络接口互相都在彼此的范围之内，就可以建立一个独立的网络，实现点对点或点对多连接。自组网络模式不需要固定设施，只需要在每台计算机中插入一块无线网卡就可以实现，因此非常适合组建临时的网络。

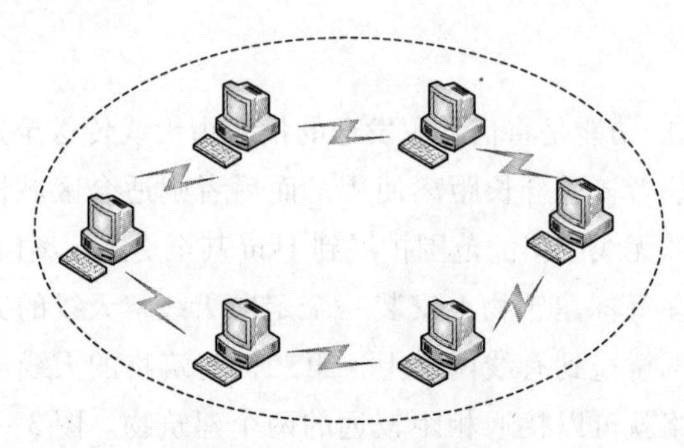

**图3－35　自组网络模式**

（二）基础结构网络模式

在具有一定用户数量或是需要建立一个稳定的无线网络平台时，一般会采用以AP为中心的模式，这种模式也是无线局域网最为普通的构建模式，即基础结构模式，该模式是采用固定基点的模式。在基础结构网络中，要求有一个AP充当中心点，所有站点对网络的访问均由其控制。通过AP，无线网桥等无线设备还可以把无线局域网和有线网络连接起来，并允许用户有效地共享网络资源，如图3－36所示。

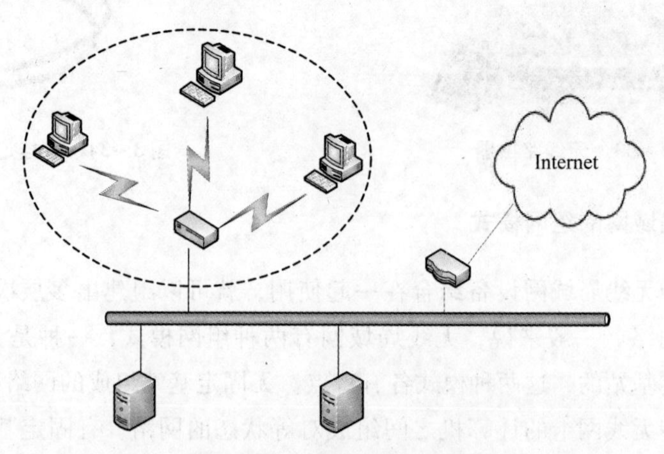


**图3－36　基础结构网络模式**

虽然无线网络有诸多优势，但与有线网络相比，无线局域网也存在一些不足，例如，网络速率较慢，价格较高，数据传输的安全性有待进一步提高等。因此目前无线局域网主要还是面对那些有特定需求的用户，作为对有线网络的一种补充。但随着无线局域网技术的不断提高，无线局域网将会发挥更加重要和广泛的作用。

实 例

## 配置无线局域网

1. 装无线网卡。无线网卡的安装与有线网卡的安装基本相同，也包括物理安装和驱动程序安装，请参考有线网卡的安装或无线网卡的说明书，这里不再赘述。

2. 利用无线网络连接两台计算机。两台安装了无线网卡的计算机可以互联，在Windows 7 系统下其基本操作步骤如下：

（1）单击“开始”菜单—“控制面板”—“网络和共享中心”，打开网络和共享中心，然后选择“设置新的连接或网络”，如图 3 – 37 所示。

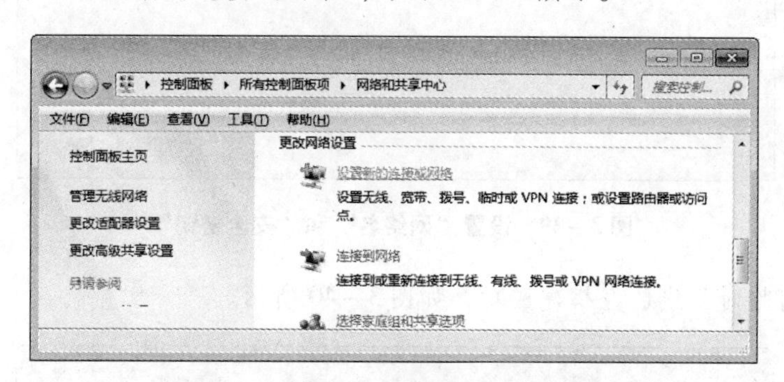


图 3 – 37 选择“设置新的连接或网络”

（2）然后在“设置连接或网络”选项卡中选择“设置无线临时（计算机到计算机）网络”，如图 3 – 38 所示。

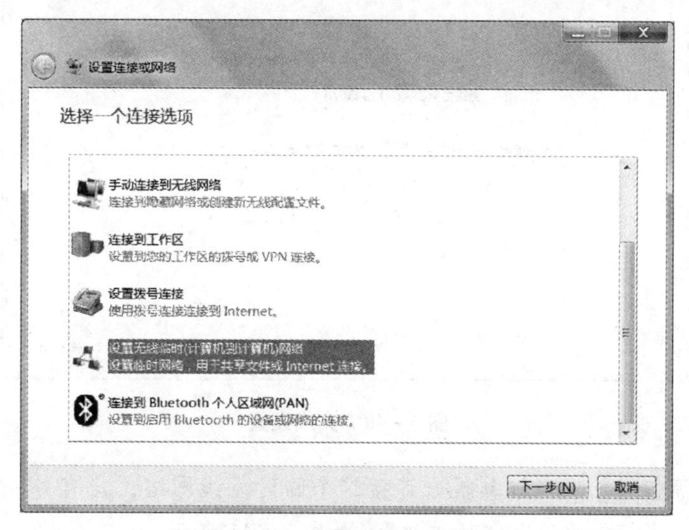


图 3 – 38 设置无线临时网络

(3) 点击进去之后选择“下一步”，设置临时无线的“网络名”和“安全密钥”，如图 3－39 所示。

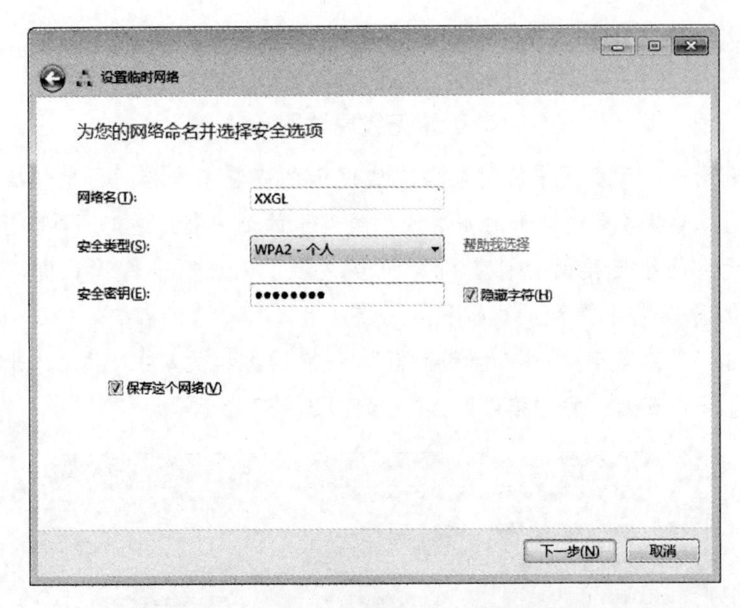


图 3－39　设置“网络名”和“安全密钥”

(4) 这时临时无线已经搭建成功，如图 3－40 所示。

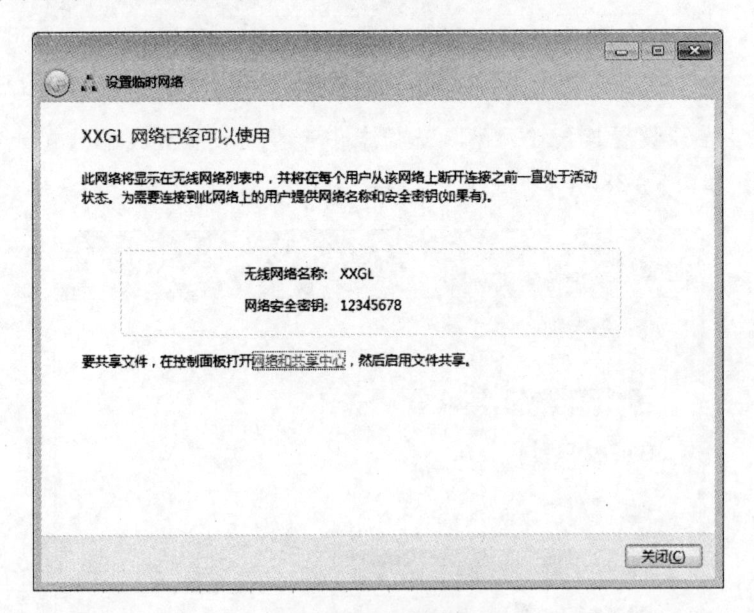


图 3－40　完成设置

(5) 现在等待另外一台计算机来连接这个临时无线网络，当有另一台主机连接这个临时无线的时候，会显示出“已连接”，如图 3－41 所示。

图 3－41　完成连接

## 习　　题

1. 计算机中的数值信息普遍表示成（　　）形式。

A. 二进制　　B. 十进制　　C. 十六进制　　D. 六十进制

2. 一座建筑物之内的一个计算机网络系统属于（　　）。

A. WAN　　B. MAN　　C. LAN　　D. PAN

3. 以太网的介质访问控制协议是（　　）。

A. TCP/IP　　B. SPX/IPX　　C. CSMA/CD　　D. CSMA/CA

4. 在以太网中，是根据（　　）来区分不同的设备的。

A. IP 地址　　B. IPX 地址　　C. LLC 地址　　D. MAC 地址

5. 在以太网中，工作站在发送数据之前，要检查网络是否空闲，只有在网络不阻塞时，工作站才能发送数据，是采用了（　　）机制。

A. IP　　B. TCP

C. ICMP　　D. 载波侦听与冲突检测

6. 以下关于 MAC 地址的说法中正确的是（　　）。（多选）

A. MAC 地址的一部分字节是各个厂家从 IEEE 得来的

B. MAC 地址一共有 6 个字节，它们从出厂时就被固化在网卡中

C. MAC 地址也称作物理地址，或通常所说的计算机的硬件地址

D. 我们可以自己设置主机的 MAC 地址

7. 共享式以太网采用了（　　）协议以支持总线型的结构。

A. ICMP　　B. ARP　　C. SPX　　D. CSMA/CD

8. 采用 CSMA/CD 技术的以太网上的两台主机同时发送数据，产生碰撞时，主机应该做何处理？（　　）

A. 产生冲突的两台主机停止传输，在一个随机时间后再重新发送

B. 产生冲突的两台主机发送重定向信息，各自寻找一条空闲路径传输帧报文

C. 产生冲突的两台主机停止传输，同时启动计时器，15 秒后重传数据

D. 主机发送错误信息，继续传输数据

9. 简述局域网的主要特点。

10. 简述实现局域网的关键技术。

11. 局域网可以分为哪几类？

12. 常见的拓扑结构有哪些？这些拓扑结构的特点是什么？

13. 常见的双绞线跳线有哪几种？在制作和应用上有什么区别？

14. 什么是无线局域网？无线局域网协议是什么？

15. 常见的无线局域网技术标准有哪些？各有什么特点？

# 项目四

# 交换机的基本配置

交换机是一种在通信系统中完成信息交换功能的网络设备，是局域网中的关键设备，是一种存储转发设备。本项目的主要目标是配置交换机。

学习目标

1. 认识交换机的工作原理，了解交换机的分类以及性能指标。
2. 掌握以太网交换机的登录方法、密码配置、MAC 地址表配置等基本操作。
3. 认识 VLAN 的功能以及实现技术，学会配置 VLAN。
4. 了解生成树协议及其配置。
5. 了解 VLAN 中继协议及其配置。

## 任务一　了解通信交换技术

信号在线路上传输最简单的方式就是直接在物理上将发送设备和接收设备连接在一起，信号直接在两者之间传输。在现代通信中，这种方式是不现实的，因为在网络中不可能将所有设备都直接两两连接，通常要经过多个中间节点来过渡，这些中间节点就被称为交换设备。通信交换技术，就是在网络中，将数据信号从一个节点传送到另一个节点的方法，按照传送技术，可以划分为电路交换、报文交换和分组交换。

### 一、电路交换

电路交换也叫线路交换（circuit witching）。通信双方首先通过网络节点建立一条专用的、实际的物理线路并相互连接，然后双方利用这条线路进行数据传输。其通信过程分为线路建立、数据传输和线路释放三个阶段。

电话通信就是一个典型的电路交换系统。在通话之前，用户首先要拨号，若拨号成功，则从主叫端到被叫端就建立了一条物理通路，这条物理通路可能经过多个电话交换机，尤其在长途通话时更是如此；然后双方通话，通话过程中，这条物理通路一直被占用；通话结束后双方挂机，这时为通话所建立的物理通路自动拆除。

电路交换的优点是：数据传输可靠、连续稳定、实时性强，数据不会丢失，适用于交互式会话类通信。

电路交换的缺点是：对突发性通信不适应，存在对线路的独占，再加上通信建立时间、拆除时间和呼叫损耗，通信线路使用效率低；系统不具备存储数据的能力、不具备差错控制能力。

## 二、报文交换

报文交换传输的数据单位是“报文”，报文中包括要发送的数据、目的地址、源地址与控制信息。报文交换发送数据时，不需要在信源与信宿之间建立一条专用通道，而是首先按一定的格式将数据打包组成报文，并交给交换设备——接口信息处理机，交换设备根据报文的目的地址，选择一条合适的空闲链路，将报文传送出去。所发送的报文要经过多个节点，每个中间节点都要接收整个报文，暂存这个报文，然后等到线路空闲时转发到下一个节点，直到目的地。因此，报文交换采用的是一种存储—转发（store-and-forward）技术。

报文交换特点主要有：

1. 报文的传递采用“存储—转发”方式，多个报文可以共享通信信道，线路利用率高。

2. 通信中的交换设备具有路由选择功能，可以动态选择报文通过通信子网络的最佳路径，同时可以平滑通信量，提高系统效率。

3. 报文在通过每个节点的交换设备时，都要进行差错检查与纠错处理，以减少传输错误。

4. 报文交换网络可以进行通信速率与代码的转换。

5. 实时性较差，报文经过中间节点的延时较长且不定，当报文较大时，则经过网络时的延迟会让人无法忍受。

6. 中间节点可能发生存储“溢出”，导致报文丢失，出现错误。

## 三、分组交换

分组交换（packet switching）又称为报文分组交换，是计算机网络通信普遍采用的数据交换方式，分组交换是为减少报文交换的缺点而提出来的。在分组交换中，将传输的数据分为几个组，一般分组长度为1000B～2000B，每个分组中有控制信息，包含报文传送的目的地址、分组编号、校验码等。

分组交换有虚电路分组交换和数据报分组交换两种：

### （一）虚电路分组

在虚电路方式中，发送任何分组之前，需要建立一条逻辑连接的虚电路，每个分组除包含数据之外，还得包含一个虚电路标识符，分组在该虚电路上交换时每个节点都能把该分组引导至它的下一节点，不再需要路由选择来进行判别，交换完成后用清除请求的分组来清除该条虚电路。虚电路技术不像线路交换那样有一条专用通路，分组在每个节点上仍需缓冲，并在线路上进行排队输出。

虚电路方式具有以下特点：

1. 在每次分组发送之前，必须在发送方与接收方之间建立一条逻辑连接的虚电路。

2. 一次通信的所有分组都通过同一条虚电路顺序传送，报文分组不用包含目的地址、源地址等辅助信息。

3. 分组通过每个节点时，只需做差错检测，无须做路由选择。

4. 通信子网中每个节点可以和任何节点建立多条虚电路。

5. 传输质量高，误码率低。

6. 传输信息有一定延迟。

（二）数据报分组交换

在数据报方式中，每个分组包含一个顺序信息，在网络上各分组独立地传输，传输过程中，可能经过不同的节点，到达的顺序也可能被打乱。当所有的分组都到达目的地后，重新把它们按顺序排列，还原成原来的数据。数据报分组交换中，各分组的传送没有一条预定规定的路径，每个节点的传输，都要进行路由选择。数据报方式具有以下特点：

1. 同一报文的不同分组可以由不同的路径到达目的地。

2. 同一报文的不同分组到达目的节点时可能出现乱序、重复与丢失现象。

3. 每一个分组都必须包含目的地址与源地址。

4. 通信子网的信道利用率较高。

5. 适用于突发性通信，不适用于长报文、会话式通信。

## 任务二　认识交换机

### 一、交换机概述

交换机是一种存储转发设备，以太网交换机采用存储转发（Store-Forward）技术或直通（Cut-Through）技术来实现信息帧的转发，也称为交换式集线器。交换机和网桥的不同在于：交换机端口数较多，数据传输效率高，转发延迟很小，吞吐量大，丢失率低，网络整体性能增强，远远超过了普通网桥连接网络时的转发性能。一般用于互联相同类型的局域网，如以太网与以太网的互联。

交换机拥有一条很高带宽的背部总线和内部交换矩阵。交换机的所有的端口都挂接在这条背部总线上，控制电路收到数据包以后，处理端口会查找内存中的地址对照表以确定目的MAC（网卡的硬件地址）的NIC（网卡）挂接在哪个端口上，通过内部交换矩阵迅速将数据包传送到目的端口，目的MAC若不存在才广播到所有的端口，接收端口回应后交换机会"学习"新的地址，并把它添加入内部MAC地址表中。使用交换机也可以把网络"分段"，通过对照MAC地址表，交换机只允许必要的网络流量通过交换机。通过交换机的过滤和转发，可以有效地隔离广播风暴，减少误包和错包的出现，避免共享冲突。交换机在同一时刻可进行多个端口对之间的数据传输。每一端口都可视为独立的网段，连接在其上的网络设备独自享有全部的带宽，无须同其他设备竞争使用。

交换机是一种基于MAC地址识别，能完成封装转发数据包功能的网络设备。交换机可以"学习"MAC地址，并把其存放在内部地址表中，通过在数据帧的始发者和目标接收者之间建立临时的交换路径，使数据帧直接由源地址到达目的地址。

## 二、交换机的主要功能

交换机是一种存储转发设备，它的主要功能有：

1. 学习：以太网交换机了解每一端口相连设备的MAC地址，并将地址同相应的端口映射起来存放在交换机缓存中的MAC地址表中。

2. 转发/过滤：当一个数据帧的目的地址在MAC地址表中有映射时，它被转发到连接目的节点的端口而不是所有端口（如该数据帧为广播/组播帧则转发至所有端口）。

3. 消除回路：当交换机包括一个冗余回路时，以太网交换机通过生成树协议避免回路的产生，同时允许存在后备路径。交换机除了能够连接同种类型的网络之外，还可以在不同类型的网络（如以太网和快速以太网）之间起到互连作用。

## 三、交换机的性能指标

交换机作为局域网的核心连接设备，它的性能好是保障网络速度的前提，下述指标是衡量交换机性能好坏的基本参考。

### （一）接口支持

交换机支持不同的接口，体现了交换机不同的连接能力。模块化交换机可以自行选择各种接口配置，而固话型交换机通常都已经固定配置了接口的数量与速率。接口速率是衡量交换机的重要指标，常见的接口速率有10Mb/s、100Mb/s、1000Mb/s以及10Gb/s等。另外，接口数量的多少也是交换机的一项重要指标，低档交换机一般只能支持4口、8口等少量接口，而高档交换机则可以支持24口、48口甚至更多接口。

### （二）背板带宽

背板带宽是指交换机接口处理器或接口卡和数据总线间所能吞吐的最大数据量。

由于所有接口间的通信都要通过背板完成，所以背板能够提供的带宽就决定了接口间并发通信的能力。带宽越大，能够给各接口提供的可用带宽越大，数据交换速度越快；反之亦然。背板带宽的最小值为交换机所有接口的带宽之和。如一台 24 接口的 100Mb/s 交换机，其背板带宽至少应为 24×100Mb/s=2.4Gb/s。

（三）吞吐量

吞吐量是衡量交换机性能的一项很重要的指标。它是指交换机在没有丢帧的情况下发送和接收帧所能达到的最大速率。但应注意到在以太网中，帧的长度是可变的，从 64 字节至 1518 字节，因此在测试时应考虑不同帧长度下的速率。

（四）延迟

该项指标决定了数据包通过交换机的时间。一般来说，延迟是指从收到帧的第一位达到输入接口开始到发出帧的第一位达到输出接口的时间间隔。它体现了交换机处理数据帧的时间，延迟越短，交换机处理速度越快，性能就越高。

（五）缓存

缓存用于暂时存储等待转发的数据。如果缓存容量较小，当并发访问量较大时，数据将被丢弃，从而导致网络通信失败。只有缓存容量较大，才可以在组播和广播流量很大的情况下，提供更佳的整体性能，同时保证最大可能的吞吐量。

（六）MAC 地址数量

交换机在工作时都维护着一张“MAC 地址——接口对照表”，该表记录 MAC 地址与接口的对应关系，从而根据 MAC 地址表将访问请求直接转发到对应的接口。存储的 MAC 地址数量越多，数据转发的速度和效率也就越高，抗 MAC 地址溢出的能力也就越强。

## 四、交换机的分类

交换机有多种分类方法，按网络覆盖范围，可以划分为广域网交换机和局域网交换机。局域网交换机又可以根据传输介质和传输速度、应用规模、交换机的结构、网络体系层次等不同标准进行划分。

（一）根据传输介质和传输速度划分

根据交换机使用的网络传输介质及传输速度的不同，一般可以将局域网交换机分为以太网交换机、快速以太网交换机、千兆（G 位）以太网交换机、10 千兆（10G 位）以太网交换机、FDDI 交换机、ATM 交换机和令牌环交换机等。

1. 以太网交换机。这里所讲的“以太网交换机”是指带宽在 100Mbps 以下的以太网所用交换机，下面我们还会要讲到的“快速以太网交换机”、“千兆以太网交换机”和“10 千兆以太网交换机”其实也是以太网交换机，只不过它们所采用的协议标准或者传输介质不一样，当然其接口形式也可能不一样。

以太网交换机是最普遍和便宜的，它的档次比较齐全，应用领域也非常广泛，在大大小小的局域网都可以见到它们的踪影。以太网包括三种网络接口：RJ－45、BNC和AUI，所用的传输介质分别为：双绞线、细同轴电缆和粗同轴电缆。不要以为一讲以太网就都是RJ－45接口的，只不过双绞线类型的RJ－45接口在网络设备中非常普遍而已。当然现在的交换机通常不可能全是BNC或AUI接口的，因为目前采用同轴电缆作为传输介质的网络现在已经很少见了，而一般是在RJ－45接口的基础上为了兼顾同轴电缆介质的网络连接，配上BNC或AUI接口。如图4－1所示的是一款带有RJ－45和AUI接口的以太网交换机产品示意图。

图4－1 以太网交换机

2. 快速以太网交换机。这种交换机是用于100Mbps快速以太网。快速以太网是一种在普通双绞线或者光纤上实现100Mbps传输带宽的网络技术。要注意的是，一讲到快速以太网就认为全都是纯正100Mps带宽的端口，事实上目前基本上还是10/100Mbps自适应型的为主。同样，一般来说这种快速以太网交换机所采用的介质也是双绞线，有的快速以太网交换机为了兼顾与其他光传输介质的网络互联，或许会留有少数的光纤接口"SC"。图4－2所示的是一款快速以太网交换机产品示意图。

图4－2 快速以太网交换机

3. 千兆以太网交换机。千兆以太网交换机是用于目前较新的一种网络——千兆以太网中，也有人把这种网络称之为"吉位（GB）以太网"，那是因为它的带宽可以达到1000Mbps。它一般用于一个大型网络的骨干网段，所采用的传输介质有光纤、双绞线两种，对应的接口为"SC"和"RJ－45"两种接口。图4－3所示的就是一款千兆以太网交换机产品示意图。

图4－3 千兆以太网交换机

4. 万兆以太网交换机。万兆以太网交换机主要是为了适应当今10千兆以太网络的接入，一般是用于骨干网段上，采用的传输介质为光纤，其接口方式也就相应为光纤接口。同样，这种交换机也称之为“10G以太网交换机”，道理同上。因为目前10G以太网技术还处于研发初级阶段，价格也非常昂贵（一般要2万~9万美元），所以10G以太网在各用户的实际应用还不是很普遍，再则多数企业用户都早已采用了技术相对成熟的千兆以太网，且认为这种速度已能满足企业数据交换需求。图4-4所示的是一款万兆以太网交换机产品示意图，从图中可以看出，它全部采用光纤接口。

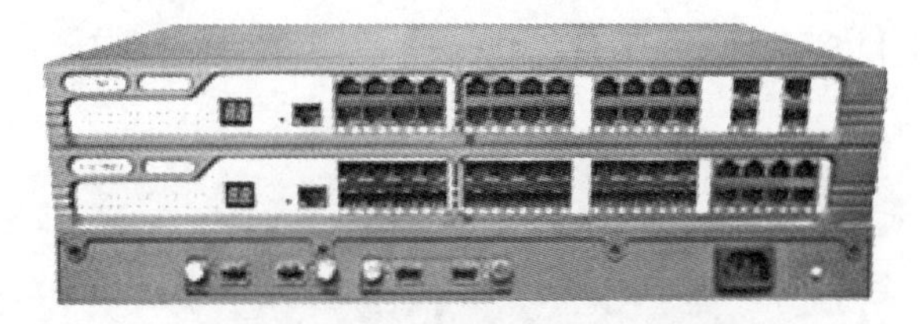

图4-4　万兆以太网交换机

5. ATM交换机。ATM交换机是用于ATM网络的交换机产品。ATM网络由于其独特的技术特性，现在还只广泛用于电信、邮政网的主干网段，因此其交换机产品在市场上很少看到。如我们在下面将要讲的ADSL宽带接入方式中，如果采用PPPoA协议的话，在局端（NSP端）就需要配置ATM交换机，有线电视的Cable Modem互联网接入法在局端也采用ATM交换机。它的传输介质一般采用光纤，接口类型同样一般有两种：以太网RJ-45接口和光纤接口。这两种接口适合与不同类型的网络互联。图4-5就是这样一款ATM交换机产品示意图。相对于物美价廉的以太网交换机而言，ATM交换机的价格是很高的，所以在普通局域网中也就见不到它的踪迹。

图4-5　ATM交换机

（二）根据应用规模划分

1. 桌面型交换机。桌面型交换机是最常见的一种最低档交换机，它区别于其他交换机的一个特点是支持的每端口 MAC 地址很少，通常端口数也较少（12 口以内，但不是绝对），只具备最基本的交换机特性，当然价格也是最便宜的。

这类交换机虽然在整个交换机中属最低档的，但是相比集线器来说它还是具有交换机的通用优越性，况且有许多应用环境也只需这些基本的性能，所以它的应用还是相当广泛的。它主要应用于小型企业或中型以上企业办公桌面。在传输速度上，目前桌面型交换机大都提供多个具有 10/100Mbps 自适应能力的端口。图 4－6 是 cisco 公司的桌面型交换机产品。

图 4－6　桌面型交换机

2. 工作组交换机。工作组交换机是传统集线器的理想替代产品，一般为固定配置，配有一定数目的 10Base-T 或 100Base-TX 以太网口。交换机按每一个包中的 MAC 地址相对简单地决策信息转发，这种转发决策一般不考虑包中隐藏的更深的其他信息。与集线器不同的是交换机转发延迟很小，操作接近单个局域网性能，远远超过了普通桥接互联网络之间的转发性能。

工作组交换机一般没有网络管理的功能，如果是作为骨干交换机，则一般认为支持 100 个信息点以内的交换机为工作组级交换机。如图 4－7 所示的是一款快速以太网工作组交换机产品示意图。

图 4－7　工作组交换机

3. 部门级交换机。部门级交换机是面向部门级网络使用的交换机，这类交换机可以是固定配置，也可以是模块配置，一般除了常用的 RJ－45 双绞线接口外，还带有光纤接口。部门级交换机一般具有较为突出的智能型特点，支持基于端口的 VLAN（虚拟局域网），可实现端口管理，可任意采用全双工或半双工传输模式，可对流量进行控制，有网络管理的功能，可通过 PC 机的串口或经过网络对交换机进行配置、监控和测试。如果作为骨干交换机，则一般认为支持 300 个信息点以下中型企业的交换机为部门级交换机，如图 4－8 所示是一款部门级交换机产品示意图。

图 4－8　部门级交换机

4. 企业级交换机。企业级交换机是交换机家族中的高端产品，是功能最强大的交换机，在局域网中作为骨干设备使用，提供高速、高效、稳定和可靠的中心交换服务，如图 4－9 所示。企业级交换机除了支持冗余电源供电外，还支持许多不同类型的硬件选件模块，并提供强大的数据交换能力。用户选择企业级交换机时，可以根据需要选择千兆位以太网光纤通信模块、千兆位以太网双绞线通信模块、快速以太网模块、ATM 网模块和路由模块等。因此，企业级交换机在建设企业级别的网络时非常有用，特别是可以在采用新技术的同时支持以前系统的技术，在网络升级的同时保护现有的投资。企业级交换机通常还有非常强大的管理功能，但是价格比较昂贵。

图 4－9　企业级交换机

（三）根据交换机的结构划分

如果按交换机的端口结构，交换机大致可分为固定端口交换机和模块化交换机两种。其实还有一种是两者兼顾，那就是在提供基本固定端口的基础之上再配备一定的扩展插槽或模块。

1. 固定端口交换机。固定端口，顾名思义就是它所带有的端口是固定的，如果是8端口的，就只能有8个端口，不能再添加；16个端口也就只能有16个端口，不能再扩展。目前这种固定端口的交换机比较常见，端口数量没有明确的规定，一般的端口标准是8端口、16端口和24端口。但现在各生产厂家各自说了算，他们认为多少个端口有市场就生产多少个端口的。目前交换机的端口比较杂，非标准的端口数主要有：4端口、5端口、10端口、12端口、20端口、22端口和32端口等。

固定端口交换机虽然相对来说价格便宜一些，但由于它只能提供有限的端口和固定类型的接口，因此，无论从可连接的用户数量上，还是所从可使用的传输介质上来讲都具有一定的局限性，但这种交换机在工作组中应用较多，一般适用于小型网络、桌面交换环境。如图4-10、图4-11分别是一款16端口和24端口的交换机产品示意图。

图4-10　16端口交换机

图4-11　24端口交换机

固定端口交换机依其安装架构又分为桌面式交换机和机架式交换机。与集线器相同，机架式交换机更易于管理，更适用于较大规模的网络，其结构尺寸要符合19英寸国际标准，与其他交换设备或者是路由器、服务器等集中安装在一个机柜中。而桌面式交换机，由于只能提供少量端口且不能安装于机柜内，所以，通常只用于小型网络。如图4-12和图4-13所示的分别为一款桌面式固定端口交换机和机架式固定端口交换机。

图4-12　桌面式固定端口交换机

图 4－13　机架式固定端口交换机

2. 模块化交换机。模块化交换机虽然在价格上要贵很多，但拥有更大的灵活性和可扩充性，用户可任意选择不同数量、不同速率和不同接口类型的模块，以适应千变万化的网络需求。而且，机箱式交换机大都有很强的容错能力，支持交换模块的冗余备份，并且往往拥有可热插拔的双电源，以保证交换机的电力供应。在选择交换机时，应按照需要和经费综合考虑选择机箱式或固定式。一般来说，企业级交换机应考虑其扩充性、兼容性和排错性，因此，应当选用机箱式交换机；而骨干交换机和工作组交换机则由于任务较为单一，故可采用简单明了的固定式交换机。如图 4－14 为一款模块化快速以太网交换机产品示意图，在其中就具有 4 个可拔插模块，可根据实际需要灵活配置。

图 4－14　模块化交换机

（四）根据网络体系结构层次划分

按照网络体系的分层结构，交换机可以分为第二层交换机、第三层交换机和第四层交换机，甚至出现了第七层交换机。

1. 第二层交换机。第二层交换机是指工作在 OSI 参考模型数据链路层上的传统的交换机。其主要功能包括物理编址、错误校检、数据帧序列重新整理和流控，所接入的各网络节点之间可独享带宽。第二层交换机的弱点是不能有效地解决广播风暴、异种网络互联和安全性控制等问题。

2. 第三层交换机。第三层交换机是带有 OSI 参考模型网络层路由功能的交换机，在保留第二层交换机所有功能的基础上，增加了对路由功能和 VLAN 的支持，增加了对链路聚合功能的支持，甚至可以提供防火墙等许多功能。第三层交换机在网络分段、安全性、可管理性和抑制广播风暴等方面具有很大的优势。

3. 第四层交换机。第四层交换机是指工作在 OSI 参考模型传输层的交换机，利用第三层和第四层数据包包头中的信息，来识别应用数据流会话。利用这些信息，第四层交换机可以做出向何处转发会话信息流的智能选择。用户的请求可以根据不同的规则被转发到“最佳”服务器上。第四层交换机支持安全过度，支持对网络应用数据流的服务质量 QoS 管理策略和应用层记账功能，优化数据传输，被用于实现多台服务器负载均衡。

## 实 例

**实例一：**

### 以太网交换机的登录

交换机的本质是计算机，也是由硬件和软件组成，有自己的操作系统和配置文件。交换机分为可网管的和不可网管的，可网管的交换机可以由用户进行配置，如果不配置会按照厂家的默认配置工作。由于交换机没有自己的输入输出设备，所以其配置主要通过外部连接的计算机来进行。通过计算机登录到以太网交换机并对其进行配置可以由多种方式，如通过 Console 端口、Telent、Web 方式等，其中使用终端控制台通过 Console 端口查看和修改以太网交换机的配置是最基本、最常用的方法，其他方式必须在通过 Console 端口进行配置后才可以实现。通过 Console 端口登录以太网交换机的基本步骤如下：

1. 制作反接线。反接线是双绞线跳线的一种，用于将计算机连到交换机或路由器的控制端口，在此计算机起超级终端作用。反接线的制作方法与直通线、交叉线的制作方法基本相同，唯一差别是两端的线序不同，前面已经讲过。通常购买交换机时会带一根反接线，不需自己制作。

2. 用反接线通过 RJ－45 到 DB－9，如图 4－15 所示，与计算机串行口（COM1）相连，另一端与交换机的 Console 端口相连，如图 4－16 所示。

**图 4－15　RJ－45 到 DB－9 连接器**

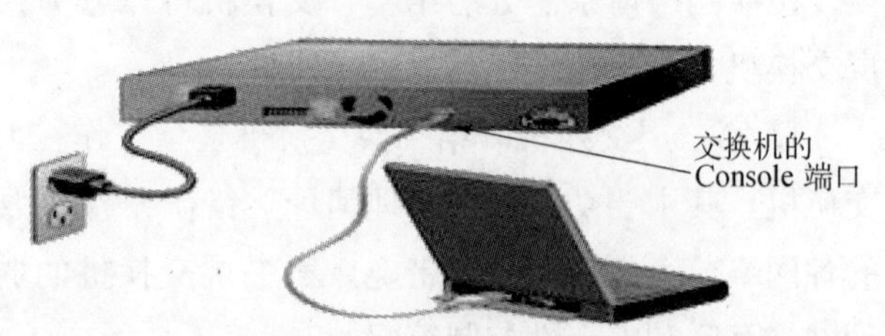


**图 4－16　计算机与交换机连接**

3. 现在的 Windows7、Windows8 都删除了以前 Windows Xp 里面自带的超级终端，这里我们使用软件 secureCRT 来连接配置交换机。安装完 secureCRT，打开 secureCRT，新建连接，选择“Serial”，如图 4－17。

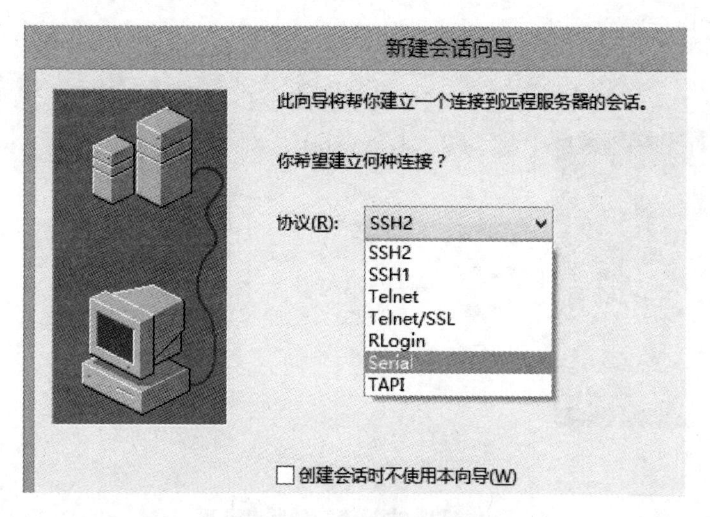


图 4－17　选择串口连接

4. 如图 4－18 所示，在电脑的“设备管理器”里面看，Com 口转 USB 线的驱动安装的是哪个 Com 口（这里是 Com5）。

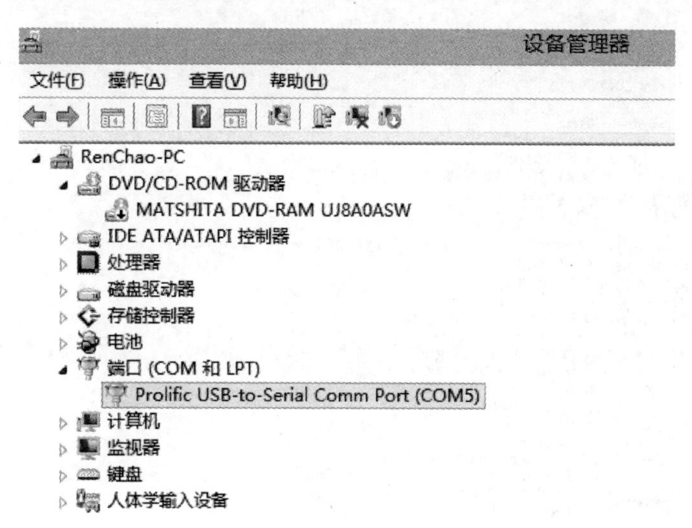


图 4－18　查看 COM 口

5. 在如图 4－19 所示，选择端口为 Com5，选择波特率为 9600。

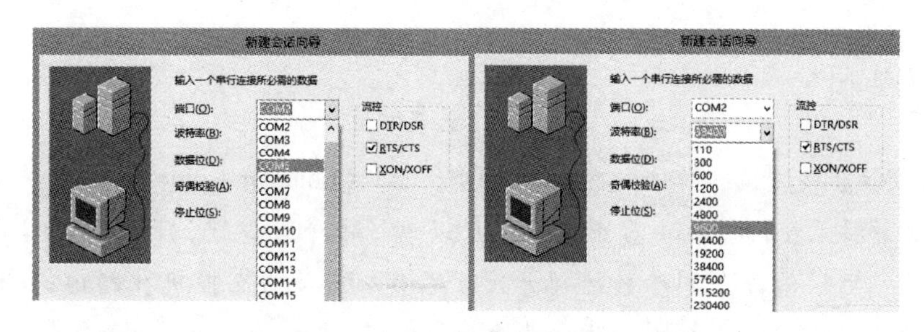

图 4－19　选择“COM”属性和波特率

6. 去掉流控的所有选项，如图 4－20 所示。

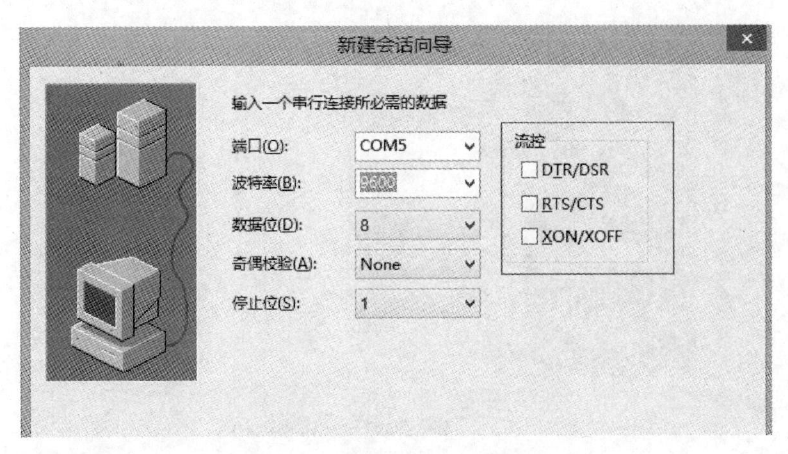


**图 4－20　去掉流控的所有选项**

7. 打开交换机电源，可显示初始界面，如图 4－21 所示。

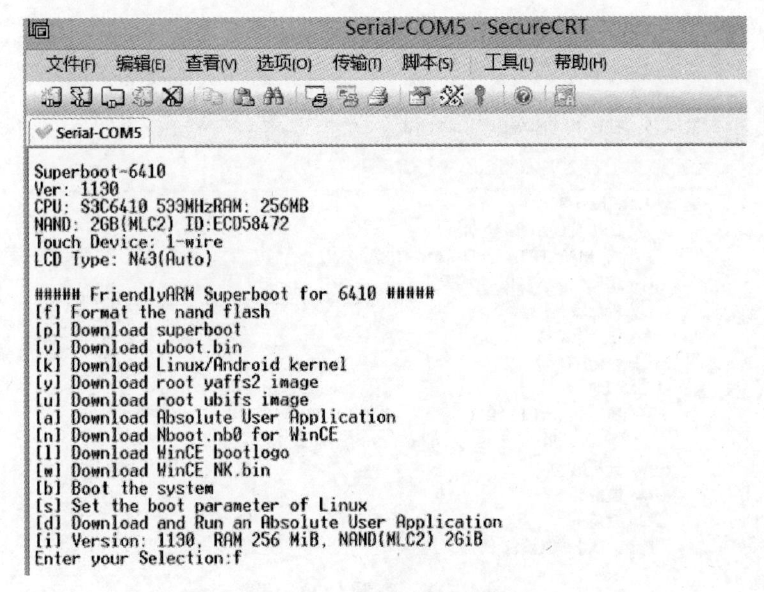


**图 4－21　交换机启动画面**

**实例二：**

## 交换机的基本配置

Cisco 交换机使用的操作系统为 Cisco IOS。CLI（Command Line Interface）是一个基于命令行的软件系统，对大小写不敏感，可以缩写命令与参数，只要它包含的字符足以与其他当前可用的命令和参数区别开来。本书所涉及的交换机和路由的命令示例，除明确说明的以外，全部为 Cisco IOS 命令。

1. 配置交换机的主机名。交换机启动后，自动进入用户模式“Switch >”，其中Switch为交换机的用户名，如果要设置交换机的用户名为SW1，在全局配置模式下运行hostname命令来实现，具体操作如下：

```
Switch(config)# hostname SW1
SW1(config)#
```

2. 配置交换机密码。特权密码有明文密码和密文密码两种，而且这两个密码不能一样。

明文密码在全局模式下运行enable password命令来完成。具体操作如下：

```
SW1(config)# enable password Cisco
SW1 # show run
Building configuration…
Current configuration :949 bytes
!
Version 12.2
no service password-encryption
!
hostname Switch
!
enable password cisco
!
```

密文密码在全局模式下运行enable secret命令来完成。具体操作如下：

```
SW1(config)# enable secret cisco
SW1 # show run
Building configuration…
Current configuration :974 bytes
!
Version 12.2
no service password-encryption
!
hostname Switch
!
enable secret 5 $ mERr $ hx5rVt7rPNoS4wqbXKX7m0
!
```

3. 交换机命令行工作模式的切换。Cisco 交换机的配置命令是分级的，不同级别的管理员可以使用不同的命令集。在命令行模式下，Cisco 交换机主要有以下几种工作模式。

(1) 用户模式。当用户通过交换机的控制台端口或 Telnet 会话连接并登录到交换机时，此时所处的命令执行模式就是用户模式。在用户模式下，用户只能使用很少的命令，且不能对交换机进行配置。用户模式的提示符是 switch >。

注意：不同模式的提示符不同，提示符的第一部分是交换机的名字，如果没有对交换机的名字进行配置，系统默认的交换机的名字为 switch。在每一种模式下，可以直接输入"?"并按 Enter 键，可获得在该模式下允许执行的命令帮助。

(2) 特权模式。在用户模式下，执行 enable 命令，将进入到特权模式。特权模式的提示符是 switch#，在该模式下，用户能够执行 IOS 提供的所有命令。由用户模式进入特权模式的过程如下：

```
Switch >enable              //进入特权模式
Switch#                     //特权模式提示符
```

(3) 全局配置模式。在特权模式下，执行 configure terminal 命令，即可进入全局配置模式。全局配置模式的提示符为 student1 (config) #，该模式下的配置命令的作用域是全局性的，是对整个交换机起作用。有特权模式进入全局配置模式的过程如下：

```
Switch#config terminal      //进入全局配置模式
Enter configuration commands,one per line.End with CNTL/Z.
Switch (config)#            //全局配置模式提示符
```

(4) 全局配置模式下的配置子模式。在全局配置模式下，还可进入端口配置、line 配置等子模式。例如在全局配置模式下，可以通过 interface 命令，进入端口配置模式，在该模式下，可对选定的端口进行配置。由全局配置模式进入端口配置模式的过程如下：

```
Switch(config)#interface fastethernet 0/3
                            //对交换机的 0/3 号快速以太网端口进行配置
Switch(config-if)#          //端口配置模式
```

(5) 模式的退出。从子模式返回全局配置模式，执行 exit 命令；从全局配置模式返回特权模式，执行 exit 命令；若要退出任何配置模式，直接返回特权模式，则要直接 end 命令或按Ctrl + Z 组合键。以下是模式退出的过程：

```
Switch (config-if)#         //端口配置模式
Switch (config-if)#exit     //退出端口配置模式,返回全局配置模式
Switch (config)#            //全局配置模式
```

```
Switch(config)#exit        //退出全局配置模式
Switch#                    //特权模式提示符
Switch#config terminal     //进入全局配置模式
Enter configuration commands,one per line.End with CNTL/Z.
Switch(config)#            //全局配置模式提示符
Switch(config)#interface fastethernet 0/3
                           //对交换机的0/3号快速以太网端口进行配置
```

**实例三：**

交换机MAC地址表配置

查看MAC地址表信息是在特权配置模式下运行，命令如下：

show mac-address-table [dynamic static] [vlan vlan-id]

其中，指定参数dynamic显示动态学习到的MAC地址、static显示静态指定的MAC地址表、vlan vlan-id用于查看指定VLAN学习到的MAC地址。如果未指定参数，则显示全部。

（1）查看总的地址表：

SW1 # show mac-address-table

（2）查看动态学习到的地址表：

SW1 # show mac-address-table dynamic

（3）查看某个接口动态学习到的MAC地址：

SW1 # show mac-address-table dynamic interface fa 0/24

（4）查看某个MAC地址相关联的接口和VLAN信息：

SW1 # show mac-address-table address 0003.0D91.7812

（5）添加静态MAC地址记录：

SW1 # mac-address-table static 0003.0D91.7812 vlan 1 interface fastethernet0/24

（6）清空交换机的MAC地址表：

SW1 # clear mac-address-table

# 任务三　认识虚拟局域网VLAN

## 一、虚拟局域网的功能

由于交换机是工作在OSI的第二层，不具备隔离广播帧的能力，广播帧的存在会形成广播风暴，从而大大降低交换机的传输效率。虚拟局域网（VLAN）技术就是为了解决这些问题而出现的。VLAN 可以减少网络中的节点进行移动、增加和修改的管理开销，还可以有效地防止因数据的广播而引发的性能下降。虚拟局域网的主要功能如下：

（一）提高管理效率

网络中的节点要进行移动、增加和改变，一般都需要重新进行布线，并且要对地址重新分配、对集线器和路由器重新配置，这无形中增加了网络管理的难度和费用。

虚拟局域网技术的出现可以成功地解决上述难题。当某个 VLAN 中的一个用户从一个地点移动至另一个地点时，只要他们仍旧保持在同一个 VLAN 中并且能够连接到一个交换端口上，那么无须对他们的网络地址进行修改，最多只需要将此交换端口重新配置到相应的 VLAN 中。此种方式极大地简化了配置和调试工作。VLAN 技术将有效地实现对网络动态管理以达到节省开销的目的。

例如，对于 IP 类型的网络，当用户从一个子网移至另一个子网时，一般都需要对其 IP 地址进行手工修改，而此种修改可能需要花费比较长的时间才能使节点正常工作。使用 VLAN 则可以完全消除这些不必要的时间浪费，因 VLAN 的成员身份同节点所在的地址是无关的，这样一来节点可以发生移动而其 IP 地址和子网成员身份则可以保持不变。

（二）抑制广播风暴

局域网中的数据广播会造成广播风暴，严重损害网络的性能并可能导致整个网络崩溃，将网络划分为多个 VLAN 可减少参与广播风暴的设备数量，从而限制网络上的广播，防止广播风暴波及整个网络。使用 VLAN，可以将某个交换端口或用户赋予某一个特定的 VLAN 组，该 VLAN 组可以在一个交换网中或跨接多个交换机，在一个 VLAN 组中的广播只会送到该 VLAN 组的交换机端口上，而不会送到 VLAN 之外的端口。同样，相邻的端口不会收到其他 VLAN 产生的广播。这样可以减少广播流量，释放带宽给用户应用，减少广播的产生。

（三）增强网络安全性

共享式局域网还存在着一个重要的问题就是数据的保密性。因为在共享式局域网中只要把机器接入到任一端口，就可以收到相应网段上的所有数据。广播域越大，此种危险越大。增强网络安全性的一种最有效和最易于管理的方法是将整个网络划分成一个个互相独立的广播组（VLAN）；另外网管人员可以限制某个 VLAN 中的用户的数量，并且可以禁止那些没有得到许可的用户加入到某个 VLAN 中。按照此种方式，VLAN 可以提供一道安全性防火墙，以控制用户对于网络资源的访问，控制广播组的大小和组成，并且可借助于网管软件在发生非法入侵时及时通知管理人员。

（四）实现虚拟工作组

通过 VLAN 技术可以建立起虚拟工作组。虚拟工作组是指在 VLAN 中同一个部门的所有成员将可以像处于同一个 LAN 上那样进行通信，大部分网络通信将不会传出此 VLAN 广播域，即使他们处在不同的交换机上。当某个用户从一个地方移动到另一个地方时，如果其工作部门不发生变化，那么就用不着对其机器进行重新配置。与此类似，如果某个用户改变了工作部门，也可以不改变其工作地点，而只需网管人员修改其 VLAN 成员身份即可。

## 二、虚拟局域网的实现技术

交换技术本身就涉及网络的多个层次，因此虚拟局域网也可以在网络的不同层次上实现。不同局域网组网方法的区别主要表现在对虚拟局域网成员的定义方法上，通常有以下几种实现技术。

### （一）利用交换机端口号

许多早期的虚拟局域网都是根据局域网交换机的端口来定义虚拟局域网成员的。虚拟局域网从逻辑上把局域网交换机的端口划分为不同的虚拟子网，各虚拟子网相对独立，其结构如图 4－22 所示。图中局域网交换机端口 1、2、6 和 7 组成 VLAN1，端口 3、4 和 5 组成 VLAN2。

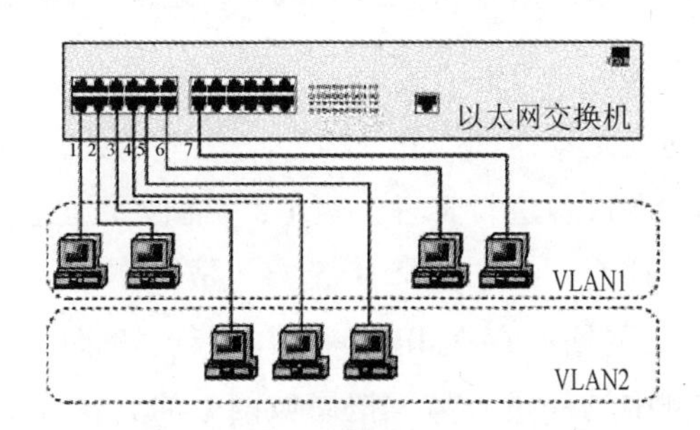


**图 4－22　交换机上的 VLAN**

在最初的实现中，VLAN 是不能跨越交换设备的。后来进一步的发展使得 VLAN 也可以跨越多个交换机。如图 4－23 所示，局域网交换机 1 的 2、4、6 端口与以太网交换机 2 的 1、2、4、6 端口组成 VLAN1，局域网交换机 1 的 1、3、5、7 端口和局域网交换机 2 的 3、5、7 端口组成 VLAN2。

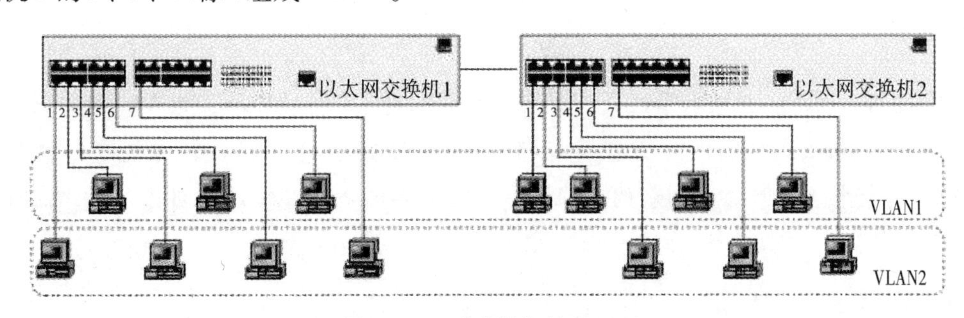


**图 4－23　跨交换机的 VLAN**

用局域网交换机端口划分虚拟局域网是最常用的方法，而且该方法也比较简单且非常有效。但纯粹用端口定义虚拟局域网时，不允许不同的虚拟局域网包含相同的物理网段。

（二）利用网络层

这种方法是按照协议类型（支持多协议的情况）或网络层地址（如 TCP/IP 网络的子网地址）来进行虚拟局域网的划分。此种类型的虚拟局域网划分需要将子网地址映射到虚拟局域网，交换设备则根据子网地址而将各机器的 MAC 地址同一个虚拟局域网联系起来。交换设备将决定不同网络端口上连接的机器属于同一个虚拟局域网。

按照网络层定义 VLAN 有许多优点。首先，我们可以按照协议类型来组成虚拟局域网，这对于那些基于服务或应用的虚拟局域网策略的网络管理员无疑是极具吸引力的。同时，用户可以随意移动机器而无须重新配置网络地址，这对于 TCP/IP 协议的用户是特别有利的。

与用 MAC 地址定义虚拟局域网或用端口地址定义虚拟局域网的方法相比，用网络层地址定义虚拟局域网方法的缺点是性能较差，检查网络层地址比检查 MAC 地址要花费更多的时间，因此用网络层地址定义虚拟局域网的速度会比较慢。

（三）利用 IP 广播组

这种虚拟局域网的建立是动态的，它代表了一组 IP 地址。虚拟局域网中由叫做代理的设备对虚拟局域网中的成员进行管理。当 IP 广播包要送达多个目的节点时，就动态建立虚拟局域网代理，这个代理和多个 IP 节点组成 IP 广播组虚拟局域网。网络用广播信息通知各 IP 站，表明网络中存在 IP 广播组，节点如果响应信息，就可以加入 IP 广播组，成为虚拟局域网中的一员，与虚拟局域网中的其他成员通信。IP 广播组中的所有节点属于同一个虚拟局域网，但它们只是特定时间段内特定 IP 广播组的成员。IP 广播组虚拟局域网的动态特性提供了很高的灵活性，可以根据服务灵活地组建，而且它可以跨越路由器实现与广域网的互联。

## 实 例

### VLAN 配置

1. 创建 VLAN。在默认情况下交换机中已经创建了一个 VLAN，该 VLAN 的编号为 1，名字为 default，交换机的所有端口都属于该 VLAN。我们需要做的就是创建新的 VLAN，并将相应端口添加到新的 VLAN 中。在交换机命令行模式下创建 VLAN 的过程如下所示：

```
Switch >                        //用户模式提示符
Switch >enable                  //进入特权模式
```

```
Switch#vlan database                //进入 VLAN 数据库提示符
Switch(vlan)#                       //VLAN 数据库提示符
Switch(vlan) #vlan 2 name lab508//创建一个新 vlan,编号为 2,名字
为 Lab508
Switch(vlan) #vlan 3 name lab509//创建一个新 vlan,编号为 2,名字
为 Lab509
Switch(vlan) #exit                  //退出 vlan 数据库
Switch# show vlan brief             //查看所有 vlan 的配置摘要信息
```

2. 将端口加入到相应的 VLAN 中。在交换机命令行模式下将端口加入到相应的 VLAN 的过程如下所示：

```
Switch # config terminal            //进入全局配置模式
Switch (config) # interface fastethernet 0/1
//对交换机的 0/1 号快速以太网端口进行配置
Switch (config-if) # switchport access vlan 2
//将交换机的 0/1 号快速以太网端口加入 VLAN2
Switch(config-if) # exit            //退出端口配置模式,返回全局配置模式
Switch(config) # interface fastethernet 0/2
//对交换机的 0/2 号快速以太网端口进行配置
Switch (config-if) # switchport access vlan 3
Switch(config-if) #end
```

3. 使用 ping 命令测试各计算机的连通性。在每台计算机上运行 ping 命令测试该计算机与网络其他计算机的连通性，会发现不处在同一个 VLAN 中的计算机是不能连通的。

## 任务四　了解生成树协议

在由交换机构成的交换网络中通常设计有冗余链路和设备。这种设计的目的是防止一个点的失败导致整个网络功能的丢失。虽然冗余设计可能消除的单点失败问题，但也导致了交换回路的产生，它会带来诸如广播风暴、同一帧的多份拷贝、不稳定的 MAC 地址表等问题。生成树协议（Spanning Tree Protocol，STP）可以有效地解决这个问题，它是一种基于 OSI 网路模型的数据链路层通信协议，用于确保一个无回路的区域网络环境，通过有选择性地阻塞网络冗余链路来达到消除数据链路层环路的目的，同时具备链路的备份功能。

## 一、生成树协议的概念

生成树算法是拉迪亚·珀尔曼博士发明的一种网桥到网桥的算法，这种算法可以达到冗余和无环路运行的效果。后来IEEE802委员会对珀尔曼的生成树算法进行了修订，并将修订结果以IEEE802.1D规范的方式予以发布。

生成树协议使用生成树算法在一个具有冗余路径的容错网络中计算出一个无环路的路径，使一部分接口处于转发状态，而一部分接口处于阻塞状态（备用状态），从而生成一个稳定的、无环路的生成树网络拓扑。而且一旦发现当前路径故障，生成树协议能立即激活相应的接口，打开备用链路，重新生成生成树的网络拓扑，以保持网络的正常工作。生成树协议的关键就是保证网络上任何一点到另外一点的路径只有一条，这样既保证了不出现环路又具有容错能力。

## 二、生成树协议的工作原理

生成树协议是利用生成树算法切换各链路接口的状态，达到在网络中不具有环路功能。其工作原理如下：

1. 生成树要求给每台网桥分配一个唯一的标识符，即网桥ID。网桥ID由2字节优先级和网桥6字节的MAC地址组成。网桥中优先级ID的值最小的交换机被选为根交换机，IEEE802.1D建议的默认值为32768，这是优先级取值范围中的中间值。如果两个交换机具有相同的优先级，让较小MAC地址的交换机成为根交换机。

2. 要让接口转发或阻断数据帧，生成树必须将其切换到合适的状态。在运行生成树协议的情况下，协议强制交换机接口经历不同的状态，生成树通过将接口在这些状态间切换来确保网络中没有环路存在。

生成树接口状态有四种：阻塞（Blocking）、侦听（Listening）、学习（Learning）、转发（Forwading）。正常情况下，接口处于转发状态或阻断状态之一。

阻塞：不转发帧监听网桥协议数据单元BPDU（Bridge Protocal Data Units），当交换机启动后，所有接口号在默认状态下处于阻塞状态。

侦听：查看、发送和接收BPDU，以确定最佳网络连接，确保在传送数据帧之前网络上没有回路。

学习：学习MAC地址，建立过滤表，但不转发数据帧。这种状态表明接口正在为传输做准备，它获悉网段上的地址，以防止形成不必要的广播。

转发：能在接口上发送和接收数据。

正常情况下，接口处于转发状态或阻塞状态之一。处于转发状态的接口到根网桥的路径成本最低。当设备发现拓扑发生变化时，将出现两种过渡状态。网络连接发生变化，导致转发状态的接口不可用时，处于阻塞状态的接口将依次进入侦听和学习状态，最后进入转发状态。

3. 生成树路径成本是路径中所有链路的带宽得到的累积成本。每个交换机接口都有一个根路径花费，根路径花费是该交换机到根交换机所经过的各个网段的路径花费的总和。一台交换机中根路径花费的值为最低的接口被选为根接口，如果有多个接口具有相同的根路径花费，则具有最高优先级的接口为根接口。路径花费由链路速度决定，IEEE 802.1D 规定了路径成本，成本的计算公式 1000Mb/s 带宽，新规范则包括了 lGb/s 和 10Gb/s。

4. 在每个网段中都有一个交换机被称为选取交换机（Designated Switch），它属于该网段中路径花费最少的交换机。把网段和选取交换机连接起来的接口就是网段的选取接口（Designated Port）。如果选取交换机有两个以上的接口连在这个网段上，则具有最高优先级的接口被选为选取接口，其他接口被阻塞。

5. 连接在被阻塞接口的链路成为冗余链路。当交换机在状态转换时，不转发任何数据帧。当所有的交换机都确定有相同的数据库时，就表示算法已经收敛了，相应的接口开始转发数据。

## 实 例

**实例一：**

### 生成树协议配置

1. 建立根网桥。根网桥的建立可以让交换机自己根据一定的原则来选择，也可使用命令人为指定。STP 根网桥通常是汇聚层或者核心层的交换机进行配置。其配置步骤如下：

```
SW1#config terminal
SW1(config)#spanning-tree vlan vlan-id root primary dianmeter
net-diameter
hello-time sec
```

//为 VIAN 配置根网桥、网络半径以及 hello 间隔。其中 root 指定这台交换机为根网桥，diameter 指在两台主机之间通过交换机的数量，net-diameter 的取值范围是 2 ~7，hello - time 是指由根网桥向外发送 BPDU 消息通知的时间间隔，范围 1 ~10 秒，默认为 2 秒。

```
SWl(config)# end
SWl# show spanning-tree vlan vlan-id detail //显示 STP 配置
SWl(config)# no spanstree vlan vlan-id root //返回默认配置
```

交换机出厂时默认的优先级为 32768，配置 spanning-tree vlan vlan-id root 后，将使 32768 值减少，保证比其他交换机低，使之成为该 VLAN 的根桥。若将交换机恢复为默认配置，可以在全局配置模式下使用 no spanning-tree vlan vlan-id root 命令。

2. 修改网桥的优先级别。

```
SW1(config)# spanning-tree vlan vlan-id root primary
//设置为主根网桥,优先级被置为24576
SW1(config)# spanning-tree vlan vlan-id root secondary
//设置为备份根网桥,优先级被置为28672
SW1( config)# spanning-tree vlan vlan-id priority bridge-priority
//修改网桥优先级
```

**实例二:**

确定到根网桥的路径

1. 最佳路径。根网桥的最佳路径由BPDU中根路径成本（Root Path Cost）、发送网桥ID（Bridge ID）、发送接口ID（Port ID）来确定。而它们的优先关系如下:

（1）从接口发出BPDU时，它会被施加一个接口成本，所有接口成本的总和就是根路径成本。生成树首先查看根路径成本，以确定哪些接口应该转告，哪些接口应该阻塞，报告最低路径成本的接口被选为转发接口。

（2）如果对多个接口来说，其中根路径成本相同，那么，生成树将查看网桥ID。报告有最低网桥ID的BPDU接口被允许进行转发，而其他所有接口被阻断。

（3）如果路径成本和发送网桥ID都相同（如在平行链路中），生成树将查看发送接口ID。接口ID值小的优先级高，该接口将作为转发接口。

2. 具体操作。

（1）修改接口成本。

```
SW1#config terminal                    //进入配置状态
SW1(config)#interface interface-id
                                       //进入接口配置界面
SW1(config)#spanning-tree vlan vlan-id cost cost 接口成本数值
                                       //为某个VLAN配置接口成本
SW1(config)#end                        //退出
SW1#show spanning-tree interface interface-id detail
                                       //查看配置
SW1 # write                            //写入
```

（2）修改接口优先级。

```
SW1( config)#interface interface-id
                                       //进入接口配置界面
```

SW1(config-if)#spanning-tree vlan vlan-id port-priority 接口优先级数值

//为某个 VLAN 配置接口优先级

**实例三：**

## 修改生成树时间

使用缺省的 STP 计时器配置，从一条链路失效到另一条接替，需要花费 50 秒。这可能使网络存取被耽误，从而引起超时，不能阻止桥接回路的产生，还会对某些协议的应用产生不良影响，会引起连接、会话或数据的丢失。

1. 修改 Hello-Time。Hello- Time 时间控制了发送配置 BPDU 的时间间隔，802.1D 标准规定其默认值为 2 秒。这个值实际上只控制配置 BPDU 在根网桥上生成的时间，其他网桥则把它们从根网桥收到的 BPDU 向外通知。修改命令如下：

SW1(config)#spanning-tree vlan vlan-id hello-time second

//可以修改每一个 VLAN 的 Hello 间隔(Hello Time),second 取值范围是 1 ~ 10 秒。

2. 修改转发延迟计时器。转发延迟计时器（Forward Delay Timer）确定一个端口在转换到学习状态之前处于侦听状态的时间，以及在学习状态转换到转发状态之前处于学习状态的时间。设置某个 vlan 的转发延迟计时器格式如下：

SW1(config)#spanning-tree vlan vlan-id forward-time seconds

注意：转发时间过长，会导致生成树的收敛过慢。

转发时间过短，可能会在拓扑改变的时候，引入暂时的路径回环。

3. 修改最大老化时间。最大老化时间（Max-Age Timer）规定了从一个具有指定端口的邻接交换机上所收到的 BPDU 报文的生存时间。如果非指定端口在最大老化时间内没有收到 BPDU 报文，该端口将进入 listening 状态，并接收交换机产生配置 BPDU 报文。

修改命令为：

SW1(config)#spanning-tree vlan vlan-id max-age seconds

SW1(config)#no spanning-tree vlan vlan-id max-age

//恢复默认值

注意：使用 STP 计时器的时候要注意，在没有仔细考虑之前，不要改变计时器的默认值。如果需要改变 STP 计时器的值，最好只在根桥上改变，这是因为根网桥的 BP-DU 的 3 个字段中包含了计时器的数值，它可以把该计时器值从根网桥通知到网络中的其他网桥上。

# 任务五　了解 VLAN 中继协议

## 一、VLAN 中继协议概述

在交换型网络中，要求提供 VLAN 连接，则必须在每台相关联的交换机上配置 VLAN。模型如图 4-24 所示，如果 VLANA 从交换机 S2 出发，通过交换机 S1，跨越到交换机 S3，则必须在交换机 S1 上配置 VLAN A，即使该交换机没有任何接入接口属于 VLAN A。

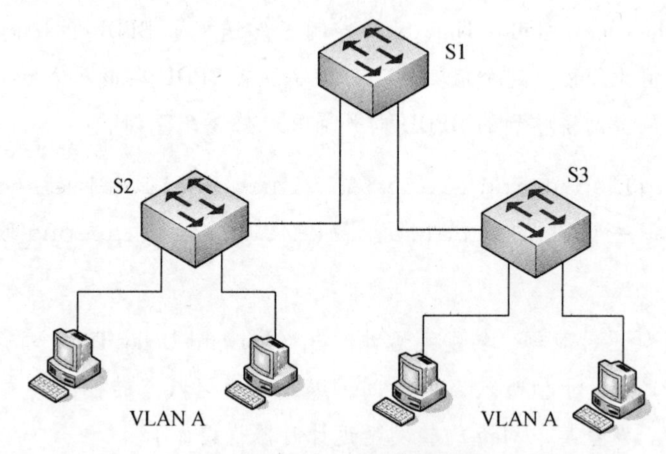


图 4-24　VLAN 连接模型

假如在一个网络中有若干台交换机，需要在上面配置 VLAN，在初始配置和将来修改配置时，必须对交换机逐台进行 VLAN 的修改和配置。这样会出现两个方面的问题：一方面是配置的工作量很大；另一方面是容易引起交换机上 VLAN 信息的不一致．导致 VALN 不能正常工作。网络规模越大、VLAN 越多，情况会越严重。

Cisco 的 VLAN 中继协议（VLAN Trunking，VTP）是一种用于在整个交换型网络中分发和同步有关的 VLAN 标识信息的协议，以确保整个交换型网络中 VLAN 配置的一致性的协议。

## 二、VTP 模式

VTP 可以在同一个 VTP 管理域中的交换机间传递 VLAN 的配置信息，使各交换机的 VLAN 配置保持一致，即在一台交换机进行 VLAN 配置，然后将配置信息传递给管理域中的所有交换机。VTP 最大限度地降低了错误配置和配置不一致的可能性，解决了错误配置和配置不一致可能引发诸如 VLAN 重名或 VLAN 类型不正确等问题。

VTP 的操作共有以下三种模式：

1. 服务器模式（Server）。在该模式下可以建立、修改和删除 VLAN 及配置其他关于整个 VTP 管理域的参数。服务器接收和发送域中交换机 VLAN 的最新配置信息，保证所有交换机 VLAN 配置的同步，服务器模式是 VTP 默认模式。

2. 客户机模式（Client）。在该模式下不可建立、修改和删除 VLAN 及配置其他关于整个 VTP 管理域的参数，也将 VLAN 配置信息存储在非易失性随机存取储器（NVRAM）中，但可以接收和发送域中交换机 VLAN 的最新配置信息，保护所有交换机 VLAN 配置的同步。

3. 透明模式（Transparent）。在该模式下交换机不参与本域中 VLAN 配置的同步，仅传递本域中其他交换机的 VTP 信息。它可以建立、修改和删除 VLAN 及其他配置，但它的 VLAN 配置只属于自己，既不把自己的 VLAN 配置出传播出去，也不被别的交换机的 VALN 配置所影响。

当交换机处于服务器模式或透明模式时，管理员可以增加、修改删除 VLAN 的相关配置，客户机模式时是不可能的。而且由于只有服务器模式的交换机才会向 VTP 管理域中邻近交换机传播 VLAN 配置信息，同时从邻近交换机接收和学习 VLAN 配置信息，所以在交换机上配置 VLAN 之前，必须先将交换机的 VTP 模式设为服务器模式。此外，当管理域中一台交换机设置为服务器模式，而其他交换机设置为客户机模式时，只要在设置为服务器模式的交换机上进行 VLAN 的增加、修改和删除，就可以使得所有本域中的交换机都具有相同的 VLAN 配置。

## 三、VTP 的工作原理

使用 VTP 时，加入 VTP 域的每台交换机在其中继接口上通告的信息包括管理域、配置版本号、它所知道的 VLAN、每个已知 VLAN 的某些参数。这些通告数据帧被发送到一个多点广播地址（组播地址），以使所有相邻设备都收到这些帧。新的 VLAN 必须在管理域内的一台服务器模式的交换机上创建和配置。该信息可被同一管理域中所有其他设备学到，VTP 帧是作为一种特殊的帧发送到中继链路上的。

VTP 有两种类型的通告：一种是来自客户机的请求，由客户机在启动时发出，用以获取信息；另一种是来自服务器的响应。VTP 通告中可包含管理域名称、配置版本号、MD5 摘要、更新者身份。MD5 摘要是指当配置了口令后，MD5 是与 VTP 一起发送的口令，如果口令不匹配，更新将被忽略。更新者身份是指发送 VTP 汇总通告的交换机的身份。

当 VLAN 配置发生变化或每隔一定时间，VTP 通告在整个管理域中传播。VTP 通告以多播帧的方式通过出厂默认 VLAN（VLANL）传输。VTP 通告中有一个配置修订号。修订号越高表示通告的 VLAN 信息越新。收到 VTP 通告后，设备合并收到的信息之前，首先必须检查各种参数。使用收到的信息之前，通告的管理域名称和密码必须与本地交换机中的配置相同，以防止未经授权的交换机修改 VTP 域。

如果配置修订号表明该信息是在当前使用的配置之后创建的，交换机将用通告的VLAN信息覆盖其VLAN数据库。在交换机的全局配置模式下使用相应命令将VTP模式改为透明模式，然后改为服务器模式或客户模式。

## 实 例

**实例一：**

### VLAN间通信配置

如图4－25所示，将两台交换机上的一个接口配置成Trunk模式，用它们之间相连的Trunk链路实现交换机上各VLAN间的通信。Trunk是一种封装技术，它是一条点到点的链路，链路的两端可以都是交换机，也可以是交换机和路由器，还可以是主机和交换机或路由器。具体配置Trunk接口的步骤如下（省略了端口加入VLAN等基本配置）：

```
sw1(config)#interface f0/0                //进入要设置的端口(f0/0)
sw1(config-if)#switchport mode trunk      //将端口进行trunk设置
sw1(config-if)#no shutdown                //激活此端口
sw2(config)#interface f0/0                //进入要设置的端口(f0/0)
sw2(config-if)#switchport mode trunk      //将端口进行trunk设置
sw2(config-if)#no shutdown                //激活此端口
```

按图4－25配置之后，可以验证，相同VLAN里的PC可以互相ping得通，不同VLAN的PC无法ping通。

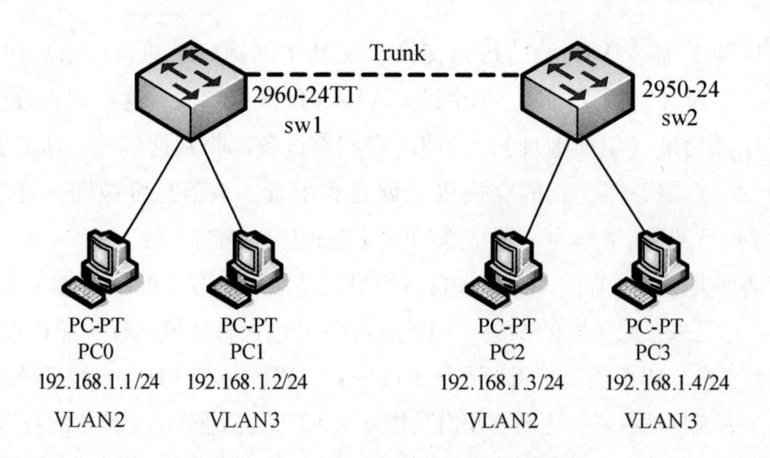


**图4－25 交换机之间的Trunk链路**

**实例二：**

### VTP管理域的配置

VTPdomain称为管理域，如果所有的交换机都以中继线相连，那么只要在核心交换机上设置一个管理域，网络上所有的交换机都加入该域，这样管理域里所有的交换机就能够了解彼此的VLAN列表。网络拓扑图如图4-26，Sw0为Server模式，允许在本交换机上创建、修改、删除VLAN及其他一些对整个VTP域的配置参数；Sw1、Sw2为Client模式，本交换机不能创建、删除、修改VLAN配置，但可以同步本VTP域中其他交换机传来的VLAN信息。具体配置如下：

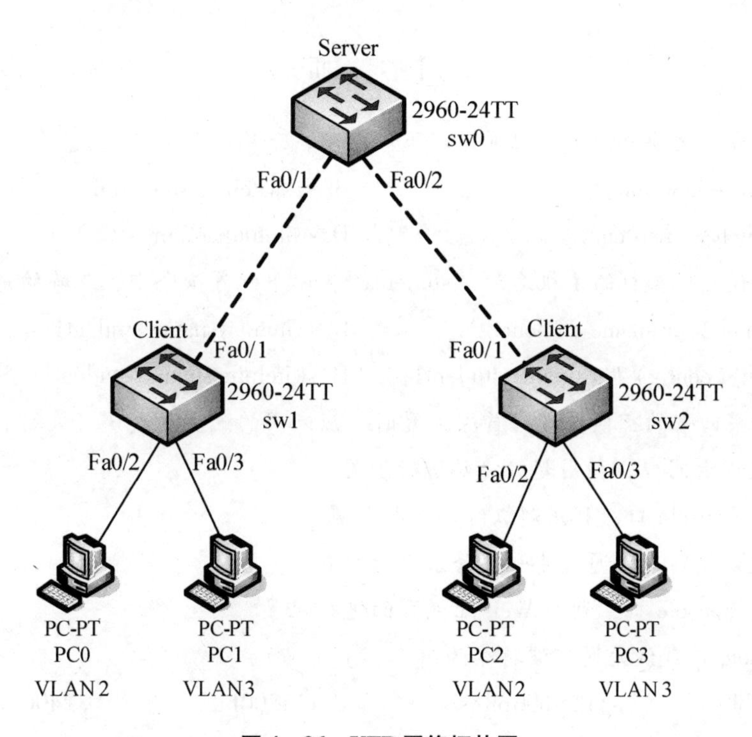


**图4-26　VTP网络拓扑图**

1. 对于Server交换机Sw0：

```
Sw0# vlan database
Sw1(vlan)#vtp domain Lab
Sw0(vlan)#vtp password cisco
Sw0(vlan)#vtp server
Sw0(vlan)#vlan vlan-id name vlan-name
Sw0(vlan)#vlan 2 name 508
Sw0(vlan)#vlan 3 name 509
Sw0(vlan)# vtp pruning
Sw0(vlan)#end
```

2. 对于Client端交换机Sw1，Sw2。

```
Sw1# vlan database
```

```
Sw1(vlan)#vtp domain Lab
sw1(vlan)#vtp password cisco
Sw1(vlan)#vtp client
Sw1(vlan)#end
```

## 习　题

1. 若要查看交换机的当前配置，以下命令中，正确的是（　）。

A. switch >show run　　B. <switch> show run

C. <switch> disp cur　　D. switch#diso cur

2. 若要设置交换机的主机名为“student1”，以下配置命令中，正确的是（　）。

A. <switch> sysname student1　　B. switch#sysname student1

C. switch（config）#hostname student1　　D. switch#hostname student1

3. 新购买回来的交换机进行首次配置时，应采用的配置方式是（　）。

A. 通过以太网口，利用超级终端进行配置

B. 通过 Console 口，利用超级终端进行配置

C. 通过以太网口，通过 Telnet 登录进行配置

D. 通过 Console 口，利用 Web 配置页面进行配置

4. Console 口默认的通信波特率为（　）。

A. 4800bit/s　　B. 9600bit/s　　C. 115200bit/s　　D. 2400bit/s

5. 交换机要能进行 Telnet 登录，以下配置项中，不需要的是（　）。

A. 配置 vty 虚拟终端的登录密码　　B. 配置进入特权模式的密码

C. 配置交换机的管理 IP 地址或保证交换机或路由器都有接口地址

D. 配置主机名

6. VLAN 在现代组网技术中占有重要地位，同一个 VLAN 中的两台主机（　）。

A. 必须连接在同一交换机上　　B. 可以跨越多台交换机

C. 必须连接在同一集线器上　　D. 可以跨越多台路由器

7. 下列对 VLAN 的描述中，错误的是（　）。

A. VLAN 以交换式网络为基础

B. VLAN 工作在 OSI 参考模型的网络层

C. 每个 VLAN 都是一个独立的逻辑网段

D. VLAN 之间通信必须通过路由器

8. 在 VLAN 的划分中，不能按照以下哪种方法定义其成员？（　）

A. 交换机端口　　B. MAC 地址　　C. 操作系统类型　　D. IP 地址

9. 下列对交换机功能的描述，错误的是（　　）。

A. 建立和维护一个表示目的 IP 地址与交换机端口对应关系的交换表

B. 在交换机的源端口和目的端口之间建立虚连接

C. 交换机根据帧中目的地址，通过查询交换表确定丢弃还是转发该帧

D. 完成数据帧的转发过程

10. 一台交换机具有 12 个 10/100Mbit/s 端口和 2 个 1000Mbit/s 端口，如果所有端口都工作在全双工状态，那么交换机总宽带应为（　　）。

A. 3.2 Gbit/s　　B. 4.8 Gbit/s　　C. 6.4 Gbit/s　　D. 14 Gbit/s

11. STP 的主要功能是（　　）。

A. 减少环路　　B. 保持多个环路　　C. 保持单一环路　　D. 消除网络环路

12. 以下关于 Trunk Link 的描述，不正确的是（　　）。

A. 若一个 VLAN 的接口成员分布在两台交换机上，则这两台交换机之间的级联链路必须采用 Trunk 链接

B. 若一台接入层交换机的全部接口均属于同一个 VLAN，则该交换机与汇聚层交换机级联时，不需要使用 Trunk 链路，直接级联即可

C. 同一台交换机中，仅允许存在一条链路

D. 同一台交换机中，根据应用需要，可以存在一条或多条 Trunk

13. 简述交换机的基本配置方式和配置内容。

14. 简述交换机 VLAN 配置的基本过程。

15. 简述虚拟局域网的功能和实现方法。

# 项目五

# 规划与配置IP地址

网络层通过IP协议对数据包进行分段和重组，把各种不同格式的“帧”统一转换成“IP数据包”格式，从而实现网络层的通信。IP协议给网络中的每台计算机和其他设备都规定了一个唯一的IP地址，保证了用户在联网的计算机上操作时，能够快速找到所需对象。本项目的主要目标是规划与配置IP地址。

学习目标

1. 认识IP地址。
2. 学会子网划分及构建超网的方法。
3. 掌握IP地址的分配方法。
4. 了解IPv6及其安装与设置。

## 任务一　认识IP地址

### 一、什么是IP地址

网络中的两台计算机之间相互通信时，它们所发送的信息中必须包含它们的地址信息。我们知道，地址信息可以用MAC地址来表示，但是MAC地址是数据链路层使用的地址，是固化在网卡上无法改动的。在大型网络中，某一个网络中可能会有来自很多厂家的网卡，这些网卡的MAC地址没有任何的规律，不利于划分网段。因此，把MAC地址作为网络的单一寻址依据，就要建立庞大的MAC地址与计算机所在位置的映射表，这样传输的效率很低，是不科学的。所以，局域网用MAC地址来寻址，而在大型网络中，则要用网络层的IP地址来寻址。

在TCP/IP协议中，规定分配给每台主机一个32位二进制数字作为该主机的IP地址，因特网上发送的每个数据包都包含了32位的源地址和32位的目的地址，网络中的路由器正是根据32位的接收方地址来进行路由选择的。

为了便于记忆，一般将32位的IP地址分为4组，每组8位，由小数点分开，并用十进制来表示，用点分开的每个字节的数值范围是 0～255，如 202.116.0.1，这种书写方法叫做点分十进制表示法。

## 二、IP 地址的分类

为了方便管理，将 IP 地址分为两部分，即分为网络标识（net-id）和主机标识（host-id）。网络标识确定了主机所在的物理网络号，主机标识确定了某一物理网络内的一台主机号。网络标识号由国际权威机构统一分配，而主机标识号则可由本地网管部门分配。一般又将 IP 地址按主机所在网络规模的大小，分为 A 类、B 类、C 类、D 类、E 类网络，如图 5－1 所示。

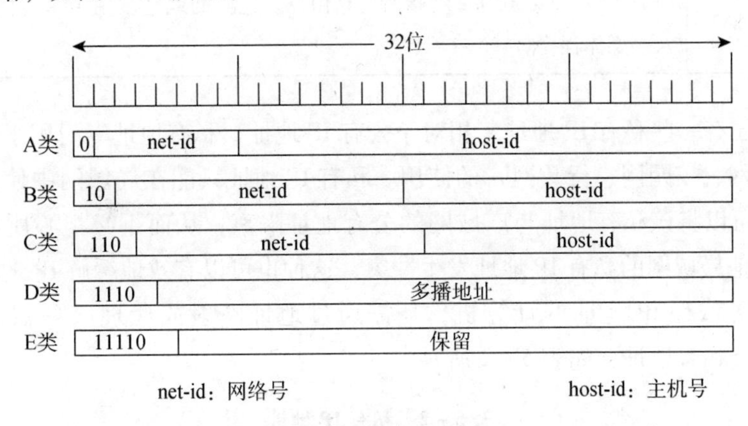


**图 5－1　5 类 IP 地址**

1. A 类。A 类 IP 地址以 0 开头，网络标识有 7 位，主机标识有 24 位，故共有 126 个网络号（$=2^7-2$，其中全“0”或“1”不能使用），分配给规模很大的网络，每个网络内可容纳 16 777 214 台主机编号（$=2^{24}-2$，其中全“0”或“1”不能使用）。

2. B 类。B 类 IP 地址以 10 开头，网络标识有 14 位，主机标识有 16 位，故共有 16 384个网络号（$=2^{14}-2$），分配给中等规模的网络，每个网络内可容纳 65 534 台主机编号（$=2^{16}-2$）。

3. C 类。C 类 IP 地址以 110 开头，网络标识有 21 位，主机标识有 8 位，故共有 2 097 150个网络号（$=2^{21}-2$），每个网络可容纳 254 台主机编号（$=2^8-2$），适用于小规模局域网。

4. D 类。D 类 IP 地址以 1110 开头，它是一个专门保留的地址，并不指向特定的网络。目前，这一类地址被用在多点广播中，用来一次寻址一组计算机，它标识共享同一协议的一组计算机。

5. E 类。E 类 IP 地址以 11110 开头，用于试验和保留将来使用。

6. 特殊的 IP 地址。在 IP 地址中，有一些 IP 地址是比较特殊的，需要特别注意，表 5－1 列出了常见的一些特殊 IP 地址。

表5-1 特殊IP地址

| IP地址 | 代表意义 |
|---|---|
| 0.0.0.0 | 它表示的是这样一个集合：所有不清楚的主机和目的网络。这里的"不清楚"是指在本机的路由表里没有特定条目指明如何到达。 |
| 255.255.255.255 | 广播地址。对本机来说，这个地址指本网段内（同一广播域）的所有主机，这个地址不能被路由器转发。 |
| 127.0.0.1 | 本机地址，主要用于测试。 |
| 224.0.0.0至239.255.255.255 | 组播地址。从224.0.0.0到239.255.255.255都是这样的地址。224.0.0.1特指所有主机，224.0.0.2特指所有路由器。这样的地址多用于一些特定的程序以及多媒体程序。 |

另外，还有一些私有IP地址。相对于公有IP地址，私有地址专门用于各类专有网络（如企业网、校园网、行政网）的使用。私有IP地址只能在局域网中使用，通过路由器或网关可以将该私有地址与广域网的公有地址隔离，从而不必担心所使用的私有IP地址与其他局域网的私有IP地址发生冲突，这种也可以有效地缓解IP地址资源稀缺的问题。使用私有IP地址的计算机，只需通过地址映射或代理服务器，便可访问Internet。几类私有地址，如表5-2所示。

表5-2 私有IP地址

| 私有IP地址范围 | 说明 |
|---|---|
| 10.0.0.1至10.255.255.254 | A类网络，有24位主机标识 |
| 172.16.0.1至172.31.255.254 | B类网络，有20位主机标识 |
| 192.168.0.1至192.168.255.254 | C类网络，有16位主机标识 |

# 任务二 IP子网划分

## 一、子网

把一个大网络从物理上分成若干个较小的网络，这些小网络具有相同的网络标识，并通过路由器连接起来，称为子网。这种划分，可对不同的子网段采用不同的逻辑结构，优化网络的组合，还可以通过定向路由，减轻网络拥挤，提高访问速度。

## 二、子网掩码

### （一）子网掩码介绍

在一个网络内要区分不同的子网，需要将主机地址再分成两部分，一部分作为标识子网地址，另一部分作为标识子网下的主机地址，这个过程就必须借助子网掩码来完成。

子网掩码是一个 32 位的二进制数，一般也用 IP 地址的形式表示。子网掩码用来从 IP 地址中提取网络标识，提取方法是：将子网掩码与 IP 地址进行“与”运算，运算结果就是该 IP 地址的网络号，如表 5 - 3 所示。A、B、C 三类 IP 地址的缺省子网掩码分别为：255. 0. 0. 0、255. 255. 0. 0 和 255. 255. 255. 0。

**表 5 - 3　A、B、C 三类 IP 地址的缺省子网掩码**

| | | | |
|---|---|---|---|
| A 类地址 | 网络地址 | net-id | Host-id 全 0 |
| | 默认子网掩码<br>255. 0. 0. 0 | 1 1 1 1 1 1 1 1 | 0 0 0 0 0 0 0 0 0 0 0 0 0 0 0 0 0 0 0 0 0 0 0 0 0 |
| B 类地址 | 网络地址 | net-id | Host-id 全 0 |
| | 默认子网掩码<br>255. 255. 0. 0 | 1 1 1 1 1 1 1 1 1 1 1 1 1 1 1 1 | 0 0 0 0 0 0 0 0 0 0 0 0 0 0 0 0 |
| C 类地址 | 网络地址 | net-id | Host-id 全 0 |
| | 默认子网掩码<br>255. 255. 255. 0 | 1 1 1 1 1 1 1 1 1 1 1 1 1 1 1 1 1 1 1 1 1 1 1 1 | 0 0 0 0 0 0 0 0 |

一个 IP 地址的子网掩码往往用该子网掩码中连续“1”的个数 n 来表示，表示格式为：IP/n。例如，网络地址 192. 168. 100. 1/16，表示 IP 地址 192. 168. 100. 1 的子网掩码有连续 16 个“1”，即 255. 255. 0. 0。

（二）子网掩码的计算

子网掩码用来判断计算机的 IP 地址是否属于同一个广播域，主要是通过将两个计算机的 IP 地址与子网掩码进行与（AND）运算，如果结果相同，则说明这两台计算机是处于同一个广播域，可以进行直接通信。例如，网络中有三台主机：

主机 1：IP 地址 192. 168. 0. 1，子网掩码 255. 255. 255. 0。

转化为二进制进行运算：

IP 地址　　11000000. 10101000. 00000000. 00000001

子网掩码　11111111. 11111111. 11111111. 00000000

AND 运算　11000000. 10101000. 00000000. 00000000

转化为十进制后为 192. 168. 0. 0。

主机 2：IP 地址 192. 168. 0. 254，子网掩码 255. 255. 255. 0。

转化为二进制进行运算：

IP 地址　　11000000. 10101000. 00000000. 11111110

子网掩码　11111111. 11111111. 11111111. 00000000

AND 运算　11000000. 10101000. 00000000. 00000000

转化为十进制后为 192. 168. 0. 0。

主机 3：IP 地址 192. 168. 0. 4，子网掩码 255. 255. 255. 0。

转化为二进制进行运算：

IP 地址　　11000000. 10101000. 00000000. 00000100

子网掩码　11111111. 11111111. 11111111. 00000000

AND 运算　11000000. 10101000. 00000000. 00000000

转化为十进制后为 192. 168. 0. 0。

通过对以上三组计算机 IP 地址与子网掩码的 AND 运算后，得到的运算结果是一样的，计算机就会把这三台计算机视为是同一广播域，可以通过相关的协议把数据包直接发送到目标主机；如果网络标识不同，表明目标主机在远程网络上，数据包将会发送给本网络上的路由器，由路由器将数据包发送到其他网络，直至到达目的地。

## 三、子网划分与构建超网

### （一）子网划分

由上面的介绍可知，当没有划分子网时，IP 地址是两级结构，地址的网络号字段也就是 IP 地址的“因特网部分”，而主机号字段是 IP 地址的“本地部分”。划分子网后 IP 地址就变成了三级结构。划分子网只是将 IP 地址的本地部分进行再划分，而不改变 IP 地址的因特网部分，如图 5－2 所示。

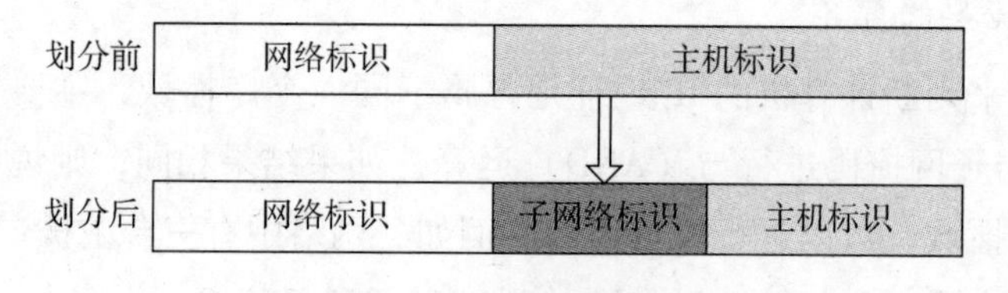


图 5－2　子网划分

那么，如何进行子网的划分呢？下面通过一个例子来说明。例如，有一个 B 类地址 180. 16. 0. 0，作为 B 类 IP 地址，前 16 位是固定的，后 16 位可以供用户自己支配。这时，网络管理员可以将后 16 位分成两部分，一部分作为子网标识，另一部分作为主机标识。作为子网标识的位数，可以从 2 到 14（网络标识和主机标识不能为全 0 或全 1），如果子网标识的位数为 $n$，那么一共可以划分出 $2^n-2$ 个子网，与之对应的主机标识位数为 $16-n$，每个子网中可以有 $2^{16-n}-2$ 个主机。假设要划分出五个子网，根据 $2^2-2<5<2^3-2$，可以确定 $n$ 取 3，即子网标识位数为 3，这样也可以确定子网掩码为

11111111. 11111111. 11100000. 00000000，也即 255. 255. 224. 0，每个子网中主机的个数为 $2^{16-3}-2=8190$。因此，原来 B 类网络的 16 位主机标识，拿出 3 位来作为子网标识，对应的子网标识为 001、010、011、100、101、110 六个子网，可以选其中五个来用。表 5 – 4 列出了六个子网的 IP 地址：

**表 5 – 4　子网划分**

| | 二进制表示 | 十进制表示 |
|---|---|---|
| 子网 IP 地址 | 10110100. 00010000. **001**00000. 00000000 | 180. 16. 32. 0 |
| | 10110100. 00010000. **010**00000. 00000000 | 180. 16. 64. 0 |
| | 10110100. 00010000. **011**00000. 00000000 | 180. 16. 96. 0 |
| | 10110100. 00010000. **100**00000. 00000000 | 180. 16. 128. 0 |
| | 10110100. 00010000. **101**00000. 00000000 | 180. 16. 160. 0 |
| | 10110100. 00010000. **110**00000. 00000000 | 180. 16. 192. 0 |
| 子网掩码 | 11111111. 11111111. **111**00000. 00000000 | 255. 255. 224. 0 |

（二）构建超网

所谓构建超网是一种用子网掩码将若干个相邻的连续的网络地址组合成单个网络地址的方法，它可以把几个规模较小的网络合成一个规模较大的网络。构建超网可看作子网划分的逆过程。子网划分时，从 IP 地址主机标识部分借位，将其合并进网络标识部分；而在构建超网过程中，则是将网络标识部分的某些位合并进主机标识部分。

实　例

为学校计算机房规划网络

1. 划分子网。如果学校计算机实验室取得网络地址 200. 200. 200. 0，子网掩码为 255. 255. 255. 0。现在要在该网络中为六个计算机房划分六个子网，每个子网中 30 台主机，要如何划分子网，才能满足要求？下面的计算可以得出六个子网的子网掩码、网络地址、第一个主机地址、最后一个主机地址和广播地址。

（1）要求划分 6 个子网，6 加 1 等于 7，7 转换为二进制数为 111，位数 $n=3$。

（2）网络地址 200. 200. 200. 0，是 C 类 IP 地址，默认子网掩码为 255. 255. 255. 0，二进制形式为：11111111　11111111　11111111　00000000。

（3）将默认子网掩码中主机标识的前 $n$ 位对应位置置 1，其余位置置 0。得到划分子网后的子网掩码为：**11111111　11111111　11111111　111**00000，转化为十进制为 255. 255. 255. 224。

每个 IP 地址中后 5 位为主机标识，每个子网中有 $2^5-2=30$ 个主机，符合题目要求。

（4）写出 6 个子网的子网标识和相应的 IP 地址，由子网掩码的结构可以看出，在本网络中原 C 类 IP 地址主机标识的前三位被当作子网标识，子网标识不能全为 0，也不能全为 1，而主机标识全为 0 时，代表一个网络，所以我们得到的第一个子网是：

11001000　11001000　11001000　**001**00000

其中 11001000　11001000　11001000 是网络标识，**001** 是子网标识，00000 为主机标识，转换为十进制为：200.200.200.32。

子网中主机标识全为 1 为该子网的广播地址，所以得到第一个子网的广播地址为：

11001000　11001000　11001000　**001**11111，

转换为十进制为：200.200.200.63。

子网中第一个可用的 IP 地址为：

11001000　11001000　11001000　**001**00001，

转换为十进制为：200.200.200.33。

最后一个可用的 IP 地址为：

11001000　11001000　11001000　**001**11110，

转换为十进制为：200.200.200.62。

2. 用子网掩码构建超网。某公司网络中共有 400 台主机，这 400 台主机间需要直接通信，应如何为该公司网络分配 IP 地址？

该公司网络中共有 400 台主机，需要 400 个 IP 地址，而一个 C 类的网络最多有 254 个可以使用的 IP 地址，因此，要为该公司网络分配 IP 地址一种方法是可以考虑申请 B 类的 IP 地址。另外，也可以考虑申请两个 C 类的 IP 地址，通过子网掩码构建成一个超网的方法。

如果申请两个 C 类的 IP 地址 200.200.14.0 和 200.200.15.0，每个网络中有 254 个可用的 IP 地址，将这两个 IP 转换为二进制为：

11001000　11001000　00001110　00000000

11001000　11001000　00001111　00000000

C 类网络的默认子网掩码为 255.255.255.0，前 24 位为网络标识，后 8 位为主机标识；而在上面两个 C 类网络中，IP 地址中前 23 位就成为网络标识：

11001000　11001000　00001110　00000000

11001000　11001000　00001111　00000000

此时，这两个 C 类网络就构成了一个超网，其网络标识为前 23 位，网络地址为 200.200.15.254；共有 510 个可用的 IP 地址，广播地址为 200.200.15.255。

# 任务三　了解 IP 地址分配

在规划好 IP 地址之后，还要将 IP 地址分配给网络中的计算机和相关设备，目前 IP 地址的分配主要有手动分配、DHCP 分配和自动专用 IP 寻址。

## 一、手动分配

人工自己手动对每一台机器都进行 IP 地址、子网掩码、网关地址配置。

## 二、DHCP 自动分配

DHCP（动态主机配置协议），专门设计用于使客户机可以从网络服务器接收 IP 地址和其他 TCP/IP 配置信息。DHCP 允许服务器从一个地址池中为客户机动态分配 IP 地址。使用 DHCP 自动分配 IP 地址有如下好处：

1. 减轻了网络管理的工作，避免了 IP 地址冲突带来的麻烦。
2. TCP/IP 的设置可以在服务器端集中设置更改，客户端不需要修改。
3. 客户端计算机有较大的调整空间，用户更换网络时不需要重新设置 TCP/IP。
4. 如果路由器支持中继代理，可以在不同网络中运行 DHCP，可以有效降低成本。

DHCP 采用客户机/服务器模式，网络中有一台 DHCP 服务器，每个客户机可以选择“自动获得 IP 地址”，这样就可以得到 DHCP 提供的 IP 地址。通常客户机与服务器要在同一个广播域中，要实现 DHCP 服务，必须分别完成 DHCP 服务器和客户机的设置。

## 三、自动专用 IP 地址

在 Windows 操作系统下，假如，网络中没有 DHCP 服务器，但是客户机选择了“自动获得 IP 地址”，那么操作系统会代替 DHCP 服务器为机器分配一个 IP 地址，这个地址是网段 169. 254. 0. 0 ~ 169. 254. 255. 255 中的一个地址。

实　例

### 分配 IP 地址

**一、手动分配 IP 地址**

手动设置 IP 地址，在任务 2. 1 已经介绍，这里不再复述。

**二、使用 DHCP 自动分配地址**

下面介绍在 Windows Server 2003 网络操作系统的计算机中完成 DHCP 服务设置。

1. 安装 DHCP 服务器。

（1）单击“开始”—“控制面板”—“添加或删除程序”，如图 5－3 所示。

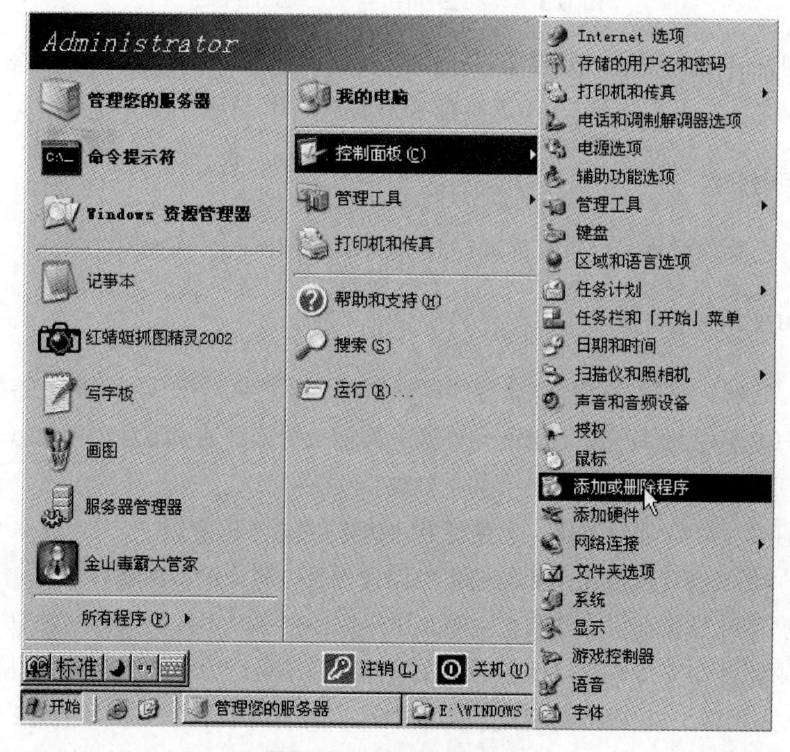


图 5－3　添加或删除程序

（2）在“添加或删除程序”窗口中，单击“添加/删除 Windows 组件”图标，打开“Windows 组件向导”对话框，如图 5－4 所示。

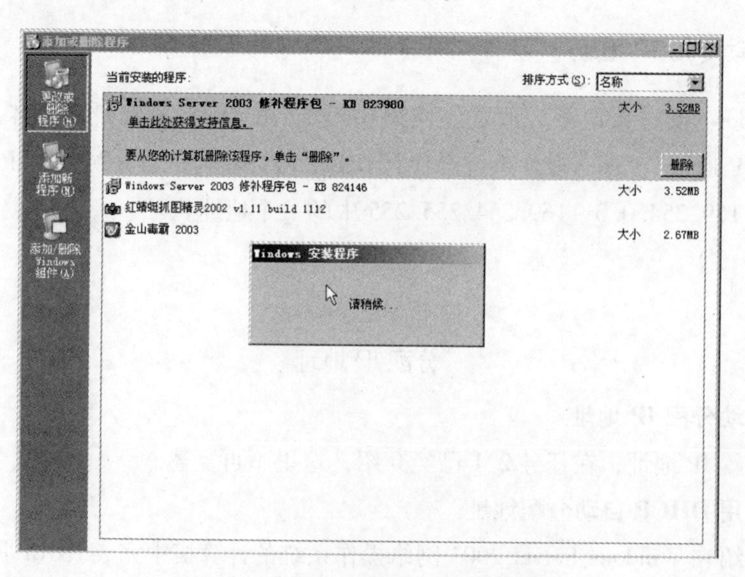


图 5－4　添加/删除 Windows 组件

（3）在“Windows 组件向导”对话框中，选择“网络服务”复选项，单击“详细信息”按钮，在弹出的对话框中选择“动态主机配置协议（DHCP）”复选项，如图 5－5 所示，最后点击“下一步”，完成 DHCP 服务的安装。

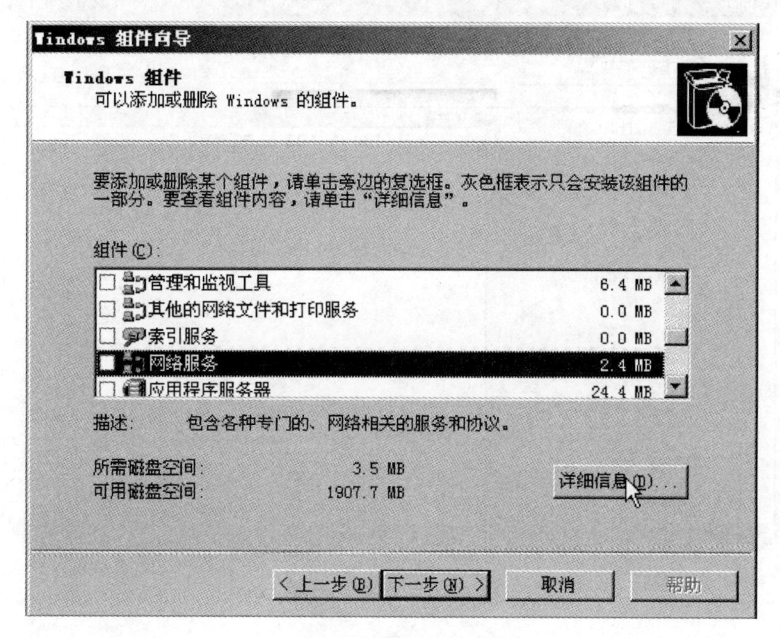


图 5－5　安装 DHCP

2. 授权 DHCP 服务器。

（1）如果你的计算机是在域环境下，那么安装好的 DHCP 服务器需要授权后才可以使用“开始”—“管理工具”—“DHCP”，打开 DHCP，如图 5－6 所示。

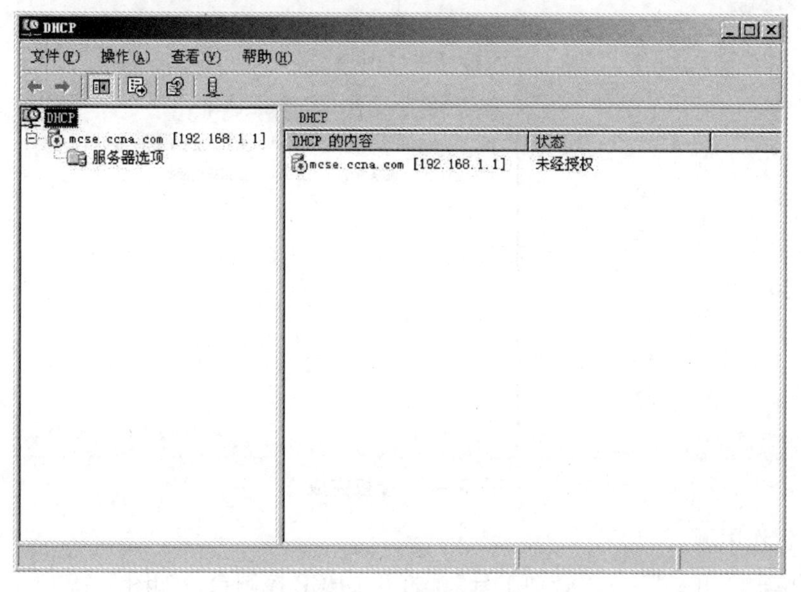


图 5－6　打开 DHCP

（2）可看到有一个红色的向下箭头，证明此服务器还没经过授权。在左边窗口中右击服务器，在弹出的快捷菜单中选择“授权”命令。如图5－7所示。

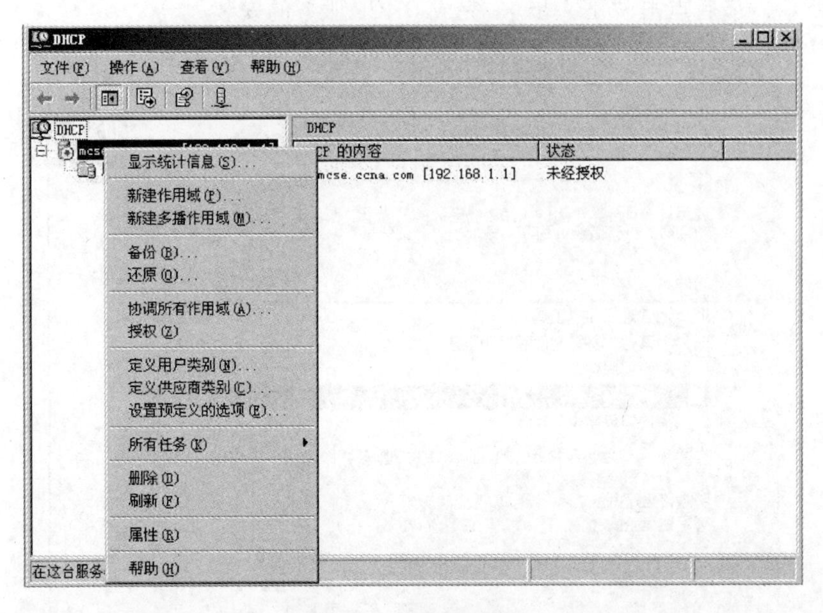


图5－7　DHCP授权

（3）可看到红色向下箭头变成了绿色向上箭头，证明此服务器已经经过了授权，可以使用，如图5－8所示。

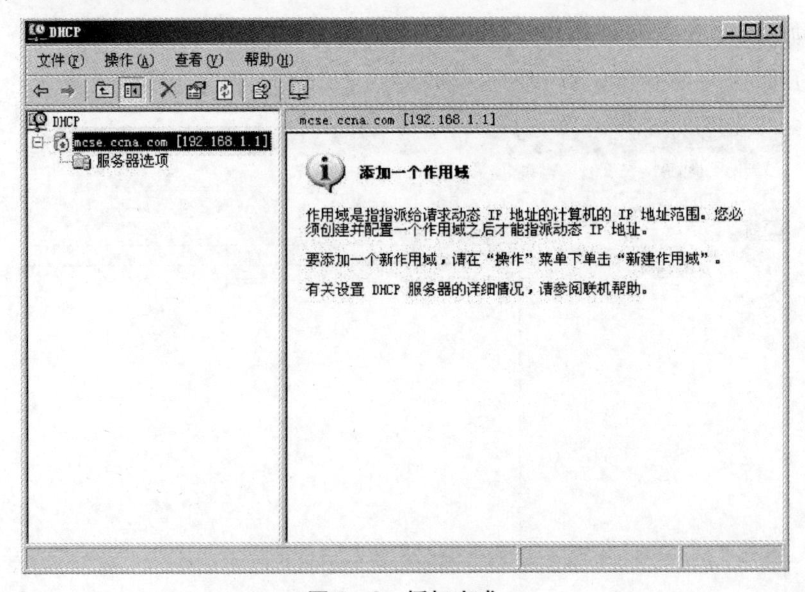


图5－8　授权完成

3. 新建作用域。

（1）单击“开始”—“管理工具”，打开DHCP控制台，如图5－9所示。

（2）在 DHCP 控制台右侧的窗口中，右键单击相应的 DHCP 服务器，选择“新建作用域”命令，打开“欢迎使用新建作用域向导”对话框，如图 5－10 所示。

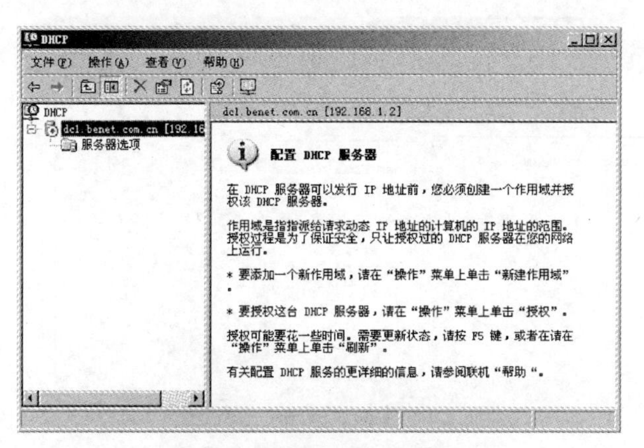


图 5－9　打开 DHCP 控制台

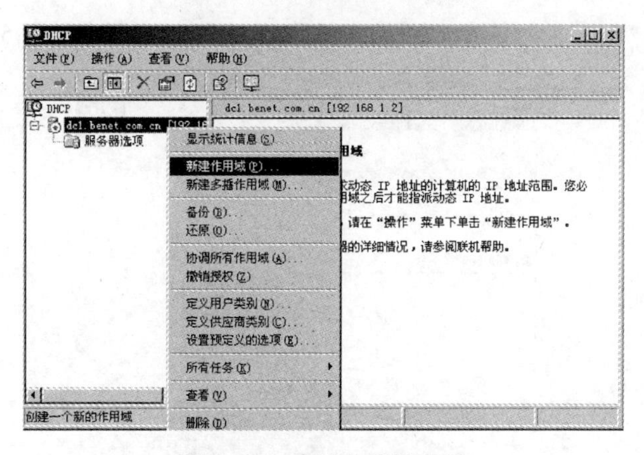


图 5－10　新建作用域向导

（3）单击“下一步”按钮，出现“作用域名”对话框，如图 5－11 所示。

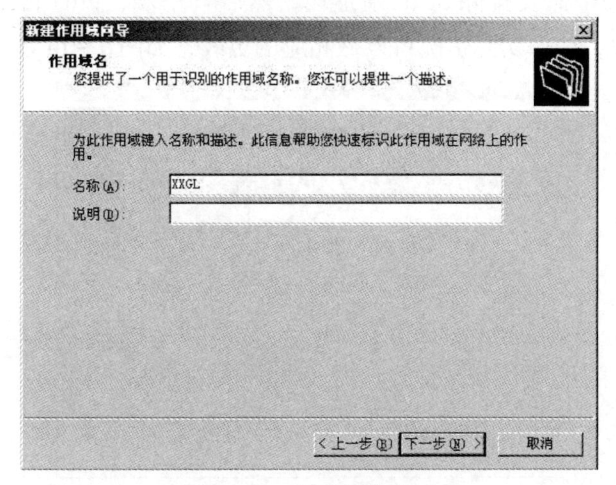


图 5－11　作用域名窗口

（4）给此作用域起个名称和描述，单击“下一步”，出现“IP 地址范围”对话框，填写相应的信息，如图 5-12 所示。

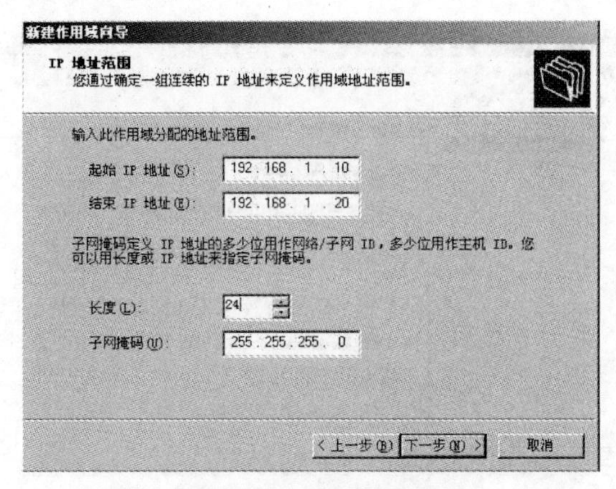


图 5-12　IP 地址范围

（5）再点击“下一步”按钮，添加要排除的 IP 地址范围，如图 5-13 所示。

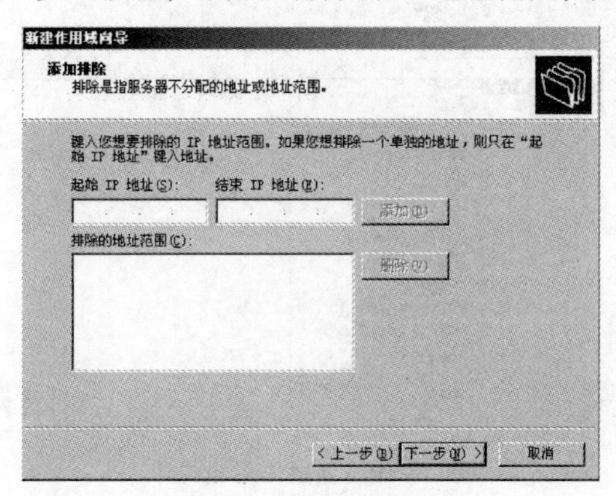


图 5-13　添加排除

（6）填写上一个需要排除的 IP 地址段，然后下一步，设置租约期限，默认是 8 天，这里可以更改，按照实际情况可以做相应的更改，如图 5-14 所示。

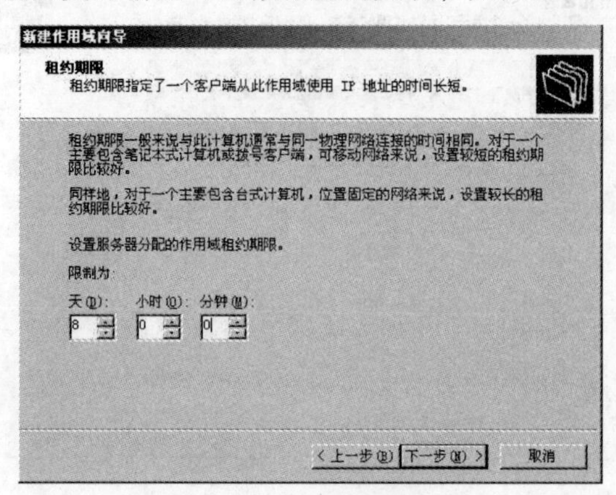


图 5-14　租约期限

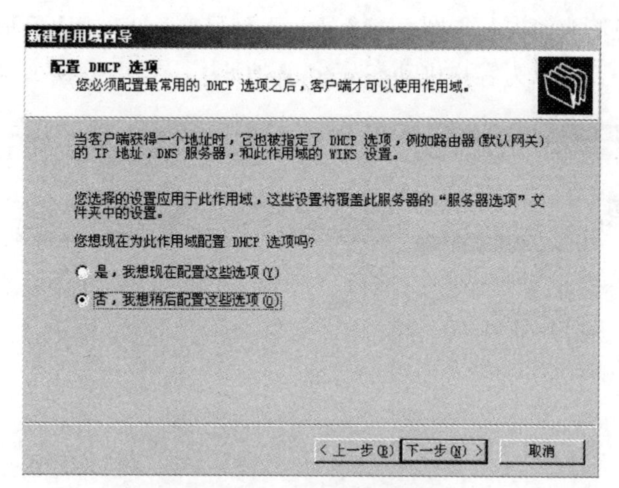


图 5－15　完成新建作用域

4. 激活作用域。展开作用域，如图 5－16 所示。

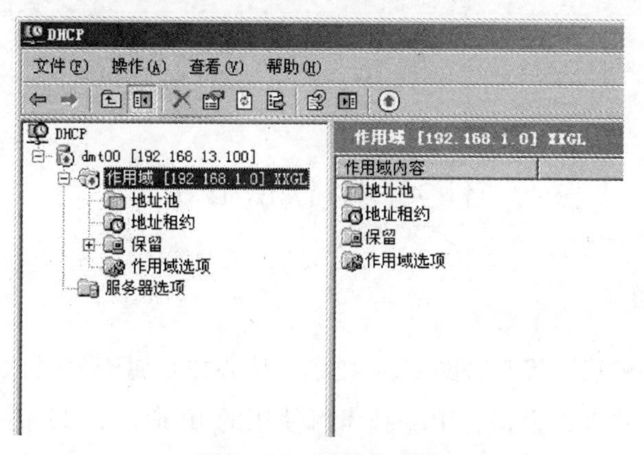


图 5－16　展开作用域

可以看到前面有个红色向下箭头，说明此作用域还没有激活，目前还不能给客户机分配 IP 地址。右键单击“作用域”，在弹出的快捷菜单中选择“激活”命令，如图 5－17所示。

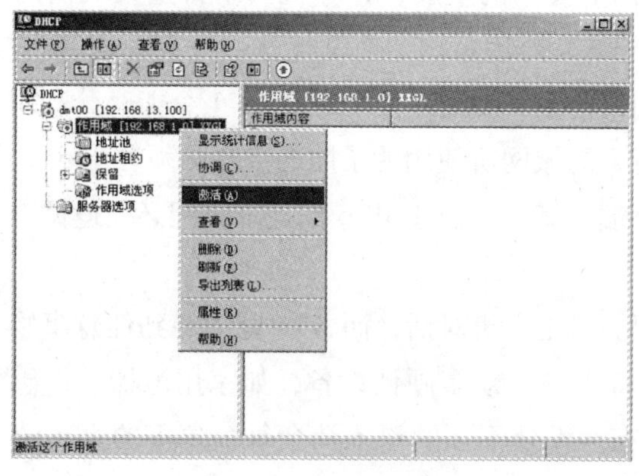


图 5－17　激活作用域

激活后，红色箭头消失，如图 5 - 18 所示。到目前为止，DHCP 服务器已经搭建完成，可以投入使用，可以为客户机动态分配 IP 地址了。

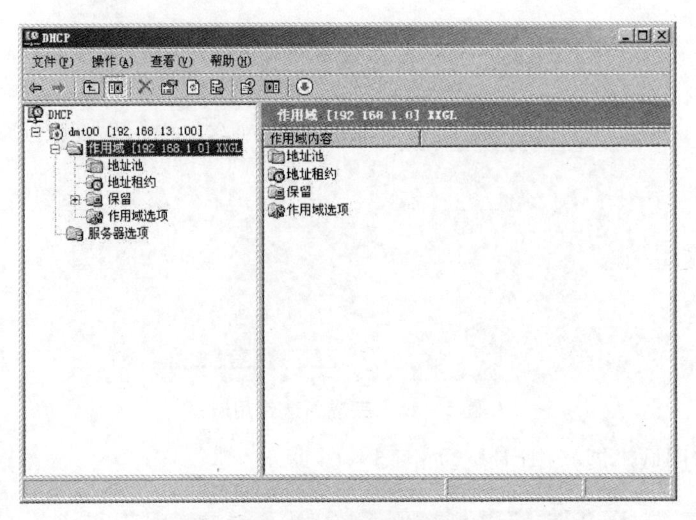


图 5 - 18　激活完成

# 任务四　认识 IPv6

## 一、IPv6 介绍

目前我们使用的第二代互联网 IPv4 技术，核心技术属于美国。它的最大问题是网络地址资源有限，从理论上讲，IPv4 技术可使用的 IP 地址有 43 亿个，其中北美占有 3/4，约 30 亿个，而人口最多的亚洲只有不到 4 亿个，中国只有 3 千多万个，只相当于美国麻省理工学院的数量。地址不足，严重地制约了我国及其他国家互联网的应用和发展。

随着电子技术及网络技术的发展，计算机网络将进入人们的日常生活，可能身边的每一样东西都需要连入全球因特网。但是与 IPv4 一样，IPv6 一样会造成大量的 IP 地址浪费。准确地说，使用 IPv6 的网络并没有 $2^{128}-1$ 个能充分利用的地址。首先，要实现 IP 地址的自动配置，局域网所使用的子网的前缀必须等于 64，但是很少有一个局域网能容纳 $2^{64}$ 个网络终端；其次，由于 IPv6 的地址分配必须遵循聚类的原则，地址的浪费在所难免。

如果说 IPv4 实现的只是人机对话，而 IPv6 则扩展到任意事物之间的对话，它不仅可以为人类服务，还将服务于众多硬件设备，如家用电器、传感器、远程照相机、汽车等。它将是无时不在、无处不在的深入社会每个角落的真正的宽带网，而且它所带来的经济效益将非常巨大。

## 二、IPv6 的优势

与 IPv4 相比，IPv6 具有以下几个优势：

1. IPv6 具有更大的地址空间。IPv4 中规定 IP 地址长度为 32，最大地址个数为 $2^{32}$；而 IPv6 中 IP 地址的长度为 128，即最大地址个数为 $2^{128}$。与 32 位地址空间相比，其地址空间增加了 $2^{128}-2^{32}$ 个。

2. IPv6 使用更小的路由表。IPv6 的地址分配一开始就遵循聚类（Aggregation）的原则，这使得路由器能在路由表中用一条记录（Entry）表示一片子网，大大减小了路由器中路由表的长度，提高了路由器转发数据包的速度。

3. IPv6 增加了增强的组播（Multicast）支持以及对流的控制（Flow Control）。这使得网络上的多媒体应用有了长足发展的机会，为服务质量（Quality of Service，QoS）控制提供了良好的网络平台。

4. IPv6 加入了对自动配置（Auto Configuration）的支持。这是对 DHCP 协议的改进和扩展，使得网络（尤其是局域网）的管理更加方便和快捷。

5. IPv6 具有更高的安全性。在使用 IPv6 网络中用户可以对网络层的数据进行加密并对 IP 报文进行校验，在 IPV6 中的加密与鉴别选项提供了分组的保密性与完整性，极大地增强了网络的安全性。

6. 允许扩充。如果新的技术或应用需要时，IPv6 允许协议进行扩充。

7. 更好的头部格式。IPv6 使用新的头部格式，其选项与基本头部分开，如果需要，可将选项插入到基本头部与上层数据之间。这就简化和加速了路由选择过程，因为大多数的选项不需要由路由选择。

8. 新的选项。IPv6 有一些新的选项来实现附加的功能。

## 三、IPv6 的地址形式

### （一）冒号十六进制形式

IPv6 地址为 128 位长，但通常写作 8 组，每组为 4 个十六进制数的形式，格式为：n：n：n：n：n：n：n：n。每个 n 都表示 4 个十六进制数。例如：21DA：00D3：48ED：2F3B：02AA：30FF：FE28：9C5A。

### （二）压缩形式

FE80：0000：0000：0000：AAAA：0000：00C2：0002 是一个合法的 IPv6 地址，要是嫌这个地址看起来还是太长，还有种办法来缩减其长度，叫做零压缩法。如果几个连续段位的值都是 0，那么这些 0 就可以简单地以：：来表示，上述地址就可以写成 FE80：：AAAA：0000：00C2：0002。这里要注意的是只能简化连续段位的 0，其前后的 0 都要保留，比如 FE80 的最后的这个 0，不能被简化。还有这个只能用一次，在上例中的 AAAA 后面的 0000 就不能再次简化。当然也可以在 AAAA 后面使用::，这样的话前面的 12 个 0 就不能压缩了。这个限制的目的是为了能准确还原被压缩的 0。不然就无法确定每个:: 代表了多少个 0。

2001：0DB8：0000：0000：0000：0000：1428：0000

2001：0DB8：0000：0000：0000:：1428：0000

2001：0DB8：0：0：0：0：1428：0000

2001：0DB8：0:：0：0：1428：0000

2001：0DB8:：1428：0000 都是合法的地址，并且他们是等价的。但 2001：0DB8:：1428:：是非法的。(不清楚每个压缩中有几个全零的分组)

同时前导的零可以省略，因此：

2001：0DB8：02de:：0e13 等价于 2001：DB8：2de:：e13

(三) 混合形式

形式组合了 IPv4 和 IPv6 地址，在此情况下，地址格式为 n：n：n：n：n：n：d：d：d：d，其中，每个 n 都为表示 IPv6 地址的一个十六进制数，第 d 个都为表示 IPv4 地址的一个十进制数。

## 习　题

1. IPv6 使用的 IP 地址是多少位？(　　)

A. 32　　B. 64　　C. 96　　D. 128

2. IP 地址到物理地址的映射是什么协议完成的？(　　)

A. IP 协议　　B. TCP 协议　　C. RARP 协议　　D. ARP 协议

3. 下列关于 IP 协议说法正确的是哪项？(　　)(选择两项)

A. IPv4 规定 IP 地址由 128 位二进制数构成

B. IPv4 规定 IP 地址由 4 段 8 位二进制数构成

C. 目前 IPv4 和 IPv6 共存

D. IPv6 规定 IP 地址由 4 段 8 位二进制数构成

4. 下面哪一个是有效的 IP 地址？(　　)

A. 202. 280. 130. 45　　B. 130. 192. 290. 45

C. 192. 202. 130. 45　　D. 280. 192. 33. 45

5. 190. 168. 2. 56 属于以下哪一类 IP 地址？(　　)

A. A 类　　B. B 类　　C. C 类　　D. D 类

6. 属于 C 类地址的有 (　　)。

A. 10. 2. 3. 4　　B. 202. 38. 214. 2

C. 192. 38. 264. 2　　　　D. 224. 38. 214. 2

7. 以下哪个 IP 地址不推荐使用？说明理由。(　　)

A. 176. 0. 0. 0　　　　B. 96. 0. 0. 0

C. 127. 192. 0. 0　　　　D. 255. 128. 0. 0

8. 某主机的 IP 地址为 202. 113. 25. 55，子网掩码为 255. 255. 255. 240。该主机的有限广播地址为（　　）。

A. 202. 113. 25. 255　　　　B. 202. 113. 25. 240

C. 255. 255. 255. 55　　　　D. 255. 255. 255. 255

9. 某主机的 IP 地址为 202. 113. 25. 55，子网掩码为 255. 255. 255. 0。请问该主机使用的回送地址为（　　）。

A. 202. 113. 255　　　　B. 255. 255. 255. 255

C. 255. 255. 255. 55　　　　D. 127. 0. 0. 1

10. 以下哪一个是用户仅可以在本地内部网络中使用的专用 IP 地址？(　　)

A. 192. 168. 1. 1　　B. 20. 10. 1. 1　　C. 202. 113. 1. 1　　D. 203. 5. 1. 1

11. IP 地址 59. 67. 159. 125/11 的子网掩码可写为（　　）。

A. 255. 240. 0. 0　　B. 255. 192. 0. 0　　C. 255. 128. 0. 0　　D. 255. 224. 0. 0

12. 某 IP 地址的子网掩码为 255. 255. 255. 192，该掩码又可写为（　　）。

A. /22　　B. /24　　C. /26　　D. /28

13. 如果借用一个 C 类 IP 地址的 3 位主机号部分划分子网，那么子网掩码应该是（　　）。

A. 255. 255. 255. 192　　　　B. 255. 255. 255. 224

C. 255. 255. 255. 240　　　　D. 255. 255. 255. 248

14. 因特网上某主机的 IP 地址为 128. 200. 68. 101，子网掩码为 255. 255. 255. 240。该连接的主机号为（　　）。

A. 255　　B. 240　　C. 101　　D. 5

15. 某大学计算机系的 IP 地址为 202. 113. 16. 128/26，法律系的为 202. 113. 16. 192/26，这两个地址聚合后的地址为（　　）。

A. 202. 113. 16. 0/24　　　　B. 202. 113. 16. 0/25

C. 202. 113. 16. 128/25　　　　D. 202. 113. 16. 128/35

16. 某企业产品部的 IP 地址为 202. 168. 15. 192/26，市场部的为 211. 168. 15. 160/27，财务部的为 211. 168. 15. 128/27，这三个地址聚合后的地址为（　　）。

A. 211. 168. 15. 0/25　　　　B. 211. 168. 15. 0/26

C. 211. 168. 15. 128/25　　　　D. 211. 168. 15. 128/26

17. 下列关于 IP 协议说法正确的是哪项？(　　)（选择两项）

A. IPv4 规定 IP 地址由 128 位二进制数构成

B. IPv4 规定 IP 地址由 4 段 8 位二进制数构成

C. 目前 IPv4 和 IPv6 共存

D. IPv6 规定 IP 地址由 4 段 8 位二进制数构成

18. 下列 IPv6 地址中，错误的是（　　）。

A. 21DA:: D1: 0: 1/48　　B. 3D: 0: 2AA: D0: 2F3B: 1:: /64

C. FE80: 0: 0: 0: 0: FE: FE80: 2A1　　D. FE11:: 70D: BC: 0: 80: 0: 0: 7CB

19. 下列 IPv6 地址中，错误的是（　　）。

A. 201:: BC: 0:: 05D7　　B. 10DA:: 2AA0: F: FE08: 9C5A

C. 51EC:: 0: 0: 1/48　　D. 21DA:: 2A90: FE: 0: 4CA2: 9C5A

20. 下列对 IPv6 地址 FE23: 0: 0: 050D: BC: 0: 0: 03DAR 的简化中，错误的是（　　）。

A. FE23:: 50D: BC: 0: 0: 03DA　　B. FE23: 0: 0: 050D: BC:: 03DA

C. FE23: 0: 0: 50D: BC:: 03DA　　D. FE23:: 50D: BC:: 03DA

21. 简述 IP 地址由哪几部分组成及 IP 地址的优缺点。

22. 简述 IP 地址的分类情况。

23. 有关子网掩码：

（1）子网掩码为 255. 255. 255. 0 代表什么意义？

（2）子网掩码 255. 255. 0. 255 是否为一个有效的 A 类网络的子网掩码？

（3）一个 A 类网络和一个 B 类网络的子网号分别为 16 位和 8 位，这两个网络的子网掩码有何不同？

（4）在子网掩码为 255. 255. 255. 192 的 220. 100. 50. 0 IP 网络中，最多可分割成多个子网，每个子网内最多可连接多少台主机？

（5）一个 C 类网络的子网掩码为 255. 255. 255. 224，该网络能够分成多少个子网，每个子网能有多少台主机？

24. 某学校新建六个机房，每个房间的机器不超过 30 台。现在给一个网络地址空间 192. 168. 10. 0/24，现在需要将其划分为六个子网。请计算出各个子网段的 IP 地址范围，可使用的 IP 地址和对应的子网掩码。

25. 某学校计算机房有 400 台电脑，现在网络管理部门分配给机房两个 C 类地址，分别是 192. 168. 12. 0/24 和 192. 168. 13. 0/24。现在要把 400 台电脑设定在一个子网内，请问应该怎样设定子网掩码？

项目六

# 路由器的基本配置

路由器是连接因特网中各局域网、广域网的设备，它会根据信道的情况自动选择和设定路由，以最佳路径发送信号，是计算机网络中的重要设备，路由技术已经成为关键的网络技术。本项目的主要目标是配置路由器。

学习目标

1. 认识路由器的工作原理、功能、分类、物理接口和主要参数。
2. 掌握路由器的启动及基本配置。
3. 学会查看和配置路由表。
4. 了解 RIP、OSPF、IGRP 三种动态路由及其配置。
5. 了解访问控制列表及其配置。
6. 了解网络地址转换及其配置。

## 任务一　认识路由器

### 一、路由器的作用

路由器是一种连接多个网络或网段的存储转发设备，它能将不同网络或网段之间的数据信息进行“翻译”，以使它们能够相互“读”懂对方的数据，从而构成一个更大的网络。路由器的主要作用有：

（一）网络互联

路由器可以真正实现网络（广播域）互联，它不仅可以实现不同类型局域网的互联，而且可以实现局域网与广域网的互联以及广域网间的互联。一般异种网络互联与多个子网互联都应采用路由器来完成。

（二）路径选择

路由器的主要工作就是为经过路由器的每个数据帧寻找一条最佳传输路径，并将该数据有效地传送到目的站点。由此可见，选择最佳路径的策略即路由算法是路由器的关键所在。为了完成这项工作，在路由器中保存着载有各种传输路径相关数据的路由表，供路由选择时使用。路由表可以是由管理员固定设置好的，也可以由系统动态修改，可以由路由器自动调整，也可以由主机控制。

（三）转发验证

路由器在转发数据包之前，路由器可以有选择地进行一些验证工作。当检测到不合法的 IP 源地址或目的地址时，这个数据包将被丢弃；非法的广播和组播数据包也将会被丢弃；通过设置包过滤和访问列表功能，限制在某些地方上数据包的转发，这样可以提供一种安全措施，使得外部系统不能与内部系统在某种特定协议上进行通信，也可以限制只能是某些系统之间进行通信。这有助于消除一些安全隐患，如防止外部的主机伪装成内部主机通过路由器建立对话。

（四）拆包/打包

路由器在转发报文的过程中，为了便于在网络间传送报文，按照预定的规则把大的数据包分解成适当大小的数据包，到达目的地后再把分解的数据包包装成原有形式。

（五）网络的隔离

路由器不仅可以根据局域网的地址和协议类型，而且可以根据网络标识、主机的网络地址、数据类型等来监控、拦截和过滤信息，因此路由器具有更强的网络隔离能力。这种隔离能力不仅可以避免广播风暴，提高整个网络的性能，更主要的是有利于提高网络的安全和保密性，克服了交换机作为互联设备的最大缺点。因为路由器连接的网络是彼此独立的网段，便于分割一个大网为若干独立子网以进行管理和维护。因此，目前许多网络安全和管理工作是在路由器上实现的，如在路由器上实现的防火墙技术。

（六）流量控制

路由器有很强的流量控制能力，可以采用优化的路由算法来均衡网络负载，从而有效地控制拥塞，避免因拥塞而使网络性能下降。

## 二、路由器的分类

（一）按功能分类

路由器从功能上可以分为通用路由器和专用路由器。通用路由器在网络系统中最为常见，以实现一般的路由和转发功能为主，通过选配相应的模块和软件，也可以实现专用路由器的功能。专用路由器为实现某些特定的功能而对其软件、硬件、接口等做了专门设计。其中较为常见的如 VPN 路由器，它通过强化加密、隧道等特性，实现虚拟专用的功能；访问路由器是另一种专用路由器，用于通过 PSTN 或 ISDN 实现拨号接入，此类路由器会在ISP中使用；另外还有语音网关路由器，是专为VoIP而设计的。

（二）按结构分类

从结构上，路由器可以分为模块化路由器和固定配置路由器两类。模块化路由器的特点是功能强大、支持的模块多样、配置灵活，可以通过配置不同的模块满足不同规模的要求，此类产品价格较贵。模块化路由器又分为三种，第一种是处理器和网络接口均设计为模块化；第二种是处理器是固定配置（随机箱一起提供），网络接口为模块设计；第三种是处理器和部分常用接口为固定配置，其他接口为模块化。固定配置路由器常见于低端产品，其特点是体积小、性能一般、价格低、易于安装调试。

（三）按在网络中所处的位置分类

从路由器在网络中所处的位置上，可以把它分为接入路由器、企业级核心路由器和电信骨干路由器三种。

接入路由器是指处于分支机构处的路由器，用于连接家庭或ISP内的小型企业客户。接入路由器目前已不只是提供SLIP或PPP连接，还支持诸如PPTP和IPSec等虚拟专用网络协议。

企业级核心路由器处于用户的网络中心位置，对外接入电信网络，对下连接各分支机构。其主要目标是以尽量便宜的方法实现尽可能多的端点互连，并且进一步要求支持不同的服务质量。企业级核心路由器能够提供大量的端口且配置容易，支持QoS。另外，企业级核心路由器能有效地支持广播和组播，支持IP、IPX等多种协议，还能支持防火墙、包过滤、VLAN以及大量的管理和安全策略。

一般来说，只有工作在电信等少数部门的技术人员，才能接触到骨干级路由器。互联网目前由几十个骨干网构成，每个骨干网服务几千个小网络，骨干级路由器实现企业级网络的互联。对于骨干路由器的要求主要在于速度和可靠性，而价格则处于次要地位。

## 三、路由器的主要参数

（一）CPU

路由器的处理器同电脑主板、交换机等产品一样，是路由器最核心的器件。处理器的好坏直接影响路由器的性能。作为宽带路由器的核心部分，处理器的好坏往往决定了宽带路由器的吞吐量这个最重要的参数。一般来说，处理器主频在100M或以下的属于较低主频，这样的宽带路由器适合普通家庭和SOHO用户使用。100M到200M中等，200M以上属于较高主频。适合网吧、中小企业用户以及大型企业的分支机构。

（二）内存

路由器中可能有多种内存，例如Flash、DRAM等。内存用作存储配置、路由器操作系统、路由协议软件等内容。在中低端路由器中，路由表可能存储在内存中。通常来说路由器内存越大越好，但是路由器性能也与路由算法相关，高效的算法与优秀的软件可能大大节约内存。

（三）吞吐量

吞吐量指设备整机包转发能力，是设备性能的重要指标。路由器的工作在于根据IP包头或者MPLS标记选路，所以性能指标是每秒能转发包的数量。吞吐量就正好反映了路由器每秒能处理的数据量。设备的总吞吐量通常小于路由器所有端口吞吐量之和。

（四）丢包率

丢包率是指测试中所丢失数据包的数量占所发送数据包的比率，通常在吞吐量范围内测试。丢包率与数据包长度以及包发送频率相关。在一些环境下可以加上路由抖动、大量路由后测试。

（五）时延

时延是指数据包第一个比特进入路由器到最后一个比特从路由器输出的时间间隔。在测试中通常使用测试仪表发出测试包到收到数据包的时间间隔。时延与数据包长相关，通常在路由器端口吞吐量范围内测时，超过吞吐量测试该指标没有意义。

（六）VPN支持能力

通常路由器都能支持VPN。其性能差别一般体现在所支持的VPN数量上。专用路由器一般支持VPN数量较多。无故障工作时间指标按照统计方式指出设备无故障工作的时间。一般无法测试，可以通过主要器件的无故障工作时间计算或者大量相同设备的工作情况计算。

## 四、解路由器的物理接口

路由器具有非常强大的网络连接和路由功能，它可以与各种各样的不同网络进行物理连接，这就决定了路由器的接口技术非常复杂，越是高档的路由器其接口种类也就越多，因为它所能连接的网络类型越多。路由器的端口主要有AUI端口、RJ-45端口、SC端口、高速同步串口、Console端口、AUX端口等。

（一）AUI端口

AUI端口是用来与粗同轴电缆连接的接口，如图6-1所示。它是一种“D”型15针接口，这在令牌环网或总线型网络中是一种比较常见的端口之一。路由器可通过粗同轴电缆收发器实现与10Base-5网络的连接。但更多的则是借助于外接的收发转发器（AUI-to-RJ-45），实现与10Base-T以太网络的连接。当然，也可借助于其他类型的收发转发器实现与细同轴电缆（10Base-2）或光缆（10Base-F）的连接。

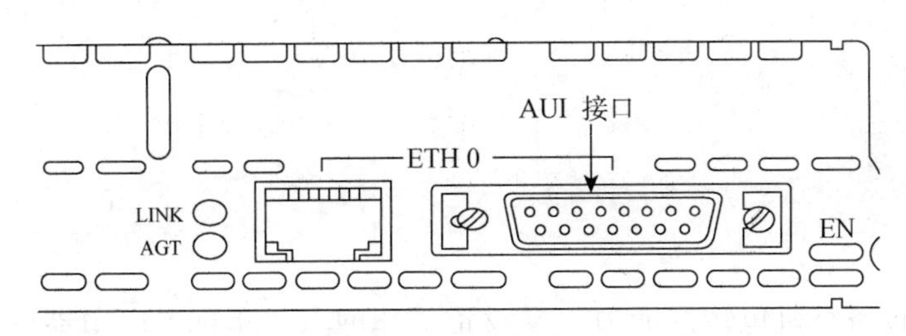


图 6－1 AUI 端口

（二）RJ－45 端口

RJ－45 端口是我们最常见的端口了，它是我们常见的双绞线以太网端口。因为在快速以太网中也主要采用双绞线作为传输介质，所以根据端口的通信速率不同，RJ－45 端口又可分为 10Base-T 网 RJ－45 端口和 100Base-TX 网 RJ－45 端口两类。其中，10Base-T 网的 RJ－45 端口在路由器中通常标识为“ETH”，如图 6－2 所示，而 100Base-TX 网的 RJ－45 端口则通常标识为“10/100bTX”，如图 6－3 所示。

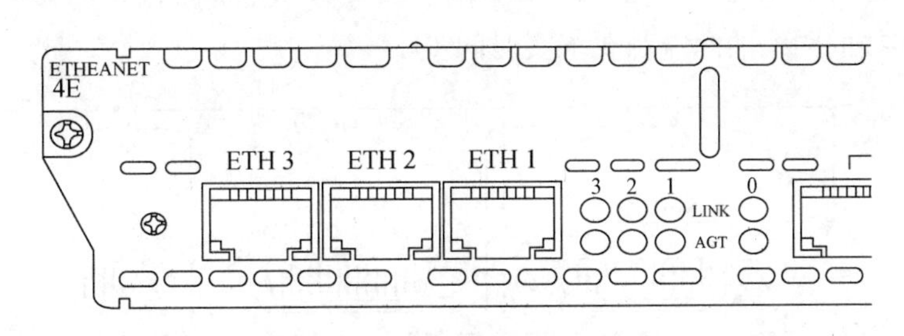


图 6－2 RJ－45 端口（ETH）

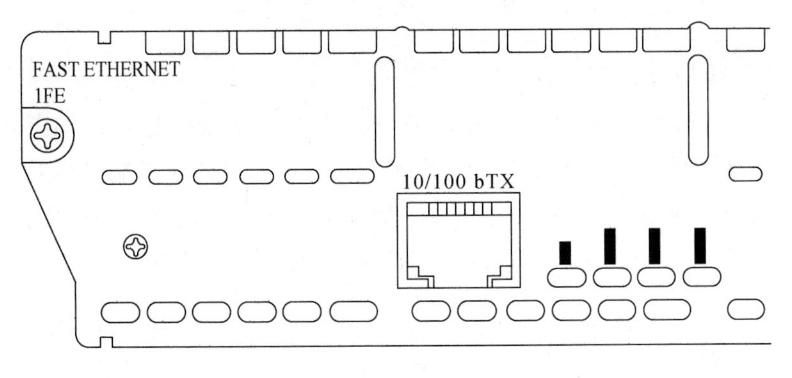


图 6－3 RJ－45 端口（10/100bTX）

（三）SC 端口

SC 端口也就是我们常说的光纤端口，它用于与光纤的连接。光纤端口通常是不直接用光纤连接至工作站，而是通过光纤连接到快速以太网或千兆以太网等具有光纤端口的交换机。这种端口一般高档路由器才具有，都以“100b FX”标注，如图 6－4 所示。

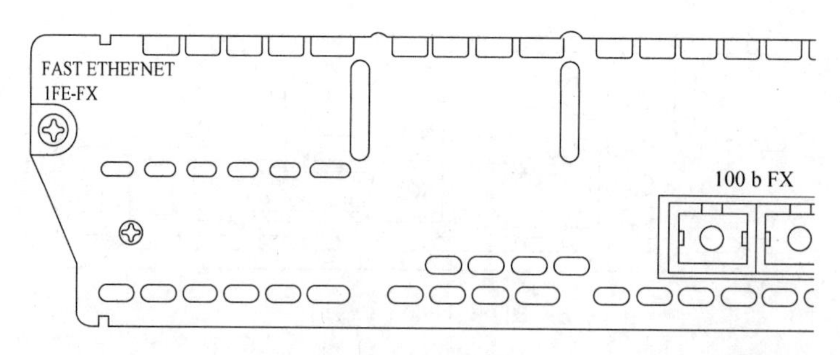


图 6-4 SC 端口

（四）高速同步串口

高速同步串口用在路由器的广域网连接中，如图 6-5 所示，标示为 SERIAL。这种端口主要是用于连接目前应用非常广泛的 DDN、帧中继（Frame Relay）、X.25、PSTN（模拟电话线路）等网络连接模式。在企业网之间有时也通过 DDN 或 X.25 等广域网连接技术进行专线连接。这种同步端口一般要求速率非常高，因为一般来说通过这种端口所连接的网络的两端都要求实时同步。

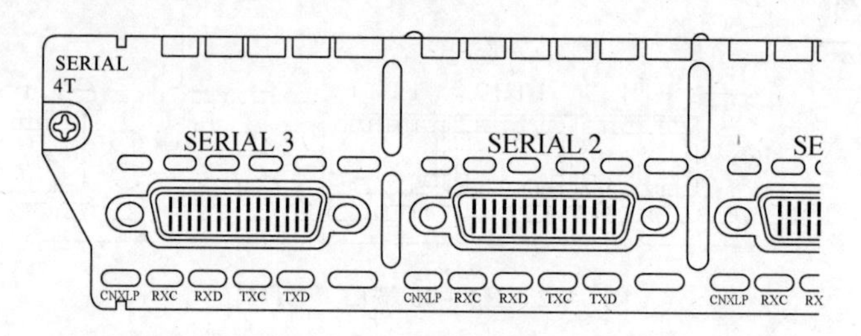


图 6-5 高速同步串口

（五）异步端口

异步串口（ASYNC）主要是应用于 Modem 或 Modem 池的连接，如图 6-6 所示。它主要用于实现远程计算机通过公用电话网拨入网络。这种异步端口相对于上面介绍的同步端口来说在速率上要求就宽松许多，因为它并不要求网络的两端保持实时同步，只要求能连续即可，主要是因为这种接口所连接的通信方式速率较低。

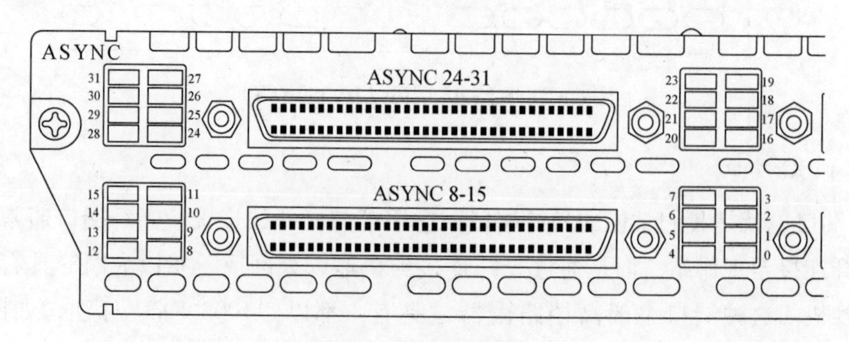


图 6-6 异步端口

（六）Console 端口

Console 端口使用配置专用连线直接连接至计算机的串口，利用终端仿真程序（如 Windows 下的“超级终端”）进行路由器的本地配置。路由器的 Console 端口多为 RJ－45 端口，如图 6－7 所示就包含了一个 Console 配置端口。

（七）AUX 端口

AUX 端口为异步端口，主要用于远程配置，也可用于拨号连接，还可通过收发器与 Modem 进行连接。AUX 端口与 Console 端口通常同时提供，因为它们各自的用途不一样。接口如图 6－7 所示。

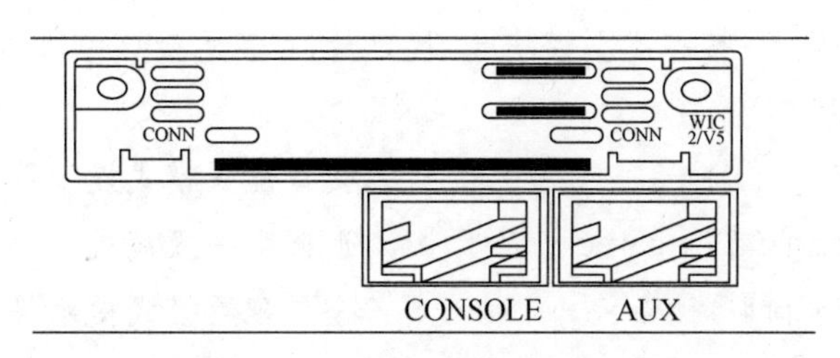


**图 6－7　CONSOLE、AUX 端口**

## 实　例

**实例一：**

### 路由器的登录

和交换机一样，路由器也是由硬件和软件组成，有自己的操作系统和配置文件，通常路由器必须经过配置后才能正常使用。由于路由器没有自己的输入输出设备，所以其配置也主要通过外部连接的计算机来进行。要通过计算机登录到路由器并对其进行配置可以有多种方式，如通过 Console 端口（控制口）、Telnet、Web 方式等，其中使用终端控制台通过 Console 端口查看和修改路由器的配置是最基本、最常用的方法，其他方式必须在通过 Console 端口进行基本配置后才可以实现。通过 Console 端口登录路由器的基本步骤与登录以太网交换机基本相同，也是通过连接器，将计算机 RJ－45 端口与路由器的 Console 端口相连，具体可参照项目 3 的实例 1。

**实例二：**

### 路由器命令行工作模式的切换

Cisco 路由器与 Cisco 交换机采用相同的操作系统，因此 Cisco 路由器的配置命令也是分级的，不同级别的管理员可以使用不同的命令集，以下是各模式之间转换的过程。

```
Router >                              //用户模式提示符
```

```
Router >enable                     //进入特权模式
Router#                            //特权模式提示符
Router#configure terminal          //进入全局配置模式
Router(config)#                    //全局配置模式提示符
Router(config)#line console 0      //进入控制线路模式
Router(config-line)#               //控制线路模式提示符
Router(config-line)#exit           //回到上一级模式
Router(config)#                    //全局配置模式提示符
Router(config)# interface f0/0     //进入接口配置模式(f0/0 用于识别路由器的接口,其表示形式为:接口类型模块号/接口号,f 表示接口为快速以太网接口。0/0 表示 0 号模块的 0 接口)
Router(config-if)#                 //接口配置模式提示符
Router(config-if)# exit            //返回上一级模式
Router(config)#                    //全局配置模式提示符
Router(config)#router rip          //配置路由协议 RIP
Router(config-router)#             //路由配置模式
Router(config-router)#end          //直接返回到特权模式
Router#                            //特权模式提示符
Router disable#                    //退出特权模式
Router >                           //用户模式提示符
```

**实例三:**

## 路由器的基本配置

路由器的基本配置，主要有配置路由器的主机名和密码、查看路由器的配置文件，路由器配置文件的备份和恢复、路由器接口 IP 地址的设置、静态路由的配置和查看等。下面给出了通过 Console 端口配置路由器的几个例子。

进入配置模式:

```
Router >                           //用户模式提示符
Router >enable                     //进入特权模式
Router#                            //特权模式提示符
Router# configure terminal         //进入全局配置模式
```

配置主机名与密码:

```
Router(config)# hostname Router1234
                                   //设置路由器的主机名为 Router1234
```

```
Router1234(config)#              //全局配置模式提示符
Router1234(config)# enable password studentA
                                 //设置 enable secret 密码为 studentA
Router1234(config)# enable secret student
                                 //设置 enable secret 密码为 studentB
```

注意：enable password 设置的密码采用明文方式保存，而 enable secret 命令设置的密码采用加密的方式保存，这两个密码不能相同。

配置 IP 地址：

```
Router1234(config)# interface f0/0
//进入接口配置模式,对 f0/0 接口进行配置
Router1234(config-if)# ip address 211.81.192.1 255.255.255.0
//设置路由器的 f0/0 接口的 IP 地址为 211.81.192.1,子网掩码为 255.255.255.0
启用与禁用接口
Router1234(config-if)# no shutdown    //关闭 f0/0 接口
Router1234(config-if)# no shutdown    //激活路由器的 f0/0 接口
```

# 任务二　理解静态路由

## 一、路由的基本原理

当 IP 子网中的一台主机发送 IP 数据包给同一 IP 子网的另一台主机时，它将直接把 IP 数据包发送到网络上，对方就能收到。而要送给不在同一个 IP 子网上的主机时，它要选择一个能到达目的网段的路由器，把数据包送给该路由器，由路由器负责把 IP 数据包送到目的地。如果没有找到这样的路由器，主机就把 IP 分组送给一个称为“缺省网关（default gateway）”的路由器上。“缺省网关”是每台主机上的一个配置参数，是接在同一个网络上的某个路由器端口的 IP 地址。

路由器转发 IP 数据包时，只根据数据包的目的 IP 地址的网络标识部分选择合适的转发端口，将 IP 数据包发送出去。同主机一样，路由器也要判断该转发端口所接的是否是目的网络，如果是，就直接把数据包通过端口送到网络上，否则，也要选择下一个路由器来转发数据包。路由器也有自己的默认网关，用来传送不知道该由哪个端口转发的 IP 数据包。这样，通过路由器把其知道如何传送的 IP 数据包正确转发，把不知道如何传送的 IP 数据包送给默认网关，这样一级一级地传送，IP 数据包最终将送到目的主机，送不到目的地的 IP 数据包将被网络丢弃。如图 6－8 所示，主机 A 和主机 B 连接在相同的物理网段中，他们之间可以直接通信。如果主机 A 要与主机 C 通信的话，

那么主机 A 就必须将 IP 数据包传送到最近的路由器或者主机 A 的默认网关上，然后该路由器再将 IP 数据包转发给另一台路由器，直到到达与主机 C 连接在同一个网络的路由器，最后由该路由器将 IP 数据包交给主机 C。

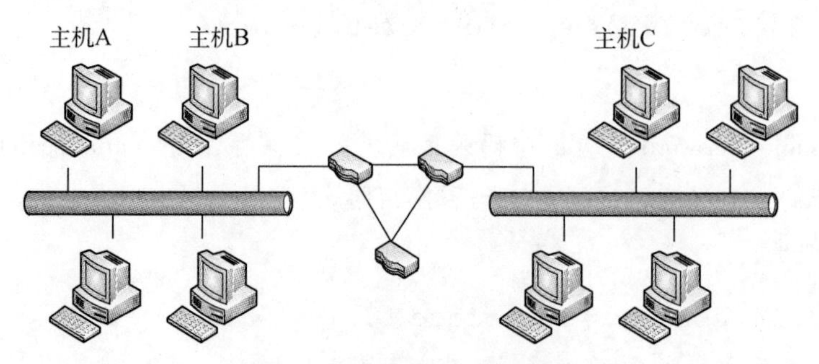


图 6－8 路由器连接的网络

## 二、路由表

路由器的主要作用，就是为经过路由器的每个数据包寻找一条最佳的路线，让数据包顺利到达目的地址。为了完成这个“路由”工作，在路由器中保存着各种传输路径的相关数据－路由表，供路由选择时使用。

由系统管理员事先设定好固定的路由表称其为静态（static）路由表，一般是在系统安装的时候就根据网络的配置情况预先设定，它不会随未来网络结构的改变而改变。动态（dynamic）路由表是路由根据网络系统的运行情况而自动调整的路由表。路由器根据路由选择协议（routing protocol）提供的功能，自动学习和记忆网络的运行情况，在需要时自动计算数据传输的最佳路径。

路由表中的每一项都被看作是一个路由，并且属于下列任意类型：

1. 网络路由。网络路是由提供到网际网络中特定网络 ID 的路由。

2. 主路由。主路由是提供到网际网络地址（网络 ID 和节点 ID）的路由。主路由通常用于将自定义路由创建到特定主机以控制或优化网络通信。

3. 默认路由。如果在路由表中没有找到其他路由，则使用默认路由。例如，如果路由器或主机不能找到目标的网络路由或主路由，则由默认路由转发。使用单个默认的路由来转发带有在路由表中未找到的目标网络或网际网络地址的所有数据包，从而可以不用为网际网络中所有的网络 ID 配置带有路由的主机，减少了主机的配置。

路由表中的每个路由表项通常由以下信息字段组成：

（1）目的地址：目标网络的网络标识或目的主机的 IP 地址。

（2）网络掩码：与目的地址相对应的网络掩码。

（3）转发地址：数据包转发的地址，也称为下一跳 IP 地址，即数据包应传送的下一个路由器的 IP 地址。对于主机或路由器直接连接的网络，转发地址字段可能是本路由器连接到该网络的端口地址。

（4）接口：将数据包转发到目的地址时所使用的路由器端口，该字段可以是一个端口号或者其他类型的逻辑标识符。

（5）跃点数：路由首选项的度量。如果目的地址存在多个路由，路由器就使用跃点数来决定存储在路由表中的路由，最小的跃点数是首选。

## 实　例

**实例一：**

### 查看计算机的路由表

使用 route 命令查看计算机的路由表的操作步骤是：进入命令提示符模式，在打开的“命令提示符”窗口中，输入命令“route print”，此时将显示计算机的路由表，根据这些信息可知本机的网关、子网类型、广播地址、环回测试地址等，如图 6－9 所示。

```
C:\Documents and Settings\Administrator>route print
===========================================================================
Interface List
0x1 ........................... MS TCP Loopback interface
0x10003 ...00 e0 4c 1d f4 18 ...... Realtek RTL8139/810x Family Fast Ethernet NI
C
===========================================================================
===========================================================================
Active Routes:
Network Destination        Netmask          Gateway       Interface  Metric
          0.0.0.0          0.0.0.0    192.168.1.254   192.168.1.223      30
        127.0.0.0        255.0.0.0        127.0.0.1       127.0.0.1       1
      169.254.0.0      255.255.0.0    192.168.1.223   192.168.1.223      20
      192.168.1.0    255.255.255.0    192.168.1.223   192.168.1.223      30
    192.168.1.223  255.255.255.255        127.0.0.1       127.0.0.1      30
    192.168.1.255  255.255.255.255    192.168.1.223   192.168.1.223      30
        224.0.0.0        240.0.0.0    192.168.1.223   192.168.1.223      30
  255.255.255.255  255.255.255.255    192.168.1.223   192.168.1.223       1
Default Gateway:     192.168.1.254
===========================================================================
Persistent Routes:
  None
```

**图 6－9　使用 route 命令查看计算机的路由表**

请尝试根据路由表的内容，写出计算机的 IP 地址、子网掩码和默认网关，思考一下计算机是如何根据路由表进行 IP 数据包传输的。

**实例二：**

### 在计算机路由表中添加和删除路由

可以用“route add”命令在计算机的路由表中添加路由。例如，要添加默认网关地址为 192. 168. 12. 1 的默认路由，需输入“route add 0. 0. 0. 0 mask 0. 0. 0. 0 192. 168. 12. 1”；要添加目标地址为 10. 41. 0. 0，网络掩码为 255. 255. 0. 0，下一个跃点地址为 10. 27. 0. 1 的路由，需输入“route add 10. 41. 0. 0 mask 255. 255. 0. 0 10. 27. 0. 1”；要添加目标地址为 192. 168. 1. 0，网络掩码为 255. 255. 255. 0，下一个跃点地址为 192. 168. 1. 1 的永久路由，需输入“route-p add 192. 168. 1. 0 mask 255. 255. 255. 0 192. 168. 1. 1”。

可以用“route delete”命令在计算机的路由表中删除路由。例如，要删除目标地址为10.41.0.0，网络掩码为255.255.0.0的路由，可输入“route delete 10.41.0.0 mask 255.255.0.0”；要删除IP路由表中以10.开始的所有路由，可输入“route delete 10.*”。

以上只列出了部分route命令的使用方法，更具体的route命令的使用请查阅系统帮助文件或其他相关资料。

**实例三：**

路由跟踪

可以用tracert命令测试计算机之间经过的路由，tracert命令显示用于将数据包从计算机传递到目标位置的一组IP路由器，以及每个跃点所需的时间。如果数据包不能传递到目标，tracert命令将显示成功转发数据包的最后一个路由器。

进入命令提示符模式，在打开的“命令提示符”窗口中，输入命令“tracert 目标IP地址或域名”，图6－10显示了tracert命令的运行过程。

```
Microsoft Windows XP [版本 5.1.2600]
(C) 版权所有 1985-2001 Microsoft Corp.

C:\Documents and Settings\Administrator>tracert www.163.com

Tracing route to 163.xdwscache.glb0.lxdns.com [113.107.76.19]
over a maximum of 30 hops:

  1     2 ms     1 ms     1 ms  192.168.12.1
  2     *        *        *     Request timed out.
  3     *        *        *     Request timed out.
  4     6 ms     1 ms     1 ms  113.98.75.170
  5     7 ms     1 ms    <1 ms  121.8.195.229
  6     7 ms     6 ms     8 ms  61.144.3.154
  7     6 ms     7 ms     9 ms  183.7.189.86
  8    13 ms    14 ms    19 ms  183.7.189.109
  9     *        *        *     Request timed out.
 10    14 ms    14 ms    15 ms  113.107.67.58
 11    15 ms    14 ms    14 ms  113.107.76.19

Trace complete.

C:\Documents and Settings\Administrator>
```

**图6－10　tracert 命令**

# 任务三　理解动态路由

## 一、动态路由概述

动态路由是路由器根据网络系统的运行情况和路由选择协议提供的功能自动调整的路由表，在需要时自动计算数据传输的最佳路径。动态路由是通过相互连接的路由器之间交换彼此的信息，然后按照一定的算法优化出来的，而这些路由信息是在一定时间间隙里不断更新，以适应不断变化的网络，随时获得最优的路由效果。例如，当网络拓扑结构发生变化，或网络某个节点或链路发生故障时，与之相邻的路由器会重新计算路由，并向外发送新的路由更新信息，这些信息会发送至其他的路由器，引发所有路由器重新计算路由，调整其路由表，以适应网络的变化。为了实现 IP 分组的高效路由，人们制定了多种路由协议，如路由信息协议（Routing Information Protocol，RIP）、内部网关路由协议（Interior Gateway Routing Protocol，IGRP）、开放最短路径优先协议（Open Shortest Path First，OSPF）等。

动态路由使路由器变得很智能，它可以重新配置路由，绕过不起作用的路由器，从而大大减轻大型网络的管理负担。但动态路由对路由器的性能要求较高，会占用网络的带宽，可能产生路由循环，也存在一定的安全隐患。

## 二、RIP 协议

RIP 是一种分布式的基于距离矢量的路由选择协议，是因特网的标准内部网关协议，其最大的优点是简单。RIP 协议要求网络中的每一个路由器都要维护从它自己到其他每一个目的网络的距离记录。对于距离，RIP 有如下定义：从一路由器到直接连接的网络距离定义为 1，从一路由器到非直接连接的网络距离定义为所经过的路由器数加 1。RIP 允许一条路径最多只包含 15 个路由器，因此距离最大值为 16，由此可见 RIP 只适合于小型互联网络。RIP 的特性参数如下：

### （一）度量方法

RIP 的度量是基于跳数（Hops Count）的，每经过一台路由器，路径的跳数加一，跳数越多，路径就越长，RIP 算法会优先于选择跳数少的路径。RIP 支持的最大跳数是 15，跳数为 16 的网络被认为是不可达的。

### （二）路由更新

RIP 中路由的更新是通过定时广播实现的。默认情况下，路由器每隔 30 秒向与它相连的网络广播自己的路由表，接到广播的路由器将收到的信息添加至自身的路由表中。每个路由器都会广播，最终网络上所有的路由器都会得知全部的路由信息。正常情况下，每 30 秒路由器就可以收到一次路由信息确认，如果经过 180 秒，即 6 个更新周期，一个路由项都没有得到确认，路由器就认为它已经失效了。如果经过 240 秒，即 8 个更新周期，路由项仍没有得到确认，它就会从路由表中被删除。上面的 30 秒、180 秒和 240 秒的延时都是由计时器控制的，它们分别是更新计时器（Update Timer）、无效计时器（Invalid Timer）和刷新计时器（Flush Timer）。

### （三）路由循环

距离向量类的算法容易产生路由循环，RIP 是距离向量算法的一种，所以它也不例外。如果网络上有路由循环，信息就会循环传递，永远不能到达目的地。为了避免这个问题，RIP 等距离向量算法实现了下面四个机制：水平分割、毒性逆转、触发更新、抑制计时。

1. 水平分割（Split Horizon）。水平分割保证路由器记住每一条路由信息的来源，并且不在收到这条信息的接口上再次发送它。这是保证不产生路由循环的最基本措施。

2. 毒性逆转（Poison Reverse）。当一条路径信息变为无效之后，路由器并不立即将它从路由表中删除，而是用跳数16（即不可达的度量值）将它广播出去。这样虽然增加了路由表的大小，但有助于消除路由循环，它可以立即清除相邻路由器之间的任何环路。

3. 触发更新（Trigger Update）。当路由表发生变化时，更新报文立即广播给相邻的所有路由器，而不等待30秒的更新周期。同样，当一个路由器刚启动RIP时，它广播请求报文。收到广播的相邻路由器立即应答一个更新报文，而不必等到下一个更新周期。这样，网络拓扑的变化会很快地在网络上传播开，减少了路由循环产生的可能性。

4. 抑制计时（Holddown Timer）。一条路由信息无效之后，一段时间内这条路由都处于抑制状态，即在一定时间内不再接收关于同一目的地址的路由更新。如果路由器从一个网段上得知一条路径失效，然后立即在另一个网段上得知这个路由有效，这个有效信息往往是不正确的。抑制计时避免了这个问题，而且，当一条链路频繁起停时，抑制计时减少了路由的浮动，提高了网络的稳定性。

图6－11至图6－17展示了一个使用RIP的自治系统内各路由器是如何完善和更新自己的路由表的初始状况的，如图6－11所示，一开始，各路由表只有到相邻路由器的信息。

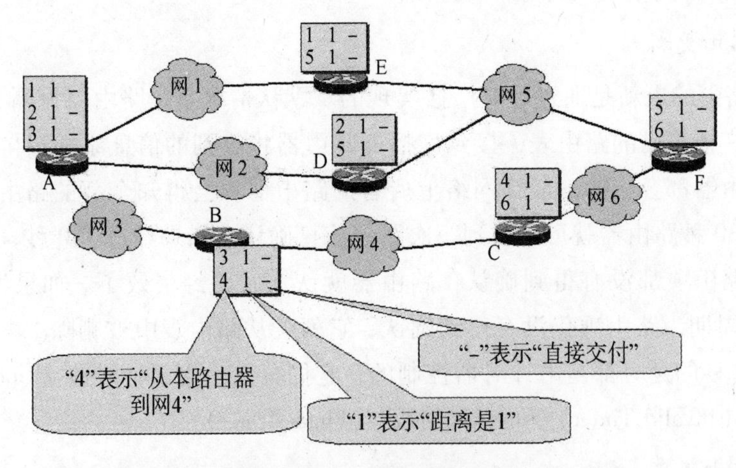


**图6－11　路由表初始状态**

各路由器收到了相邻路由器的路由表，进行了路由表的更新，如图6－12至图6－16所示。

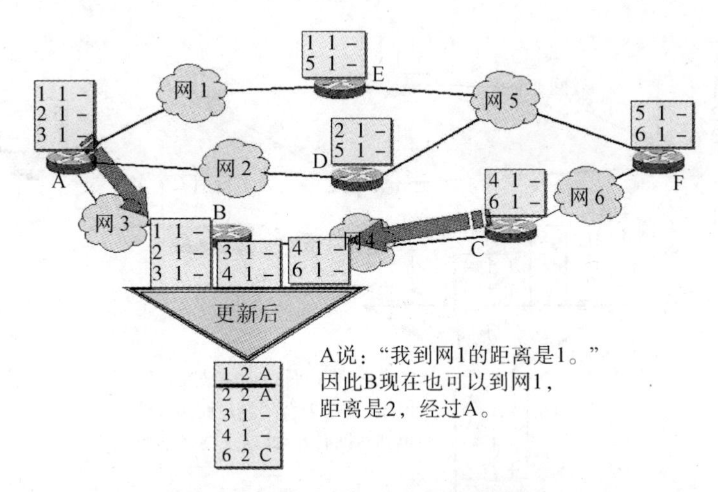


图 6－12　路由器 B 更新路由表步骤 1

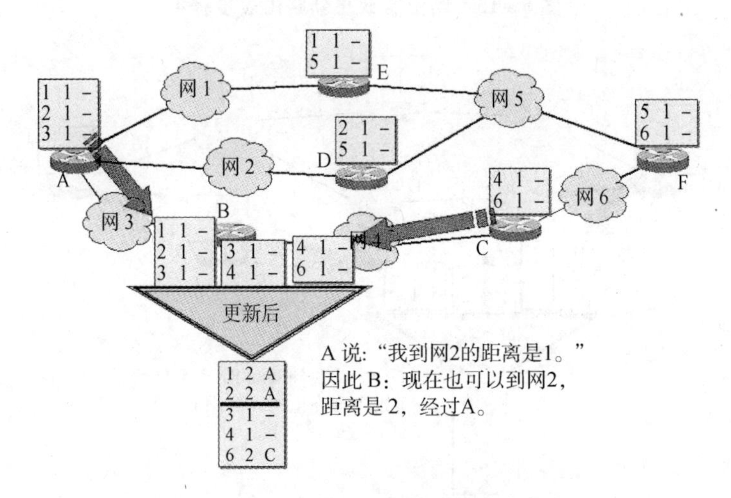


图 6－13　路由器 B 更新路由表步骤 2

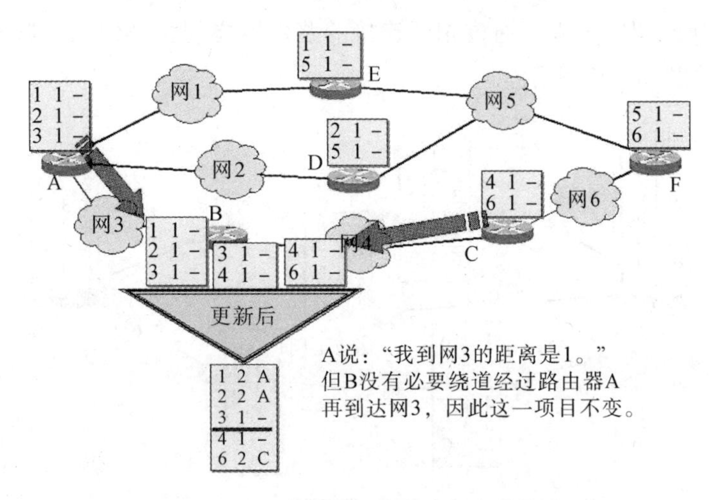


图 6－14　路由器 B 更新路由表步骤 3

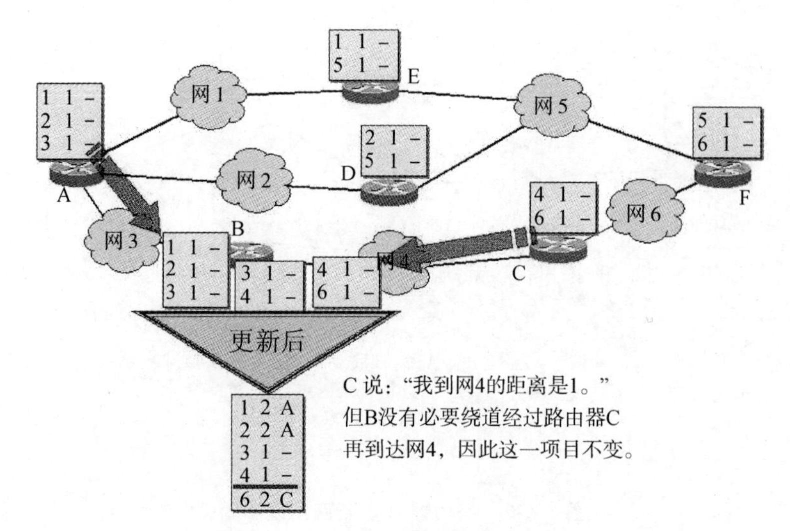


图 6－15　路由器 B 更新路由表步骤 4

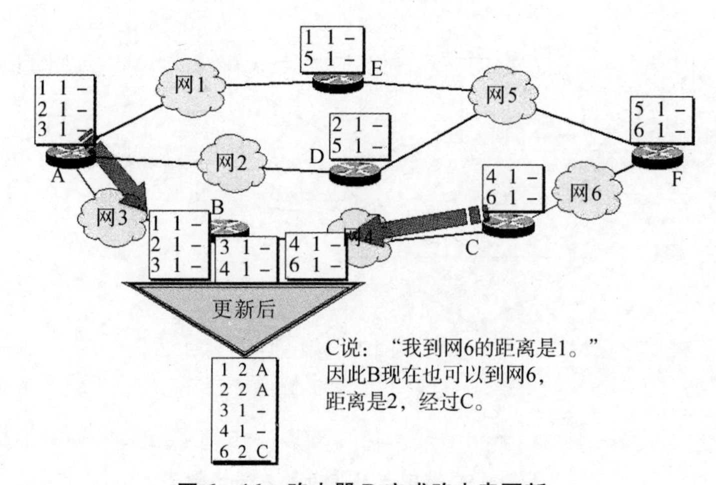


图 6－16　路由器 B 完成路由表更新

依照上面所介绍的过程，通过相互连接的路由器之间交换信息，形成各路由器的最终路由表，如图 6－17 所示。

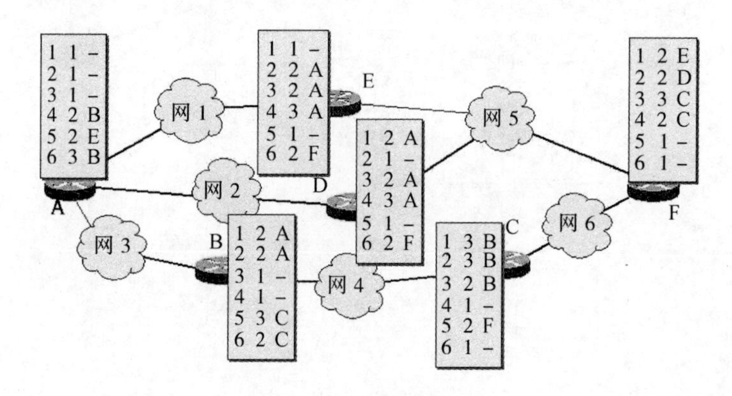


图 6－17　最终路由表

## 三、OSPF 协议

OSPF 是一种典型的链路状态（Link-state）的路由协议，一般用于同一个路由域内。在这里，路由域是指一个自治系统（Autonomous System），即 AS，它是指一组通过统一的路由政策或路由协议互相交换路由信息的网络。在这个 AS 中，所有的 OSPF 路由器都维护一个相同的描述这个 AS 结构的数据库，该数据库中存放的是路由域中相应链路的状态信息，OSPF 路由器正是通过这个数据库计算出其 OSPF 路由表的。

作为一种链路状态的路由协议，OSPF 将链路状态广播数据包 LSA（Link State Advertisement）传送给在某一区域内的所有路由器，这一点与距离矢量路由协议不同。运行距离矢量路由协议的路由器是将部分或全部的路由表传递给与其相邻的路由器。

OSPF 协议与 RIP 协议的比较如下：

目前应用较多的路由协议有 RIP 和 OSPF，它们同属于内部网关协议，但 RIP 基于距离矢量算法，而 OSPF 基于链路状态的最短路径优先算法。它们在网络中利用的传输技术也不同。RIP 是利用 UDP 的 520 号端口进行传输，实现中利用套接口编程，而 OSPF 则直接在 IP 上进行传输，它的协议号为 89。RIP 协议的路由由跳数来描述，到达目的地的路由最大不超过 16 跳，且只保留唯一的一条路由，这就限制了 RIP 的服务半径，即其只适用于小型的简单网络。同时，运行 RIP 的路由器需要定期地（一般为 30 秒）将自己的路由表广播到网络当中，达到对网络拓扑的聚合，这样不但聚合的速度慢而且极容易引起广播风暴、累加到无穷、路由环路致命等问题。而 OSPF 是基于链路状态的路由协议，它克服了 RIP 的许多缺陷：

1. OSPF 不再采用跳数的概念，而是根据接口的吞吐率、拥塞状况、往返时间、可靠性等实际链路的负载能力定出路由的代价，同时选择最短、最优路由并允许保持到达同一目标地址的多条路由，从而平衡网络负荷。

2. OSPF 支持不同服务类型的不同代价，从而实现不同 QoS 的路由服务。

3. OSPF 路由器不再交换路由表，而是同步各路由器对网络状态的认识，即链路状态数据库，然后通过 Dijkstra 最短路径算法计算出网络中各目的地址的最优路由。这样 OSPF 路由器间不需要定期地交换大量数据，而只是保持着一种连接，只有链路状态发生变化时，才通过组播方式对这一变化做出反应。这样不但减轻了不参与系统的负荷，而且达到了对网络拓扑的快速聚会。

## 四、IGRP 协议

IGRP 是一种动态距离向量路由协议，在自治系统（AS：autonomous system）中提供路由选择功能。它由 Cisco 公司于 20 世纪 80 年代中期设计。使用组合用户配置尺度，包括延迟、带宽、可靠性和负载。

在 20 世纪 80 年代中期，最常用的内部路由协议是 RIP。尽管 RIP 对于实现小型或中型同机种互联网络的路由选择是非常有用的，但是随着网络的不断发展，其受到的限制也愈加明显。思科路由器的实用性和 IGRP 的强大功能性，使得众多小型互联网络组织采用 IGRP 以取代 RIP。早在 20 世纪 90 年代，Cisco 就推出了增强的 IGRP，进一步提高了 IGRP 的操作效率。

IGRP 是一种距离向量内部网关协议，距离向量路由选择协议采用数学上的距离标准计算路径大小，该标准就是距离向量。距离向量路由选择协议通常与链路状态路由选择协议（Link-State Routing Protocols）相对，这主要在于：距离向量路由选择协议是对互联网中的所有节点发送本地连接信息。

为了具有更大的灵活性，IGRP 支持多路径路由选择服务。在循环（Round Robin）方式下，两条同等带宽线路能运行单通信流，如果其中一根线路传输失败，系统会自动切换到另一根线路上。多路径可以是具有不同标准但仍然奏效的多路径线路。例如，一条线路比另一条线路优先三倍（即标准低三级），那么意味着这条路径可以使用三次。只有符合某特定最佳路径范围或在差量范围之内的路径才可以用作多路径。差量（Variance）是网络管理员可以设定的另一个值。

通过定义和跟踪多个自主系统，IGRP 协议允许在一个 IGP 环境里面运行多个进程域，这样可以把一个域内部的通信和另一个域内部的通信孤立起来。域间的通信量可以通过路由重新分配（Redistribution）。

## 实 例

**实例一：**

### RIP 协议的配置

1. 按网络拓扑图 6－18 所示配置路由器的名称、各接口的 IP 地址和串口的线性速率。

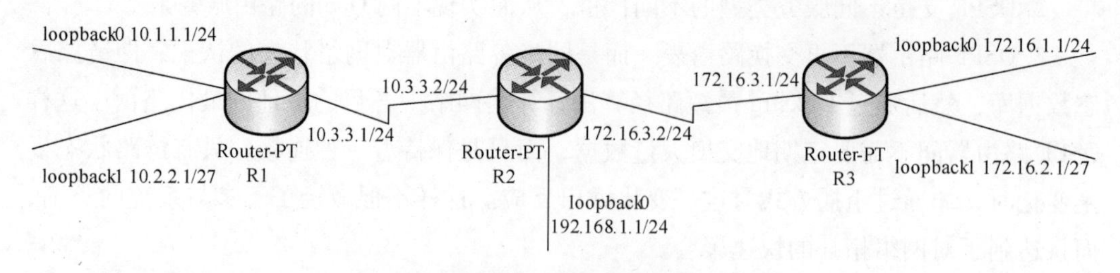


**图 6－18　网络拓扑图**

2. 启动 RIP 动态路由协议，指定路由器本身连接的网段。

```
R1(config)#router rip
R1(config-router)#version 2
R1(config-router)#network 10.0.0.0
```

```
R2(config)#router rip
R2(config-router)#version 2
R2(config-router)#network 10.0.0.0
R2(config-router)#network 172.16.0.0
R2(config-router)#network 192.168.1.0

R3(config) #router rip
R3(config-router)#version 2
R3(config-router)#network 172.16.0.0
```

查看路由表和检验路由器的连通性。

```
R1 # show ip route
10.0.0.0/8 is variably subnetted,3 subnets,2 masks
C  10.1.1.0/24 is directly connected,Loopback0
C  10.2.2.0/27 is directly connected,Loopback1
C  10.3.3.0/24 is directly connected,Serial0/3/0
R  172.16.0.0/16[120/1] via 10.3.3.2,00:00:15,Serial0/3/0
R  192.168.1.0/24[120/1] via 10.3.3.2,00:00:15,Serial0/3/0
R1#ping 172.16.1.1
Type escape sequence to abort,
Sending 5,100 - byte ICMP Echos to 172.16.1.1,timeout is 2 seconds:
!!!!!
Success rate is 100 percent (5/5),round-trip min/avg/max = 62/62/63 ms
R2 # show in route
10.0.0.0、8 is variably subnetted,3 subnets,2 maskss
R  10.1.1.0/24[120/1] via 10.3.3.1,00:00:07,Serial0/3/0
R  10.2.2.0/27[120/1] via 10.3.3.1,00:02:50,Serial0/3/0
C  10.3.3.0/24 is directly connected,Serial0/3/0
172.16.0.0/24 is subnetted,2 subnets
R  172.16.1.0/24 [120/1] via 172.16.3.1,00:00:09,Serial0/3/1
C  172.168.1.0/24 is directly connected,Loopback0
R3# show ip route
R  10.0.0.0/8 [120/1] via 172.16.3.2,00:00:23,Serial0/3/0
```

```
172.16.0.0/16 is variably subnetted,3 subnets,2 masks
C  172.16.1.0/24 is directly connected,Loopback0
C  172.16.2.0/27 is directly connected,Loopback1
C  172.16.3.0/24 is directly connected,Serial0/3/0
R  192.168.1.0/24 [120/1] via 172.16.3.2,00:00:23,Serial0/3/0
```

清除路由表：

```
R1# clear ip route *
R1# show ip route
10.0.0.0/8 is variably subnetted,3 subnets,2 masks
C  10.1.1.0/24 is directly connected,Loopback0
C  10.2.2.0/27 is directly connected,Loopback1
C  10.3.3.0/24 is directly connected,Serial0/3/0
```

**实例二：**

## OSPF 协议的配置

1. 配置命令。

（1）设置“指定路由器”的命令如下：

```
ip ospf priority value
```

其中 value 指接口在选举“指定路由器”时的优先级，其取值范围为 0～255，默认值为 1。

undo ospf dr-priority：取消优先级的设置

（2）配置 OSPF 协议的命令如下：

```
router ospf process-id
```

其中，process-id 是指本地路由器的一个进程号码，这个进程号用来区分同一台路由器上的多个 OSPF 进程，进程 ID 的取值范围是 1～65535。1 台路由器上可以运行多个 OSPF 进程，但它们的进程 ID 必须不同，进程 ID 只有局部意义，与其他路由器的进程相同与否没关系。

（3）指定运行的 OSPF 协议的接口并定义这些接口所在的区域 ID，命令如下：

```
network address wildcard-mask area area-id
```

其中，address 通常是主机号为 0 的网络地址。Wildcard-mask 为通配符，它是网络掩码的反码，与 address 字段配合使用，它的值为 0 比特位对应 address 字段的网络号和子网号，值为 1 比特位对应 address 字段的主机号。area 是指定本路由器的一个或几个接口所在的 OSPF 区域 ID，这些接口被前面的网络地址 address 所覆盖。

2. 操作实例。

(1) 应用 OSPF 协议的网络拓扑结构如图 6-19 所示，按拓扑图配置路由器的名称、各接口 IP 地址和串口的线性速率。其中，对串口和 loopback 端口的配置如下：

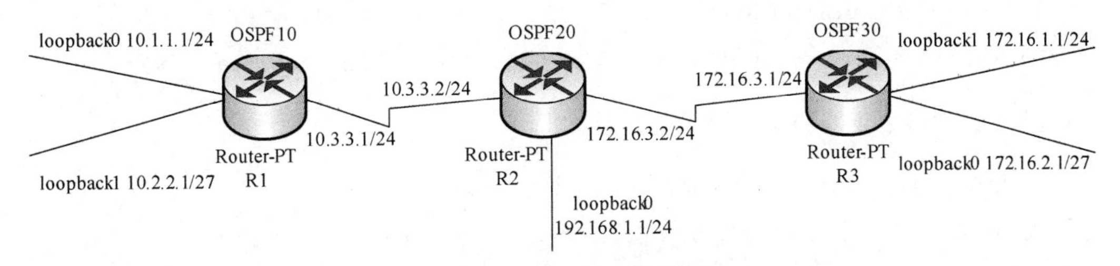


**图 6-19　OSPF 协议拓扑结构**

例如对于 R1：

```
R1(config)#int serial 0/1
R1 (config-if)#ip addr 10.3.3.1 255.255.255.0
R1 (config-if)#clock rate 64000
R1 (config-if)#no shutdown

R1 (config)#int loopback0
R1 (config-if)#ip address 10.1.1.1 255.255.255.0
R1 (config-if)#no shutown

R1 (config)#int loopback1
R1 (config-if)#ip address 10.2.2.1 255.255.255.224
R1 (config-if)#no shutown
```

R2,R3 也是相似配置。

(2) 启动 OSPF 动态路由协议，指定路由器本身连接的网段。

```
R1(config)#router ospf 10
R1(config-config)#network 10.1.1.0 0.0.0.255 area 0
R1(config-config)#network 10.2.2.0 0.0.0.31 area 0
R1(config-config)#network 10.3.3.0 0.0.0.255 area 0

R2(config)#router ospf 20
R2(config-config)#network 10.3.3.0 0.0.0.255 area 0
R2(config-config)#network 192.168.1.0 0.0.0.255area 0
```

```
R2(config-config)#network 172.16.3.0 0.0.0.255 area 0

R3(config)#router ospf 30
R3(config-config)#network 172.16.1.0 0.0.0.255 area 0
R3(config-config)#network 172.16.2.0 0.0.0.31 area 0
R3(config-config)#network 172.16.3.0 0.0.0.255 area 0
```

(3) 查看路由表和检验路由的连通性。

```
R1#show ip route
10.0.0.0/8 is variably subnetted, 3 subnets, 2 masks
C  10.1.1.0/24 is directly connected, Loopback0
C  10.2.2.0/27 is directly connected, Loopback1
C  10.3.3.0/24 is directly connected, Serial2/0
172.16.0.0/16 is variably subnetted, 3 subnets, 2 masks
O  172.16.1.1/32 [110/1563] via 10.3.3.2, 01:50:40, Serial2/0
O  172.16.2.1/32 [110/1563] via 10.3.3.2, 01:50:40, Serial2/0
O  172.16.3.0/24 [110/1562] via 10.3.3.2, 01:50:40, Serial2/0
192.168.1.0/32 is subnetted, 1 subnets
O  192.168.1.1 [110/782] via 10.3.3.2, 01:40:37, Serial2/0

R1#ping 172.16.1.1
Type escape sequence to abort.
Sending 5, 100 - byte ICMP Echos to 172.16.1.1, timeout is 2 seconds:
!!!!!
Success rate is 100 percent (5/5), round-trip min/avg/max = 47/56/63 ms
```

同样，可以检查 R2、R3 的路由配置和连通性。

# 任务四　了解访问控制列表

## 一、访问控制列表概述

ACL（Access Control List，访问控制列表）是 Cisco IOS 提供的一种访问控制技术，初期仅在路由器上支持，近些年来已经扩展到了三层交换机，部分最新的二层交换机如2950之类也开始提供ACL的支持。它是使用包过滤技术对数据包的源接口、目的接口、源地址、目的地址等内容进行检查，根据结果确定哪些数据包可以通过，哪些不能通过，以达到维护网络安全、限制网络流量的目的。

ACL由一系列语句组成，这些语句主要规定对通过设备接口的数据包采取的动作（允许或禁止），ACL使用包过滤技术，数据包的通过还是拒绝主要通过数据包中的源地址、目的地址、源端口、目的端口、协议类型等信息来决定。

## 二、访问控制列表的功能

1. 安全控制。只允许符合匹配规则的数据包通过访问。例如，财务部的数据库服务器上面的数据是比较机密的，这个时候就需要用到访问控制列表，在此列表中定义可以访问财务部数据库服务器的主机。当此列表外的主机访问此服务器的时候，就会被服务器过滤掉。

2. 流量控制。此功能是防止一些不必要的数据包通过路由器，以提高网络的带宽利用率。例如，企业内部要限制员工访问大型的P2P站点下载电影，可通过对P2P软件所使用的端口进行禁止，从而对数据包进行过滤以达到限制网络流量的目的。

3. 数据流量标识。当有数据通过路由器的时候，访问控制列表先把数据流作相应的标识，再通过路由策略将这些数据流交给相应的链路。例如，某公司有两条链路，一条连接Internet，一条连接内部网络的VPN，通过访问控制列表和路由策略实现分工，让不同的数据包走不同的路径。

## 三、访问控制列表的分类

访问控制列表根据其功能大小、控制手段和方便性分为标准IP访问控制列表、扩展IP访问控制列表、命名IP访问控制列表和基于时间的IP访问控制列表。

1. 标准IP访问控制列表：只能够检查可被路由的数据包的源地址，根据源网络、子网、主机IP地址来决定对数据包的拒绝或允许，使用的局限性大，其序列号范围是1～99。

2. 扩展IP访问控制列表：能够检查可被路由的数据包的源地址和目的地址，同时还可以检查指定的协议、端口号和其他参数，具有配置灵活、精确控制的特点，其序列号的范围是100～199。

3. 命名IP访问控制列表：它与标准、扩展IP访问控制列表的工作原理一样，只是用名称来代替有限编号，名称能直观表达出访问控制列表的功能；另外，命名IP访问控制列表可以直接对列表中的语句进行修改，而标准、扩展IP访问控制列表要修改则只有删除整个列表重新创建。

4. 基于时间的IP访问控制列表：它可以为一天中的不同时间段、一个星期中的不同日期，或者两者结合制订不同的访问控制策略，从而满足用户对网络的灵活需求。

例如，在高校中，常用基于时间的 IP 访问控制列表来控制同学们的上网时间（如星期五 18：00 至星期日 18：00），以保证同学们的正常学习。

## 四、ACL 的工作过程和特点

当路由器的接口接收到一个数据包时，首先会检查访问控制列表，如果控制列表中有拒绝操作，则被拒绝的数据包将会被丢弃，允许的数据包则进入路由选择状态，对进入路由选择状态的数据再根据路由器的路由表执行路由选择。如果路由表中没有到达目标网络的路由，那么相应的数据包就会被丢弃。如果路由表中存在到达目标网络的路由，则数据包被送到相应的网络接口。访问控制列表的特点主要有：

1. ACL 应用在路由器的接口上，每个接口有两个方向，一个是进入（IN）方向，一个是输出（OUT）方向，每个方向只能应用一个 ACL。当数据包进入路由器时，应用在接口上的 IN 方向的 ACL 起作用；当数据包离开路由器时，应用在接口上的 OUT 方向的 ACL 起作用。

2. ACL 是判断语句，包括两种结果（即执行两个动作），一个是拒绝（Deny），一个是允许（Permit）。

3. ACL 按照由上而下的顺序对列表中的语句进行处理，如果没有找到匹配规则的语名就一直向下查找，一旦找到匹配的语句就不再继续向下执行。

4. 每个 ACL 结尾都包含一个隐含的“拒绝所有数据包（Deny Any）”的语句，如果数据包不匹配 ACL 中的任何语句，最后将被拒绝。

### 实 例

**实例一：**

标准 IP 访问控制列表配置

1. 配置命令。

（1）标准访问表的基本格式为：

access-list [list number] [permit | deny] [sourceaddress] [wildcard-mask] [log]

下面是对这些参数的解释：

list number：表号范围，标准 IP 访问表的表号标识是从 1 到 99。

permit/deny：允许或拒绝，关键字 permit 和 deny 用来表示满足访问表项的报文是允许通过接口，还是要过滤掉。permit 表示允许报文通过接口，而 deny 表示匹配标准 IP 访问表源地址的报文要被丢弃掉。

source address：源 IP 地址。

wildcardmask：通配符掩码。

log：日志记录，log 关键字只在 IOS 版本 11.3 中存在。如果该关键字用于访问表中，则对那些能够匹配访问表中的 permit 和 deny 语句的报文进行日志记录。

（2）应用访问控制列表的格式为：

ip access-group access-list-number in | out

在接口配置模式下，把某条访问控制列表应用在该表接口的输入/输出方向上，进入设备前 ACL 就起作用的设为 in，进入设备后 ACL 才起作用的设为 out。

2. 操作实例。如果发现服务器（IP：172.16.10.2/24）经常被内部的一台主机（IP：172.16.7.2）进行非法连接，现要求配置一个访问控制列表，要求这台主机不能访问服务器，但允许其他的主机访问。配置的步骤如下：

```
R1#config t
R1(config)#access-list 10 deny host 172.16.7.2
R1(config)#access-list 10 permit any
R1(config)#interface fa0/1
R1(config-if)#ip access-group 10 out
R1(config-if)#eixt
```

**实例二：**

## 扩展 IP 访问控制列表配置

1. 配置命令。扩展 IP 访问控制列表比标准 IP 访问控制列表具有更多的匹配项，包括协议类型、源地址、目的地址、源端口、目的端口、建立连接的和 IP 优先级等。扩展访问控制列表的格式如下：

access-list [access-list-number] [permit | deny] [protocol] [source address] [source-wildcard mask] [source port] [destination address] [destination-wildcard mask] [destination port] [log]

下面是对这些参数的解释：

access-list-number：访问控制列表的序列号，编号范围从 100 到 199。

permit | deny：允许或拒绝。

protocol：协议，或者协议号，用于定义需要进行处理的协议类型，如 IP、TCP、UDP、ICMP、EIGRP 等；当协议指定为 TCP 或 UDP 时，可以指定过滤的源端口和目的端口，指定的端口可以是一个，也可以是多个。端口的表达式运算符主要有：eq（等于），gt（大于），lt（小于），neq（不等于），range（端口范围）。例如，指定 ftp 端口，可以表示为 eq ftp 或者 eq 21。

source address：源 IP 地址。

source-wildcard mask：源 IP 地址通配符掩码。

source port：源端口。

destination address：目的 IP 地址。

destination-wildcard mask：目的 IP 地址通配符掩码。

destination port：目的端口。

2. 操作实例。假设一个公司的网络拓扑图如图 6－20 所示，要求配置列表：

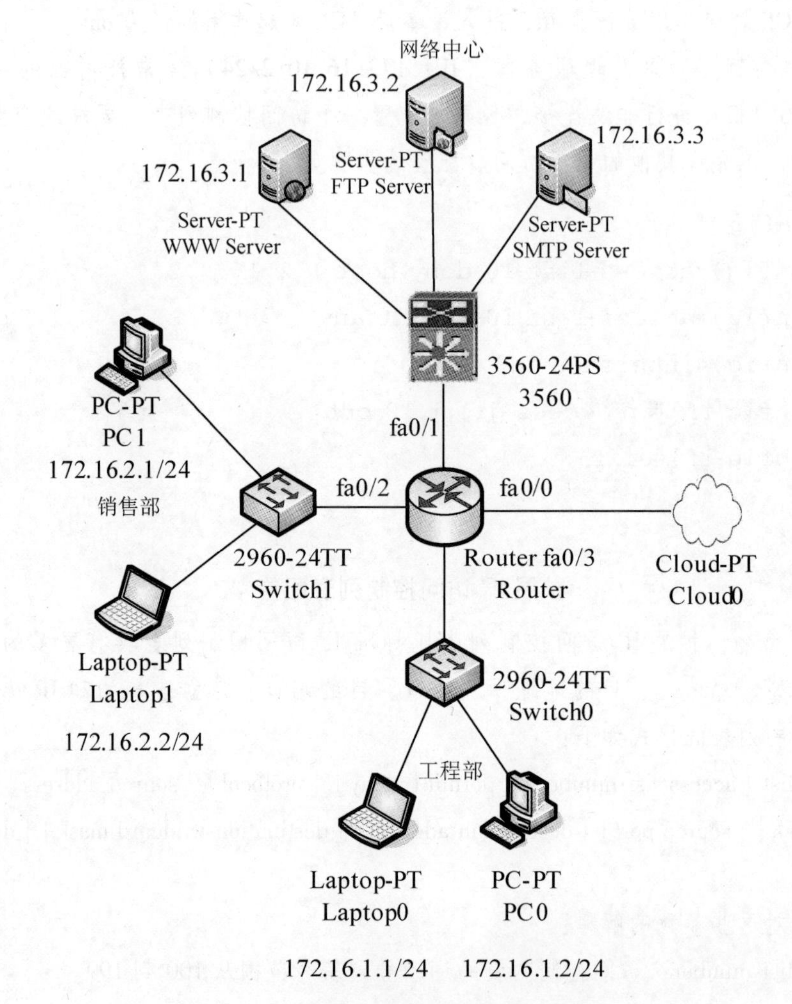


**图 6－20　扩展 IP 访问控制列表配置拓扑图**

（1）允许销售部的所有主机可以访问 Internet 的四个服务（www、ftp、smtp、pop3），工程部的所有主机不能访问 Internet。

```
R0(config)#access-list 101 permit tcp 172.16.2.0 0.0.0.255 any eq www
R0(config)# access-list 101 permit tcp 172.16.2.0 0.0.0.255 any eq ftp
R0(config)# access-list 101 permit tcp 172.16.2.0 0.0.0.255 any eq smtp
```

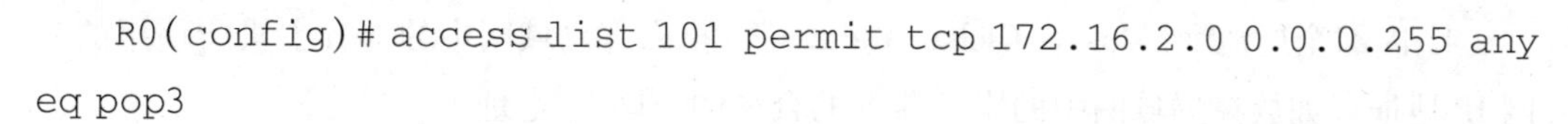

```
R0(config)# access-list 101 permit tcp 172.16.2.0 0.0.0.255 any eq pop3
R0(config)# access-list 101 deny ip 172.16.1.0 0.0.0.255 any
R0(config)#interface fa0/0
R0(config)#ip access-group 101 out
```

（2）允许内网中的所有计算机可以访问网络中心提供的服务。

```
R0(config)#access-list 102 permit tcp any host 172.16.3.1 eq www
R0(config)#access-list 102 permit tcp any host 172.16.3.2 eq ftp
R0(config)#access-list 102 permit tcp any host 172.16.3.3 eq smtp
R0(config)#access-list 102 deny ip any any
R0(config)#interface fa0/1
R0(config-if)#ip access-group 102 out
R0(config-if)#exit
```

# 任务五 了解网络地址转换——NAT

## 一、NAT 概述

最早出现的网络地址转换（Network Address Translation，NAT）技术是用来解决互联网 IP 地址耗尽的问题的。随着网络技术的发展以及安全需求的提升，NAT 逐渐演变为隔离内外网络、保障网络安全的基本手段，而且采用这种技术，无须额外投资，单纯利用现有网络设备即可轻松达到安全配置网络的目的。

NAT 是用于将一个地址转换为另一个地址的技术，它可以将私有地址转换成通过 Internet 上注册的合法地址并接入 Internet。其实质是 NAT 将 IP 分组报头中的目的地址、源地址替换成为管理员分配的不同地址，这个操作过程由专门的 NAT 软件或硬件设备来完成。通过网络地址的转换可实现内网和外网的隔离，提高内部网络的安全性。

## 二、NAT 的相关术语

1. 内部网络（Inside）：指内部的局域网络，它与边界路由器上被定义为 Inside 的网络接口相连。

2. 外部网络（Outside）：指除内部网络之外的所有网络，通常指因特网，它与边界路由器上被定义为 Outside 的网络接口相连。

3. 内部本地地址（Inside Local Address）：指内部局域网中主机所使用的 IP 地址，这些地址通常为私有地址。

4. 内部全局地址（Inside Global Address）：指内部局域网中的部分主机所使用的公网 IP 地址。如放在局域网中的服务器上的合法的公网 IP 地址。

5. 外部本地地址（Outside Local Address）：外部网络中的主机所使用的 IP 地址，这些 IP 地址不一定是公网地址。

6. 外部全局地址（Outside Global Address）：外部网络中的主机所使用的 IP 地址，这些 IP 地址是全局可路由的合法的公网 IP 地址。

7. 地址池（Address Pool）：指可用来供 NAT 转换使用的多个合法的公网 IP 地址。

## 三、NAT 的分类

网络地址转换分为静态地址转换、动态地址转换、网络地址端口转换三种类型。

1. 静态地址转换。是指将内部网络的私有 IP 地址转换为公有 IP 地址，IP 地址对是一对一、一成不变的，某个私有 IP 地址只转换为某个公有 IP 地址。借助于静态转换，可以实现外部网络对内部网络中某些特定设备（如服务器）的访问。

2. 动态地址转换。是指将内部网络的私有 IP 地址转换为公用 IP 地址时，IP 地址是不确定的、随机的，所有被授权访问上 Internet 的私有 IP 地址可随机转换为任何指定的合法 IP 地址。也就是说，只要指定哪些内部地址可以进行转换，以及用哪些合法地址作为外部地址时，就可以进行动态转换。动态转换可以使用多个合法外部地址集。当 ISP 提供的合法 IP 地址略少于网络内部的计算机数量时，可以采用动态转换的方式。

3. 端口多路复用（Port address Translation，PAT）。端口多路复用是指改变外出数据包的源端口并进行端口转换，即端口地址转换（Port Address Translation，PAT）。它采用端口多路复用的方式。内部网络的所有主机均可共享一个合法外部 IP 地址实现对 Internet 的访问，从而可以最大限度地节约 IP 地址资源。同时，又可隐藏网络内部的所有主机，有效避免来自 Internet 的攻击。因此，目前网络中应用最多的就是端口多路复用方式。

## 实 例

**实例一：**

### 静态地址转换

1. 基本配置命令。

（1）配置 IP 地址映射关系。

Router（config）#ip nat inside source static local-ip global-ip [extendable]

各参数解释如下：

inside source：表示从 inside 口进入的流量将源地址（source）进行静态转换。

local-ip：内部 IP 地址。

global-ip：外部 IP 地址。

extendable：（可选）表示允许同一个内部地址映射到多个外部地址。

例如：配置将内部服务器 192.168.1.100 映射到路由器的公有 IP 地址 202.106.123.1 上。

Router（config）#ip nat inside source static 192.1681.100 202.106.123.1

（2）配置端口映射关系。将内网中的私有地址（或私网地址的某一个端口）与指定的公网地址（或公网地址的某一个端口）建立一对一的映射关系。

Router（config）# ip nat inside soure static tcp | udp local-ip port global-ip port

各参数解释如下：

inside source：表示从 inside 口进入的流量将源地址（source）进行静态转换。

local-ip UDP/TCP-port：内部 IP 地址和端口号。

global-ip UDP/TCP-port：外部 IP 地址和端口号。

extendable：（可选）表示允许同一个内部地址映射到多个外部地址。

例如：将内部 web 服务器 192.168.2.200 的 8080 端口映射到外部 202.106.123.2 的 80 端口上。

Router（config）#ip nat inside source static tcp 192.168.1.100　8080　202.106.123.1　80

（3）配置接口类型。

Router（config-if）# ip nat outside | inside

（4）显示 NAT 转换表。

Router #show ip nat translations

（5）显示 NAT 统计信息。

Router #show ip nat statistics

（6）清除 NAT 转换表。

Router #clear ip nat translations

（7）清除 NAT 统计表。

Router #clear ip nat statistics

2. 配置步骤。

（1）设置外部接口的 IP，命令如下：

```
R0(config)#interface fa0/0
R0(config-if)#ip address 222.43.18.18 255.255.255.0
R0(config-if)#no shutdown
```

（2）设置内部接口的 IP，命令如下：

```
R0(config)#interface fa0/1
R0(config-if)#ip address 172.16.1.254 255.255.255.0
R0(config-if)#no shutdown
```

（3）实现 NAT 转换，命令如下：

```
R0(config)#ip nat inside soure static 172.16.1.1 222.43.18.19
R0(config)#ip nat inside soure static 172.16.1.2 222.43.18.20
R0(config)#ip nat inside soure static 172.16.1.3 222.43.18.21
```

（4）在外部和内接口上启用 NAT，命令如下：

```
R0(config)#interface fa0/0
R0(config-if)#ip nat outside
R0(config)#interface fa0/1
R0(config-if)#ip nat inside
```

**实例二：**

动态地址转换

1. 基本命令。在配置动态的 NAT 时，需要创建允许访问外网的内部地址池和需要映射的外部地址池，内部 IP 地址数不可以大于外部 IP 地址数。

（1）创建内部允许访问外网的地址池，这里我们可以结合任务四所学的 ACL。

例如：使用 ACL 定义一个允许访问外网的网段。

Router（config）#access-list 1 permit 192. 168. 10. 0 0. 0. 0. 255

（2）定义外部地址池的语法如下：

```
Router(config)#ip nat pool pool-name start-ip end-ip {netmask netmask |prefix-length prefix-length} [type rotary]
```

各参数解释如下：

pool-name：放置外部地址的地址池名称。

start-ip/end-ip：地址池内起始和终止 IP 地址。

netmask netmask：子网掩码，以点分十进制数表示。

prefix-length prefix-length：子网掩码中 1 的数量（例如：prefix-length 24 等同于 netmask 255. 255. 255. 0）。

type rotary：（可选）地址池的地址为循环使用。

例如：创建一个外部地址池。

```
Router(config)# ip nat pool test 61.159.62.131 61.159.62.190 netmask 255.255.255.192
```

（3）将创建好的内部地址池和外部地址池进行地址转换，语法如下：

```
Router(config)#ip nat inside source list access-list-number pool
```

```
pool-name [overload]
```

各参数解释如下：

access-list-number：访问控制列表编号。

pool-name：地址池名称。

overload：（可选）表示使用地址复用。

例如：将上面创建好的内部地址池和外部地址池进行地址转换。

Router （config） #ip nat inside source list 1 pool test

2. 配置步骤。某公司购买了五个公网 IP 地址，分别为 222. 43. 18. 18 ~ 222. 43. 18. 22。其中，222. 43. 18. 18 作为路由器的外部接口，222. 43. 18. 19 ~ 222. 43. 18. 22 为办公室电脑提供上网，如图 6 – 21 所示，具体配置步骤如下：

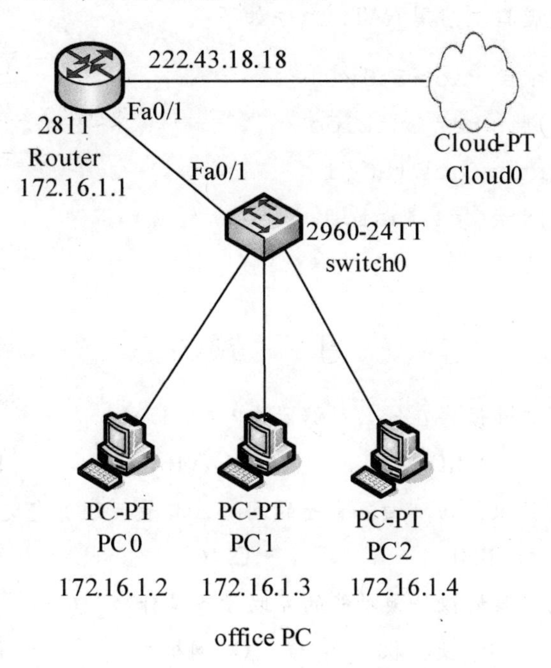


**图 6 – 21 NAT 动态地址转换网络拓扑图**

（1）设置外部接口的 IP，命令如下：

```
Router(config)# interface fa0/0
Router(config-if)# ip address 222.43.18.18 255.255.255.0
Router(config-if)#no shutdown
```

（2）设置内部接口的 IP，命令如下：

```
Router(config)#interface f0/1
Router(config-if)# ip address 172.16.1.254 255.255.255.0
Router(config-if)#no shutdown
```

(3) 定义内部网络中允许外部网络的访问控制列表（访问控制列表为标准访问控制列表1~99），命令如下：

```
Router(config)#access-list 1 permit 172.16.1.0 0.0.0.255
```

(4) 定义合法的IP地址池，命令如下：

```
Router(config)#ip nat pool office 222.43.18.19 222.43.18.22
netmask 255.255.255.0
```

(5) 实现网络地址转换，命令如下：

```
Router(config)#ip nat inside source list 1 pool office
```

(6) 在外部和内接口上启用NAT，命令如下：

```
R0(config)#interface fa0/0
R0(config-if)#ip nat outside
R0(config)#interface fa0/1
R0(config-if)#ip nat inside
```

## 习　题

1. 路由器的配置文件保存在什么存储器中？(　　)

A. RAM　　B. ROM　　C. NVRAM　　D. FLASH

2. 对于RIP路由协议，与路由器直连的网络，其最大距离定义为多少？(　　)

A. 1　　B. 0　　C. 16　　D. 15

3. 能实现不同网络层协议转换功能的互联设备是什么？(　　)

A. 路由器　　B. 交换机　　C. 网桥　　D. 集线器

4. 路由协议中的管理距离指的是路由的什么？(　　)

A. 线路的好坏　　B. 路由信息的等级

C. 传输距离的远近　　D. 可信度的等级

5. 默认路由是指什么？(　　)(选择两项)

A. 一种静态路由　　B. 最后求助的网关

C. 一种动态路由　　D. 所有非路由数据包在此进行转发

6. 当RIP向相邻的路由器发送更新时，使用的更新计时的时间值是多少？(　　)

A. 25　　B. 30　　C. 20　　D. 15

7. 下列哪一个是距离矢量路由协议？(　　)

A. RIP　　B. IGRP和EIGRP　　C. OSPF　　D. IS-IS

8. 下列哪一个是链路状态路由协议?( )

A. RIP B. OSPF C. IGRP 和 EIGRP D. IS-IS

9. 在路由表中, IP 地址 0.0.0.0 代表什么?( )

A. 静态路由 B. 动态路由 C. RIP 路由 D. 默认路由

10. 如果需要将一个新的办公子网加入到原来的网络中, 需要手动配置静态路由, 应使用什么命令?( )

A. sh ip route B. sh route C. route ip D. ip route

11. 执行路由器的 ip route 命令必须进入的工作模式是( )。

A. 用户模式 B. 特权模式

C. 路由协议配置模式 D. 全局配置模式

12. 下列哪个命令提示符属于接口配置模式?( )

A. router (config) # B. router (config-if) #

C. router# (config) D. router (config-vlan) #

13. 要根据数据包的目的地址来过滤数据时, 应采用( ) 作为 ACL 标识号。

A. 1 ~ 99 B. 100 ~ 199 C. 800 ~ 899 D. 1000 ~ 1099

14. 当使用下列命令配置了路由器后, 将有多少地址可用于进行动态 NAT 转换?( )

R0 (config) #ip nat pool TAME 209.165.201.23 209.165.201.30 netmask 255.255.255.224

R0 (config) #ip nat inside source list 9 pool TAME

A. 7 B. 8 C. 9 D. 10

15. 简述几种常见的路由器接口。

16. 简述路由协议及路由表的基本概念。

17. 简述路由器的配置方式分类及要求。

18. 简述在命令行状态下路由器的几种工作模式及主要功能。

19. 简述路由器的基本配置内容和主要步骤。

20. 简述 RIP 路由协议的特点及工作原理。

项目七

# Internet的接入与应用

广域网通常使用电信运营商建立和经营的网络，它的地理位置范围大，可以跨越国界到达世界上的任何地方。电信运营商将其网络分次（拨号线路）或分块（租用专线）出租给用户以收取服务费用。个人计算机或局域网接入 Internet 时，必须通过广域网的转接。采用何种接入技术，很大程度上决定了局域网与外部网络进行通信的速度。本项目的主要目标是接入 Internet 以及使用各项 Internet 服务。

学习目标

1. 认识广域网的设备和常用技术。
2. 了解接入网的基本知识。
3. 能够合理地选择接入技术，并接入 Internet。
4. 学会使用各项 Internet 服务。

## 任务一　认识广域网

广域网主要是为了实现大范围内的远距离数据通信，因此广域网在网络特性和技术实现上与局域网存在明显的差异。广域网的设备主要是交换机和路由器，设备之间采用点到点线路连接。

### 一、广域网的设备

广域网中的设备多种多样。通常把放置在用户端的设备称为客户端设备（Customer Premise Equipment，CPE），又称为数据终端设备（Data Terminal Equipment，DTE）。DTE 是广域网中进行通信的终端系统，如路由器、终端或 PC。大多数 DTE 的数据传输能力有限，两个距离较远的 DTE 不能直接连接起来进行通信。所以，DTE 首先应使用铜缆或者光纤连接到最近服务提供商的中心局（Central Office，CO）设备，再接入广域网。从 DTE 到 CO 的这段线路称为本地环路。在 DTE 和 WAN 网络之间提供接口的设备称为数据电路终端设备（Data Circuit-terminal Equipment，DCE），如 WAN 交换机或调制解调器（Modem）。DCE 将来自 DTE 的用户数据转变为广域网设备可接受的形式，提供网络内的同步服务和交换服务。DTE 和 DCE 之间的接口要遵循物理层协议即物理层的接口标准，如 RS－232、X.21、V.24、V.35 和 HSSI 等。当通信线路为数字线路时，设备还需要一个信道服务单元（Channel Service Unit，CSU）和一个数据服务单元（Data Service Unit，DSU），这两个单元往往合并为同一个设备，内建于路由器的接口卡中。而当通信线路为模拟线路时，则需要使用调制解调器。图 7－1 所示的例子说明了 DTE 和 DCE 之间的关系。

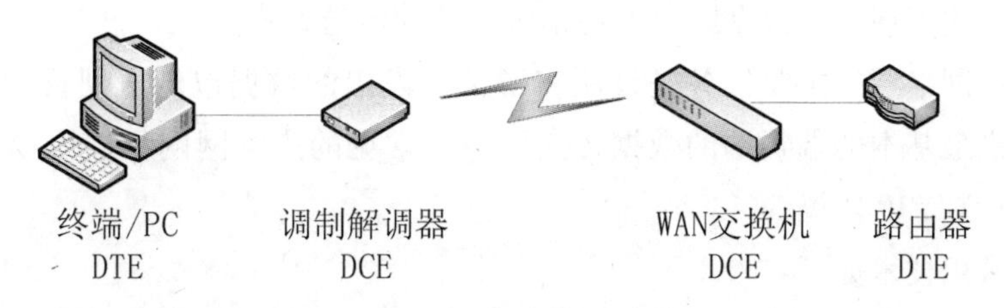


**图 7－1 DTE 和 DCE 示例**

常用的广域网设备包括：

1. 路由器：提供诸如局域网互联、广域网接口等多种服务，包括局域网和广域网的设备连接端口。

2. WAN 交换机：连接到广域网带宽上，进行语音、数据资料及视频通信。WAN 交换机是多端口的网络设备，通常进行帧中继、X.25 及交换百万位数据服务（SMDS）等流量的交换。WAN 交换机通常工作于 OSI 参考模型的数据链路层。

3. 调制解调器：包括针对各种语音级服务的不同接口，负责数字信号和模拟信号的转换。计算机在发送数据时，先由 Modem 把数字信号转换为相应的模拟信号，这个过程称为“调制”。经过调制的信号通过模拟通信线路传送到另一台计算机之前，也要经由接收方的 Modem 负责把模拟信号还原为计算机能识别的数字信号，这个过程称为“解调”。

4. 通信服务器：汇聚拨入和拨出的用户通信。

## 二、广域网技术

广域网能够提供路由器、交换机以及它们所支持的局域网之间的数据分组/帧交换。而且目前大部分广域网都采用存储—转发方式进行数据交换，也就是说，广域网是基于报文交换或分组交换技术的（传统的公用电话交换网除外）。OSI 参考模型的七层协议同样适用于广域网，但广域网只涉及低三层，即物理层、数据链路层和网络层。

物理层：物理层协议描述了如何为广域网的电气、机械、操作和功能的连接到通信服务提供商所提供的服务。广域网物理层描述了数据终端设备和数据电路终端设备之间的接口。广域网的物理层描述了连接方式，分为专用或专线连接、电路交换连接、包交换连接三种类型。广域网之间的连接无论采用何种连接方式，都是用同步或异步串行连接。还有许多物理层标准定义了 DTE 和 DCE 之间接口的控制规则，例如 RS-232、RS-449、X.21、V.24、V.35 等。

数据链路层：在每个广域网连接上，数据在通过广域网链路前都被封装到帧中。为了确保验证协议的使用，必须配置恰当的第二层封装类型。协议的选择主要取决于广域网的拓扑结构和通信设备。广域网数据链路层定义了传输到远程站点的数据的封装格式，并描述了在单一数据路径上各系统间的帧传送方式。

网络层：网络层的主要任务是设法将源节点发出的数据包传送到目的节点，从而向传输层提供最基本的端到端的数据传送服务。常见的广域网网络层协议有 CCITT 的 X.25 协议和 TCP/IP 协议等。

广域网常用技术如下：

（一）电路交换广域网

电路交换是广域网的一种交换方式，在每次会话过程中都需要建立、维持和终止一条专用的物理电路。公共电话交换网和综合业务数字网都属于典型的电路交换广域网。

1. 公共电话交换网。公共电话交换网（Public Switched Telephone Network，PSTN）是以电路交换技术为基础的用于传输和话音的网络。PSTN 概括起来主要由三部分组成：本地环路、干线和交换机。其中干线和交换机一般采用数字传输和交换技术，而本地环路（也称用户环路）即用户到最近的交换局或中心局这段线路，基本上采用模拟线路。由于 PSTN 的本地回路是模拟的，因此当两台计算机想通过 PSTN 传输数据时，中间必须经双方 Modem 实现计算机数字信号与模拟信号的相互转换。

2. 综合业务数字网。综合业务数字网（Integrated Services Digital Network，ISDN）是一个数字电话网络国际标准，是一种典型的电路交换网络系统。ISDN 通过普通的铜缆以更高的速率和质量传输话音和数据，除了可以用来打电话，还可以提供诸如可视电话、数据通信、会议电视等多种业务，从而将电话、传真、数据、图像等多种业务综合在一个统一的数字网络中进行传输和处理。

ISDN 的主要特点如下：

（1）综合的通信业务：利用一条用户线路，就可以在上网的同时拨打电话、收发传真，就像两条电话线一样。

（2）传输质量高：由于采用端到端的数字传输，传输质量明显提高。

（3）使用灵活方便：只需一个入网接口，使用一个统一的号码，就能从网络得到所需要使用的各种业务。用户在这个接口上可以连接多个不同种类的终端，而且有多个终端可以同时通信。

（4）网速率可达 128kbps。

（二）分组交换广域网

与电路交换相比，分组交换是针对计算机网络设计的交换技术，可以最大限度地利用带宽，目前大多数广域网是基于分组交换技术的。

1. X. 25 网络。X. 25 网络是第一个公共数据网络，是一种比较容易实现的分组交换服务，其数据分组包含 3 字节头部和 128 字节数据部分。X. 25 网络运行 10 年后，20 世纪 80 年代被无错误控制，无流控制，面向连接的帧中继网络所取代。20 世纪 90 年代以后，出现了面向连接的 ATM 网络。

2. 帧中继。帧中继（FrameRelay）是一种用于连接计算机系统的面向分组的通信方法，主要用于公共或专用网上的局域网互联以及广域网连接。大多数公共电信局都提供帧中继服务，把它作为建立高性能的虚拟广域连接的一种途径。

帧中继的主要特点如下：

（1）使用光纤作为传输介质，因此误码率极低，能实现近似无差错传输，减少了进行差错校验的开销，提高了网络的吞吐量。

（2）仅提供面向连接的虚电路服务。

（3）仅能检测到传输错误，而不试图纠正错误，而只是简单地将错误帧丢弃。

（4）是一种宽带分组交换，使用复用技术时，其传输速率可高达 44. 6Mbps。

（5）采用了基于变长帧的异步多路复用技术，帧中继主要用于数据传输，而不适合语音、视频或其他对时延时间敏感的信息传输。

3. ATM。异步传输模式（Asynchronous Transfer Mode，ATM）又叫信元中继，是在分组交换基础上发展起来的一种传输模式。ATM 是一种采用具有固定长度的分组（信元）的交换技术，每个信元长 53 字节，其中报头占 5 字节，主要完成寻址的功能。之所以称其为异步，是因为来自某一用户的、含有信息的各个信元不需要周期性出现，也就是不需要对发送方的信号按一定的步调（同步）进行发送，这是 ATM 区别于其他传输模式的一个基本特征。ATM 是一种面向连接的技术，信元通过特定的虚拟电路进行传输，虚拟电路是 ATM 网络的基本交换单元和逻辑通道。当发送端想要和接收端通信时，首先要向接收端发送要求建立连接的控制信号，接收端通过网络收到该控制信号并同意建立连接后，一个虚拟电路就会被建立，当数据传输完毕后还需要释放该连接。

ATM 技术的主要特点如下：

（1）ATM 是一种面向连接的技术，采用小的、固定长度的数据传输单元，时延小，实时性较好。

（2）各类信息均采用信元为单位进行传送，能够支持多媒体通信。

（3）采用时分多路复用方式动态地分配网络，网络传输时延小，适应实时通信的要求。

（4）没有链路对链路的纠错与流量控制，协议简单，数据交换率高。

（5）ATM 的数据传输率为 155Mbps～2.4Gbps。

4. MPLS。多协议标签交换（Multi-Protocol Label Switching，MPLS）是一种用于快速数据包交换和路由的体系，它为网络数据流量提供了目标、路由、转发和交换等能力。MPLS 独立于第二层和第三层协议，它提供了另一种方式，将 IP 地址映射为简单的具有固定长度的标签，用于不同的包转发和包交换技术。MPLS 是现有路由和交换协议的接口，如 IP、ATM、帧中继、资源预留协议（RSVP）、开放最短路径优先（OSPF）等。

（三）DDN

数字数据网（Digital Data Network，DDN）是一种利用数字信道提供数据通信的传输网，它主要提供点到点及点到多点的数字专线或专网。DDN 由数字通道、DDN 节点、网管系统和用户环路组成。DDN 的传输介质主要有光纤、数字微波、卫星信道等。DDN 采用了计算机管理的数字交叉连接技术，为用户提供半永久性连接电路，即 DDN 提供的信道是非交换、用户独占的永久虚电路。一旦用户提出申请，网络管理员便可以通过软件命令改变用户专线的路由或专网结构，而无须经过物理线路的改造扩建工程，因此 DDN 极易根据用户的需要，在约定的时间内接通所需带宽的线路。DDN 为用户提供的基本业务是点到点的专线。从用户角度来看，租用一条点到点的专线就是租用了一条高质量、高带宽的数字信道。

DDN 专线与电话专线的区别在于：电话专线是固定的物理连接，而且电话专线是模拟信道，带宽窄、质量差、数据传输率低；而 DDN 专线是半固定连接，其数据传输率和路由可随时根据需要申请改变。另外，DDN 专线是数字信道，其质量高、带宽宽，并且采用热冗余技术，具有路由故障自动迂回功能。

DDN 与分组交换网的区别在于：DDN 是一个全透明的网络，采用同步时分复用技术，不具备交换功能，利用 DDN 的主要方式是定期或不定期地租用专线，适合于需要频繁通信的 LAN 之间或主机之间的数据通信。DDN 网提供的数据传输率一般为 2Mbps，最高可达 45Mbps，甚至更高。

（四）SDH

同步数字系列（Synchronous Digital Hierarchy，SDH）是一种将复接、线路传输及交换功能融为一体并由统一网管系统操作的综合信息传送网络。它建立在 SONET（同步光网络）协议基础上，可实现网络有效管理、实时业务监控、动态网络维护、不同厂商设备间的互通等多项功能，能大大提高网络资源利用率、降低管理及维护费用、实现灵活可靠和高效的网络运行与维护。

SDH 传输系统在国际上有统一的帧结构、数字传输标准速率和标准的光路接口，使网管系统互通，因此有很好的横向兼容性，形成了全球统一的数字传输体制标准，提高了网络的可靠性。SDH 有多种网络拓扑结构，有传输和交换的性能，它的系列设备的构成能通过功能块的自由组合，实现不同层次和各种拓扑结构的网络，十分灵活。SDH 属于 OSI 模型的物理层，并未对高层有严格的限制，因此可在 SDH 上采用各种网络技术，支持 ATM 或 IP 传输。

由于以上所述的众多特性，SDH 在广域网和专用网领域得到了巨大的发展。各大电信运营商都已经大规模建设了基于 SDH 的骨干光传输网络，一些大型的专用网络也采用了 SDH 技术，架设系统内部的 SDH 光纤路，以承载各种业务。

## 任务二 了解 Internet 与 Internet 接入

### 一、Internet 基本概念

Internet 是全球性的计算机互联网。Internet 具有这样的能力：它将各种各样的网络连接在一起，而不论网络规模的大小、主机数量的多少、地理位置的异同。通过网络互联，就可以把网络的资源组合起来。Internet 也是一个面向公众的社会性组织，世界各地数以百万计的人们可以通过 Internet 进行信息交流和资源共享。

Internet 是多个网络互连而成的网络集合。从网络技术的观点来看，Internet 是一个以 TCP/IP（传输控制协议/网际协议）连接世界范围内计算机网络的数据通信网。从信息资源的观点来看，Internet 集各个领域和各个学科的各种信息资源为一体，是一个开放的数据资源网。

#### （一）Internet 分层

Internet 的结构大致分为五层：

第一层为 NAP（互联网交换中心）层。为提高不同的 ISP 之间的互访速率，节约有限的骨干网络资源，NAP 在全国或某一地区内建立统一的一个或多个交换中心，为国内或本地区的各个网络的互通提供一个快速的交换通道。建立 NAP 的目的是实现 Internet 数据的高速交换。

第二层为全国性骨干网层。主要是一些大的 IP 运营商和电信运营公司所经营的全国性 IP 网络。这些运营商成为骨干网络的提供者。

第三层为区域网。类似于第二层，但其经营地域范围较小。

第四层为 ISP 层。ISP 是 Internet 网络的基本服务单位，与本地电话网、传输网有直接的联系，为信息源及信息提供者提供接入服务。

第五层为用户接入层。包括用户接入设备和用户终端。

#### （二）Internet 组成

Internet 主要是由通信线路、路由器、计算机设备与信息资源等部分组成的。

1. 通信线路。通信线路是 Internet 的基础设施，负责将 Internet 中的路由器与主机等连接起来，如光缆、铜缆、卫星、无线等。人们使用“带宽”与“传输速率”等术语来描述通信线路的数据传输能力。通信线路的最大传输速率与它的带宽成正比。通信线路的带宽越宽，它的传输速率也就越高。

2. 路由器。路由器是 Internet 中最为重要的设备，它实现了 Internet 中各种异构网络间的互连，并提供最佳路径选择、负载平衡和拥塞控制等功能。

当数据从一个网络传输到路由器时，它需要根据数据所要到达的目的地，通过路径选择算法为数据选择一条最佳的输出路径。如果路由器选择的输出路径比较拥挤，则由其负责管理数据传输的等待队列。当数据从源主机出发后，往往需要经过多个路由器的转发、经过多个网络才能到达目的主机。

3. 计算机设备。接入 Internet 的计算机设备可以是普通的 PC，也可以是巨型机等其他设备，是 Internet 不可缺少的设备。计算机设备分为服务器和客户机两大类，服务器是 Internet 服务和信息资源的提供者，有 WWW 服务器、电子邮件服务器、文件传输服务器、视频点播服务器等，它们为用户提供信息搜索、信息发布、信息交流、网上购物、电子商务、娱乐、电子邮件、文件传输等功能；客户机是 Internet 服务和信息资源的使用者。

4. 信息资源。在 Internet 中存在着很多类型的信息资源，如文本、图像、声音与视频等，并涉及社会生活的各个方面。通过 Internet，人们可以查找科技资料、获得商业信息、下载流行音乐、参与联机游戏或收看网上直播等。

## 二、Internet 接入网

作为承载 Internet 应用的通信网，宏观上可划分为接入网和核心网两大部分。接入网（Access Network，AN）又称为用户环路，是指核心网到用户终端之间的所有设备，主要用来完成用户接入核心网的任务。根据国际电联 G. 902 标准，接入网由业务结点接口（Service Node Interface，SNI）和相关用户网络接口（User to Network Interface，UNI）构成，具有传输、复用、交叉连接等功能，可以被看作是与业务和应用无关的传送网，同时可当做为传送电信业务提供所需承载能力的系统，如图 7－2 所示。

**图 7－2　核心网与用户接入网示意图**

接入网长度一般为几百米到几公里，因而被形象地称为“最后一公里”。由于核心网一般采用光纤结构，传输速度快，因此，接入网便成了整个网络系统的瓶颈。

Internet 接入网分为主干系统、配线系统和引入线三部分。其中主干系统为传统电缆和光缆；配线系统也可能是电缆或光缆，长度一般为几百米；而引入线通常为几米到几十米，多采用铜线。接入网的物理参考模型如图 7－3 所示。

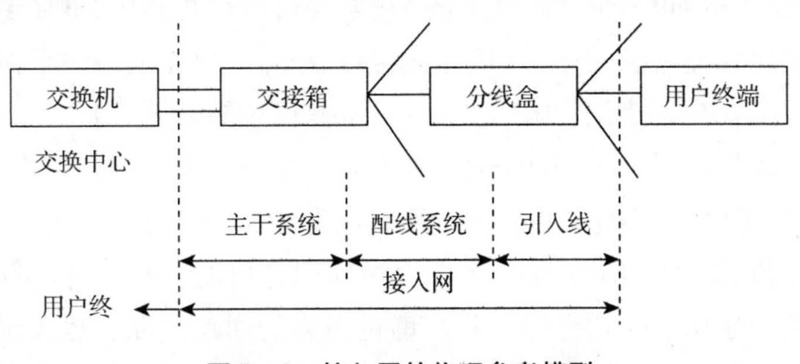


**图 7－3 接入网的物理参考模型**

## 三、ISP

ISP（Internet Service Provider，Internet 服务提供商）是指为用户提供 Internet 接入服务、为用户制定基于 Internet 的信息发布平台以及提供基于物理层技术支持的服务商，包括一般意义上所说的网络接入服务商（Internet Access Provider，IAP）、网络平台服务商（Internet Platform Provider，IPP）和目录服务提供商（Internet Directory Provider，IDP）。ISP 是用户接入 Internet 的服务代理和用户访问 Internet 的入口点，位于 Internet 的边缘，用户通过某种通信线路连接到 ISP，借助 ISP 与 Internet 的连接通道便可以接入 Internet，如图 7－4 所示。

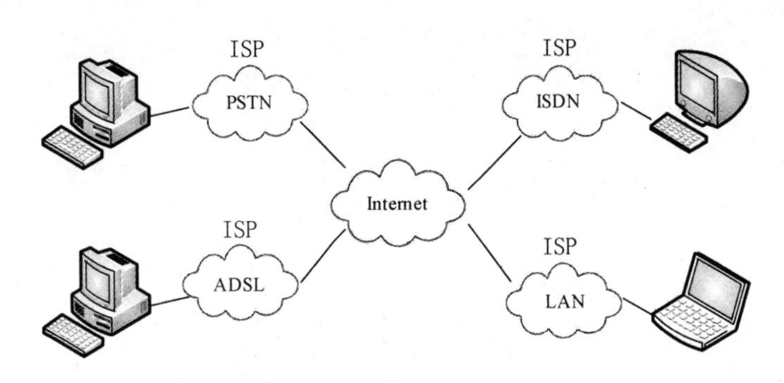


**图 7－4 通过 ISP 接入 Internet**

各国和各地区都有自己的 ISP，在我国具有国际出口线路的四大 Internet 运营机构（CHINANET、CHINAGBN、CERNET、CASNET）在全国各地都设置了自己的 ISP 机构，如 CHINANET 的 16900 服务等。CHINANET 是我国电信部门经营管理的基于 Internet 网络技术的中国公用 Internet 网，通过 CHINANET 的灵活接入方式和遍布全国各城市的接入点，可以方便地接入国际 Internet，享用 Internet 上的丰富资源和各种服务。CHI-

NANET 由核心层、区域层和接入层组成。核心层主要提供国内高速中继通道和连接接入层，同时负责与国际 Internet 的互联；接入层主要负责提供用户端口以及各种资源服务器。

ICP（Internet Content Provider，Internet 内容提供商）指利用 ISP 线路，通过设立的网站向广大用户综合提供信息业务和增值业务，允许用户在其域名范围内进行信息发布和信息查询，像新浪、搜狐、163、21CN 等都是国内知名的 ICP。

IDC（Internet Data Center，Internet 数据中心）是电信部门利用已有的 Internet 通信线路、带宽资源，建立标准化的电信专业级机房环境，为企业、政府提供服务器托管、租用以及相关增值等方面的全方位服务。通过使用电信的 IDC 服务器托管业务，企业或政府单位无须再建立自己的专门机房、铺设昂贵的通信线路，也无须高薪聘请网络工程师，即可自己解决使用 Internet 的许多专业需求。IDC 主机托管主要的应用范围是网站发布、虚拟主机和电子商务等。

### 四、Internet 的接入

针对不同的用户需求和不同的网络环境，目前有多种接入技术可供选择。按照网络传输介质的不同，可以将接入网分为有线接入和无线接入两大类型。具体的分类如表 7-1 所示。

表 7-1 接入网类型

| | | |
|---|---|---|
| 有线接入 | 铜缆 | PSTN 拨号：56kbps |
| | | ISDN：单通道 64kbps，双通道 128kbps |
| | | ADSL：下行 256kbps~8Mbps，上行 1Mbps |
| | | VDSL：下行 12~52Mbps，上行 1~16Mbps |
| | 光纤 | Ethernet：10/100/1000Mbps，10Gbps |
| | | APON：对称 155Mbps，非对称 622Mbps |
| | | EPON：1Gbps |
| | 混合 | HFT（混合光纤同轴电缆）：下行 36Mbps，上行 10Mbps |
| | | PLC（电力线通信网络）：2~100Mbps |
| 无线接入 | 固定 | WLAN：2~56Mbps |
| | 激光 | FSO（自由空间光通信）：155Mbps~10Gbps |
| | 移动 | GPRS（无线分组数据系统）：171.2kbps |

从上表可以看出，不同的接入技术需要不同的设备，能提供不同的传输速度，用户应根据实际需求选择合适的接入技术。另外需要注意的是，电信运营商现有的宽带接入策略是在新建小区大力推行综合布线，采用以太网接入；而对旧住宅区及商业楼

宇中的分散用户可利用已有的铜缆电话线，提供 ADSL 或其他合适的 DSL 接入手段；对于用户集中的商业大楼，则采用综合数据接入设备或直接采用光纤传输设备。

用户能否有效地访问 Internet 与所选择的 ISP 直接相关，在选择 ISP 时应注意以下几个方面：

1. ISP 所在的位置。在选择 ISP 时，首先应考虑本地的 ISP，这样可以减少通信线路的费用，得到更可靠的通信线路。例如，通过电话线路接入 Internet，如果选择的是本地 ISP，费用按照本地话费计算，否则按长途计算。

2. ISP 的性能。

（1）可靠性：ISP 能否保证用户与 Internet 的顺利连接，在连接建立后能否保证连接不中断，能否提供可靠的域名服务器、电子邮件等服务。

（2）传输速率：ISP 能否与国家或国际 Internet 主干连接。

（3）出口带宽：ISP 的所有用户将分享 ISP 的 Internet 连接通道，如果 ISP 的出口带宽比较窄，可能成为用户访问 Internet 的瓶颈。

3. ISP 的服务质量。对 ISP 服务质量的衡量是多方面的，如所能提供的增值服务、技术支撑、服务经验和收费标准等。增值服务是指为用户提供上网以外的一些服务，如根据用户的需求定制安全策略、提供域名注册服务等。技术支持除了保证一天 24 小时的连续运营外，还涉及能否为客户提供咨询或软件升级等服务。ISP 的服务经验与其经营理念、服务历史及客户情况等有关。目前 ISP 常见的收费标准包括按传输的信息量收费、按与 ISP 建立连接的时间收费或按照包月、包年等形式收费。

实 例

## 了解本地各种 ISP 接入业务

1. 了解本地 ISP 提供的接入业务。了解本地区主要 ISP 的基本情况，通过 Internet 登录其网站或走访其业务厅，了解该 ISP 能提供哪些宽带业务，了解这些宽带业务的主要技术特点和资费标准，思考这些宽带业务分别适合于什么样的用户群。

2. 了解周围生活中所使用的接入技术。走访本地区采用不同接入技术接入 Internet 的家庭用户，了解其所使用的接入设备及相关费用，了解使用相应接入技术访问 Internet 时的速度和质量。

3. 了解本地局域网用户使用的接入业务。走访本地区采用不同接入技术接入 Internet 的局域网用户，了解其所使用的接入设备及相关费用，了解使用相应接入技术访问 Internet 时的速度和质量。

4. 了解周围生活中所连接的广域网。走访本地区采用不同接入技术接入 Internet 的广域网用户，了解其所使用的接入设备及相关费用，了解使用相应接入技术访问 Internet 时的速度和质量。

# 任务三 掌握 Internet 接入技术

## 一、通过 ADSL 接入 Internet

ADSL（Asymmetrical Digital Subscriber Line，非对称数字用户线路）是 xDSL（HDSL、SDSL、VDSL 和 RADSL）家庭中的一种宽带技术，是目前应用最广泛的一种宽带接入技术。它是利用现有的双绞电话铜线提供独享"非对称速率"的下行速率（从端局到用户）和上行速率（从用户到端局）的通信宽带。ADSL 上行速率达到 640Kbps ~ 1Mbps，下行速率达到 6Mbps ~ 8Mbps，有效传输距离在 3km ~ 5km 范围以内，从而克服了传统用户在"最后一公里"的瓶颈问题，实现了真正意义上的高速接入。

传统的电话系统使用的是铜线的低频部分（4kHz 以下频段），而 ADSL 采用 DMT（离散多音频）技术，将原先电话线路 0 ~ 1.1MHz 频段划分成 256 个频宽为 4.3kHz 的子频带。其中，4kHz 以下的频段仍用于传送 PSTN（传统电话业务），20kHz ~ 138kHz 的频段用来传送上行信号，138kHz ~ 1.1MHz 的频段用来传送下行信号。

ADSL2 +（G.992.5）标准在 ADSL2（G.992.3）的基础上进行了扩展，将工作频段频谱范围从 1.1MHz 扩展至 2.2MHz，相应的，最大子载波数目也由 256 个增加至 512 个；使用的频谱作了扩展，传输性能比 ADSL1/2 有明显提高（下行最大传输速率可达 25Mbps）。

下面以用户接收信号时的情况为例，介绍 ADSL 的工作过程（用户发送信号时的工作过程与之相反），如图 7 - 5 所示。

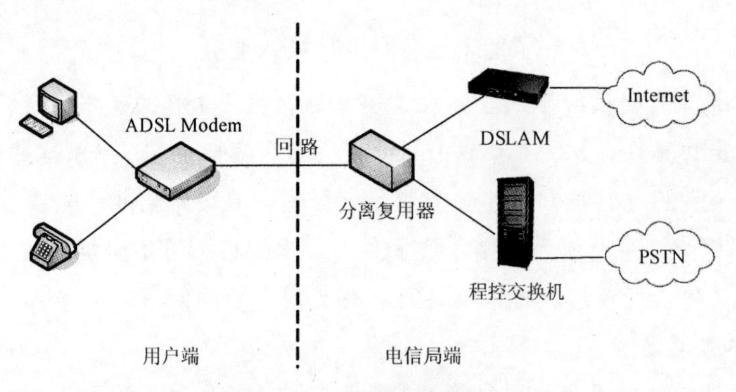


**图 7 - 5 ADSL 系统构成**

1. Internet 发送端用户的网络主机数据经光纤传输到电信局。

2. 电信局的访问多路复用器调制并编码用户数据，然后整合来自普通电话线路的语音信号。

3. 被整合后的语音和数据信号经普通电话线传输到 Internet 接收的网络用户端。

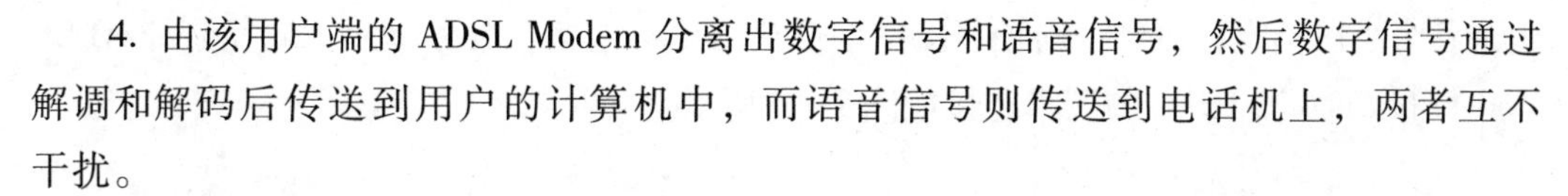

4. 由该用户端的 ADSL Modem 分离出数字信号和语音信号，然后数字信号通过解调和解码后传送到用户的计算机中，而语音信号则传送到电话机上，两者互不干扰。

ADSL 接入 Internet 具有如下特点：

1. 可直接利用现有用户电话线，节省投资。

2. 传输速率高。其下行速率为 2Mbps ~ 25Mbps，上行速率为 640kbps ~ 1Mbps。

3. 上网的同时可以打电话，互不影响。

4. 技术成熟，标准化程度高，安装、连接简单。

利用 ADSL 接入的方式主要有 PPPoA 虚拟拨号方式、PPPoE 虚拟拨号方式、专线方式和路由方式四种，每种方式支持的协议是不一样的。一般用户多采用 PPPoA、PPPoE 虚拟拨号方式，用户没有固定的 IP 地址，使用 ISP 分配的用户账户进行身份验证，而企业用户更多的选择静态 IP 地址的专线方式和路由方式。

1. PPPoE 协议（Point to Point Protocol over Ethernet，以太网的点到点连接协议）是为了满足越来越多的宽带上网设备和越来越快的网络之间的通信而制定开发的标准，是在以太网上建立 PPP 连接。由于以太网技术十分成熟且使用广泛，而 PPP 协议在传统的拨号上网应用中显示出良好的可扩展性和优良的管理控制机制，二者结合而成的 PPPoE 协议得到了宽带接入运营商的认可并广为采用。在实际应用中，PPPoE 利用以太网的工作机理，将 ADSL Modem 的 10Base-T 接口与内部以太网络互联，在 ADSL Modem 中采用 RFC 1483 的桥接封装方式对终端发出的 PPP 包进行 LLC/SNAP 封装后，通过连接两端的 PVC 在 ADSL Modem 与网络侧的宽带接入服务器之间建立连接，实现 PPP 的动态接入。PPPoE 接入利用在网络侧和 ADSL Modem 之间的一条 PVC 就可以完成以太网络上多用户的共同接入，组网方式简单、实用方便。

2. PPPoA 协议（Point to Point Protlcol over ATM，异步传输点到点协议）适用于与 ATM 网络连接，类似于专线接入方式，主要用于电信、邮政等通信领域。用户连接和配置 ADSL Modem 后，在自己的计算机网络里设置好相应的 TCP/IP 协议以及网络参数。开机后，用户端和局端会自动建立一条链路，无须拨号软件，只需输入相应的用户账户即可。

## 二、通过 Cable Modem 接入 Internet

为了提高上网速度，除了通过 xDSL 技术，还可以利用目前覆盖范围广、具有很高带宽的 CATV（有线电视）网络。HFC（Hybrid Fiber Coaxial，光纤同轴电缆混合网）是以现有的 CATV 网络为基础，综合应用模拟和数字传输技术、射频技术和计算机技术所产生的一种宽带接入技术。在 HFC 网络中，前端设备通过路由器与数据网相连，并通过局用数据端机与公用电话网（PSTN）相连。有线电视台的电视信号、公用电话网的语音信号和数据网的数据信号送入合路器形成混合信号后，由这里通过光缆线路送至各个小区结点，再经过同轴分配网络送至用户本地综合服务单元，或经光纤 ADSL Modem 接到各户。HFC 的逻辑连接如图 7－6 所示。

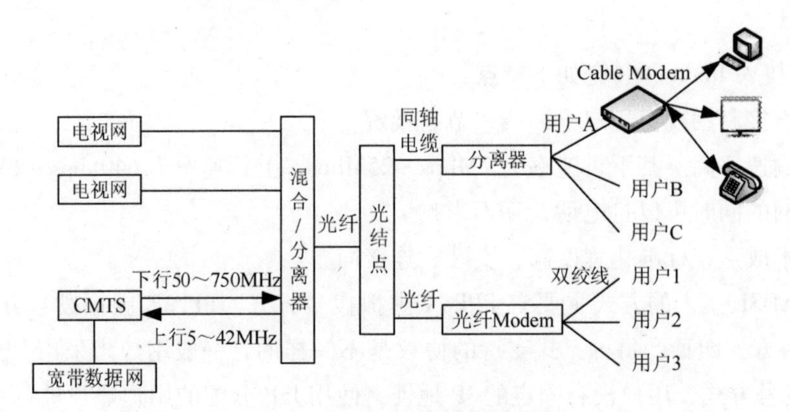


**图 7－6　HFC 的逻辑连接图**

Cable Modem（线缆调制解调器）是一种通过有线电视 HFC 网络实现 Internet 接入的设备，是面向计算机用户的终端，是连接有线电视同轴电缆与用户计算机的中间设备。Cable Modem 集 Modem、调谐器、加/解密设备、桥接器、网络接口卡、虚拟专网代理和以太网集线器等功能于一身，提供一个标准的以太网接口跟用户的 PC 或网络设备相连，让服务商的设备同用户的 Modem 之间建立了一个虚拟专用连接。

Cable Modem 根据传输方式的不同，可分为双向对称式传输和非对称式传输。对称式传输速度为 2Mbps～4Mbps，最高能达到 10Mbps；非对称式传输的下行速率为 30Mbps，上行速率为 500Kbps～2.56Mbps。根据与计算机的接口可分为外置式、内置式、通用串行总线 USB 和交互式机顶盒。

Cable Modem 接入 Internet 具有如下特点：

1. 不用拨号，不占用电话线，但需要有线电视电缆。
2. 始终在线连接，用户打开计算机即可与互联网连接。
3. 传输距离可达 100km 以上，连接稳定，连接速度高。
4. 采用总线型的网络结构，是一种宽带共享上网方式，具有一定的广播风暴风险。
5. 服务内容丰富，不仅可以连接互联网，而且可以直接连接到有线电视网，如在线电影、在线游戏、视频点播等。

### 三、通过光纤接入 Internet

光纤接入技术实际就是在接入网中全部或部分以光纤为传输介质，实现高速稳定的 Internet 接入。光纤由于容量大、保密性好、不怕干扰和雷击、重量轻等优点，使得光纤接入技术得到迅速发展和应用，已经成为接入网市场的热点。

目前主要有三种光纤接入网：FTTH（Fiber To The Home，光纤到户）、FTTB（Fiber To The Building，光纤到楼）、FTTC（Fiber To The Curb，光纤到路边/小区）。光纤网络传输的带宽在 2Mbps ~ 155Mbps 之间。

由于光纤接入成本较高，宽带网在骨干网络部分大多使用光纤进行传输，而最后都使用双绞线的以太网接入到 PC。光纤接入技术适用于已做好综合布线及系统集成的小区住宅与商务楼宇等，需要的主要网络设备包括交换机、集线器、超五类线等。由于原来的局域网技术相通，所有光纤以太网接入方式不需要重新布线。

使用光纤传输信息，一般在传送两端各使用一个光接收器，安装在交换机或路由器设备上，更多的交换机或路由器带光纤模块接口，发送方的光模块负责将数据转换为光信号，发送到光纤上，接收方的光模块负责接收光信号，并将光信号还原为数据。

光纤接入 Internet 具有如下特点：

1. 可靠性好、安全性高、扩展性强。

2. 网络结构简单，安装方便，可以和现有网络无缝连接。

3. 接入距离长、维护管理方便。

4. 可支持各种多媒体网络应用。

### 四、通过代理服务接入 Internet

一个局域网中的多台计算机需要同时接入 Internet，一般都要共享同一账号、同一线路、同一 IP 地址等，即共享上网。共享上网的方式主要有硬件和软件两种，硬件方式是指通过路由器实现共享，操作方便但需配置专门的接入设备；软件方式主要通过代理服务器和网关类软件实现共享。常用的软件有 SyGate、WinGate、CCProxy、HomeShare、WinProxy、SinforNAT、ISA 等。Windows 操作系统也内置了共享 Internet 工具“Internet 连接共享”。由于很多软件是免费的或系统自带的，并且可以对网络进行有效的管理和控制，因此利用软件实现共享得到广泛应用。

代理服务器（Proxy Server）是建立在 TCP/IP 协议应用层上的一种服务软件，是把局域网内的所有访问网络的需求统一提交给局域网出口的代理服务器，由代理服务器与 Internet 上的 ISP 设备互联，然后将信息传递给提出需求的设备。

使用代理服务器浏览 WWW 网络信息时，IE 浏览不是直接到 Web 服务器取回网页，而是向代理服务器发出请求，由代理服务器取回 IE 浏览器所需要的信息，再反馈给申请信息的计算机。代理服务器的工作过程如图 7－7 所示。

代理服务器具有以下功能：

1. 共享上网。代理服务器是局域网与外部网络连接的出口，起到网关的作用。

2. 作为防火墙。代理服务器是 Internet 链路级网关所提供的一种重要的安全功能。

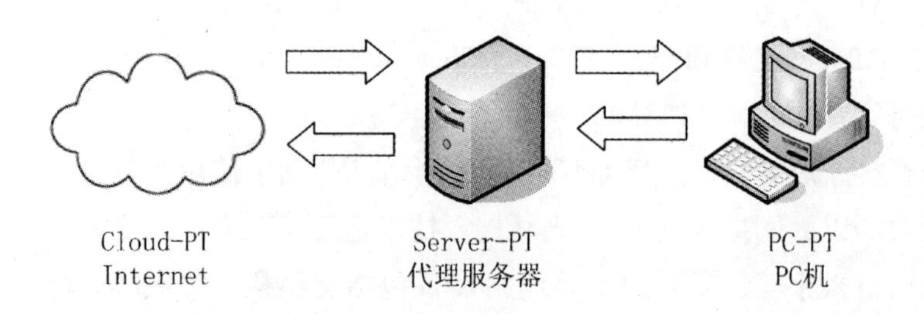


图7－7 代理服务器的工作过程

3. 提高访问速度。代理服务器将远程服务器提供的数据保存在自己的缓存中，可供多个用户共享，节约带宽，提高速率。

实 例

ADSL用户虚拟拨号接入Internet

1. 认识ADSL Modem和滤波分离器。ADSL Modem是用户端接入Internet的主要设备，根据接口可分为以太网RJ－45接口类型和USB接口类型，常用的是RJ－45接口类型。

ADSL Modem上有一些接口用来实现硬件的连接，如：

（1）DC-IN：电源接口，连接电源适配器。

（2）ETHERNET：以太网接口，连接计算机的网卡。

（3）LINE：ADSL接口，连接电话线。

ADSL Modem上还有一些状态指示灯，通过状态指示灯可以判断设备的工作情况：

（1）PWR：灯亮表示设备已通电。

（2）LAN：灯亮表示以太网链路正常，闪烁表示有数据传输，绿色表示当前数据传输速率为10Mbps，橙色表示当前数据传输速率为100Mbps。

（3）ACT：闪烁表示ADSL链路有数据流量。

（4）LINK：灯亮表示ADSL链路正常。

（5）ALM：灯亮表示ADSL链路故障。

滤波分离器是将ADSL电话线路中的高频信号和低频信号分离，使ADSL数据和语音能够同时传输，保证上网的同时能通电话，而且两者互不干扰。滤波分离器上会有三个电话线接口，一般有英文标注，连接前看清每个接口的作用和位置，以免连接错误。如果ADSL Modem上没带滤波分离器，则必须再配置一个独立的滤波分离器。

2. 硬件连接。将Modem的Line口连进户电话线（电信宽带入口），Phone口接电话机，用双绞线连接ADSL Modem（LAN口）和计算机网卡，如图7－8所示。打开ADSL Modem的电源，如果ADSL Modem上的LAN-Link指示灯亮，表明ADSL Modem与计算机硬件连接成功。

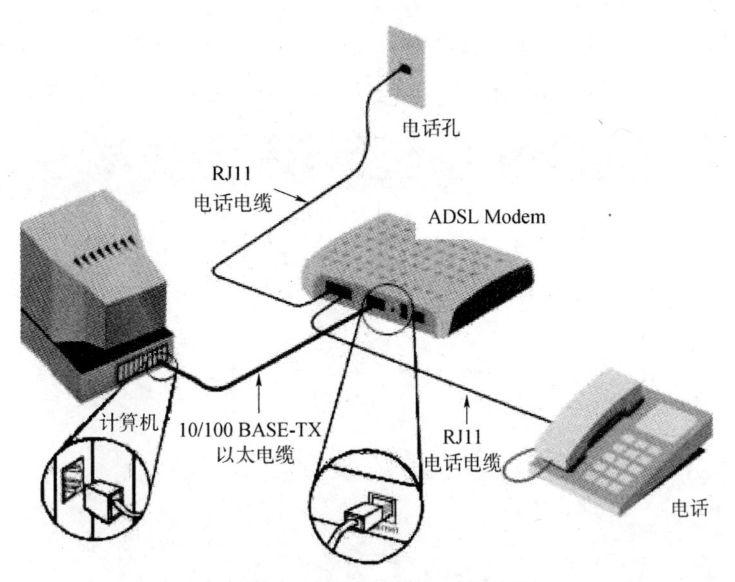


图 7－8　ADSL Modem 的硬件连接

3. 软件设置。在 Windows 7 系统中设置 ADSL 接入 Internet 的步骤如下：

（1）打开网络和共享中心，如图 7－9 所示。

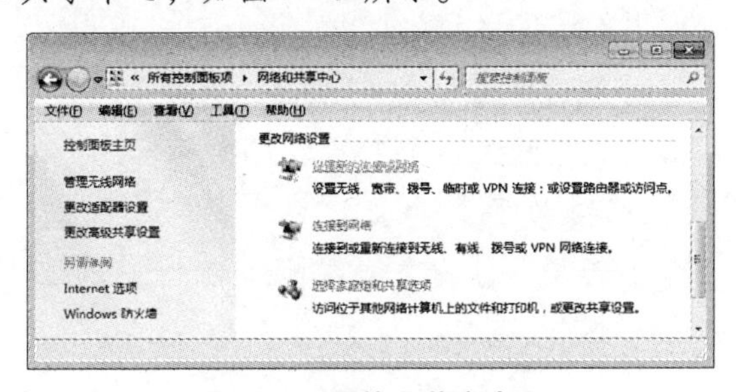


图 7－9　网络和共享中心

（2）选择“更改网络设置”—“设置新的连接或网络”选项，打开“设置连接或网络”对话框，如图 7－10 所示。

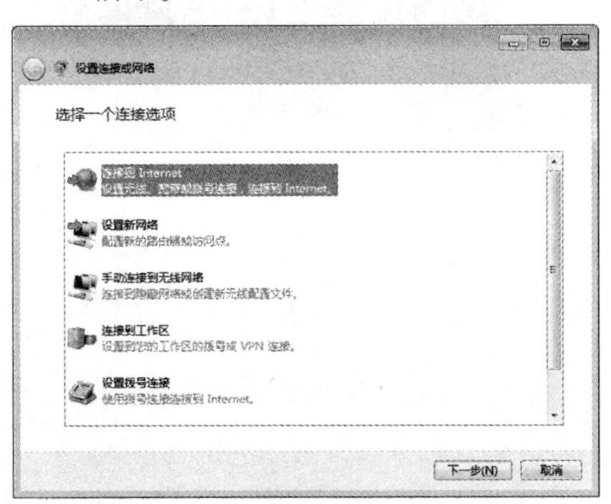


图 7－10　“设置连接或网络”对话框

(3) 选择“连接到 Internet”选项，单击“下一步”按钮。打开“连接到 Internet”对话框，如图 7-11 所示，输入用户名和密码，点击“连接”按钮，完成连接设置。

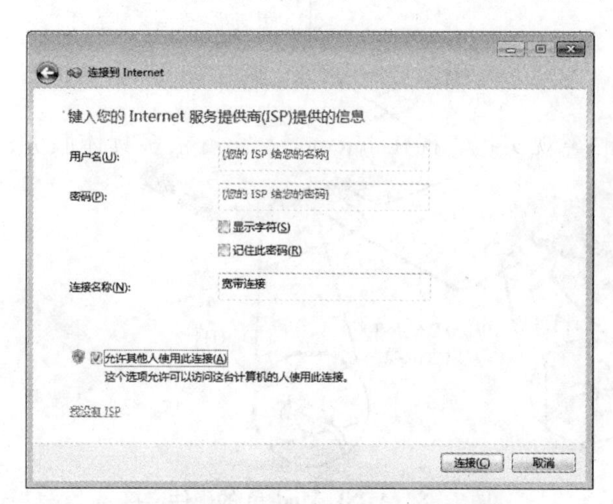


**图 7-11　“连接到 Internet”对话框**

(4) 至此，ADSL 虚拟拨号设置就完成了。Windows 7 系统并没有提供建立桌面快捷图标的选项，用户可以进入“网络和共享中心”，点击“更改适配器设置”，可以看到创建好的宽带连接，在“宽带连接”上右单击，选择“创建快捷方式”，在弹出的警告窗口上点击“是”按钮，桌面上多了个名为“宽带连接”的连接图标，此时屏幕右下角任务栏中出现计算机连接的图标。

(5) 双击桌面的“宽带连接”快捷方式图标，在如图 7-12 所示的窗口中，输入用户名和密码就可以通过 ADSL 上网了。

**图 7-12　“连接 ADSL”对话框**

# 任务四 认识 Internet 服务

Internet 是全世界依据 TCP/IP 连接起来的所有计算机及其各级网络的统称，是所谓“信息高速公路”的客观实物。现在 Internet 上已有很多具体服务，主要包括万维网（WWW）、文件传送（FTP）、电子邮件（E-mail）三大主功能群和电子公告牌（BBS）、远程登录（Telnet）等其他功能群。

## 一、WWW 服务

WWW 又称为万维网，简称为 Web，采用了客户/服务器模式。在 Web 中信息资源以 Web 页的形式存储在 WWW 服务器中，用户可以通过 WWW 客户端，浏览图、文、声并茂的 Web 页内容；通过 Web 页中的链接，用户可以方便地访问位于其他 WWW 服务器中的 Web 页，或是其他类型的网络信息资源，如图 7－13 所示。

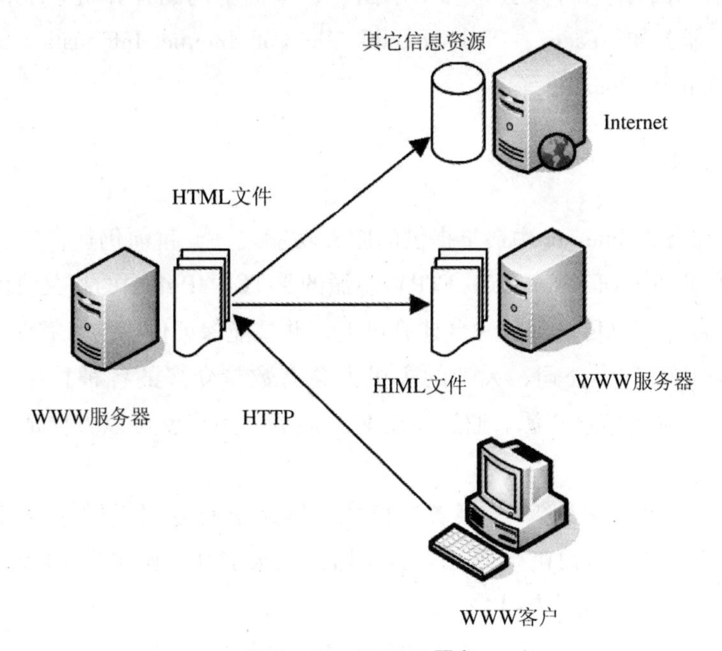


图 7－13 WWW 服务

### （一）HTTP 和 HTML

WWW 服务的核心技术是：超文本标记语言（HTML）和超文本传输协议（HTTP）。

1. 超文本传输协议（HTTP）。HTTP 是 WWW 客户机与 WWW 服务器之间的应用层传输协议。

2. 超文本标记语言（HTML）。WWW 服务器中所存储的页面是一种结构化的文档，采用 HTML 写成。HTML 利用不同的标签定义格式、引入链接和多媒体等内容。

（二）统一资源定位符（URL）

统一资源定位符（URL）用来标明 Web 中的资源路径。URL 由三部分组成：协议类型、主机名和路径及文件名。协议类型有 HTTP、FTP、Gopher、Telnet、File 等。

（三）WWW 浏览器

WWW 浏览器是用来浏览 Internet 上主页的客户软件。在 WWW 的客户机/服务器工作环境中，WWW 浏览器起着控制作用。WWW 浏览器的任务是使用一个 URL（Internet 地址）来获取一个 WWW 服务器上的 Web 文档，解释 HTML，并将文档内容以用户环境所许可的效果最大限度地显示出来。整个流程如下：

1. WWW 浏览器根据用户输入的 URL 连到相应的远端 WWW 服务器上。
2. 取得指定的 Web 文档。
3. 断开与远端 WWW 服务器的连接。

（四）WWW 服务器软件

目前，在世界各地有许多公司和学术团体，根据不同的计算机系统，开发出不同的 WWW 服务器，如 Apache、CERN httpd、Microsoft Internet Information Server、NCSA httpd、Plexus httpd、WebSite 等。

## 二、FTP 服务

文件传输服务是 Internet 中最早提供的服务功能之一，目前仍然在广泛使用中。文件传输协议（File Transfer Protocol，FTP）遵循的是 TCP/IP 组中的相关协议，它允许用户将文件从一台计算机传输到另一台计算机上，并且能保证传输的可靠性。

在 Internet 中，许多公司、大学的主机上含有数量众多的各种程序与文件，这是 Internet 巨大而宝贵的信息资源。通过使用 FTP 服务，用户就可以方便地访问这些信息资源。

FTP 服务工作模式采用客户/服务器模式，网络上有专门提供保存可下载文件的 FTP 服务器，用户使用客户机登录 FTP 服务器，如果成功，则可向 FTP 服务器发出命令。FTP 的工作模式，如图 7 - 14 所示。

Internet 上的 FTP 服务器提供匿名 FTP 服务与注册 FTP 服务。

（一）匿名 FTP 服务

其实质是提供服务的机构在它的 FTP 服务器上建立一个公共账户（一般名为 Anonymous），并赋予该账户访问公共目录的权限，以便提供免费服务。如果用户要访问这些提供匿名服务的 FTP 服务器，用户名为 Anonymous，用户密码为任意一个电子邮件地址即可。

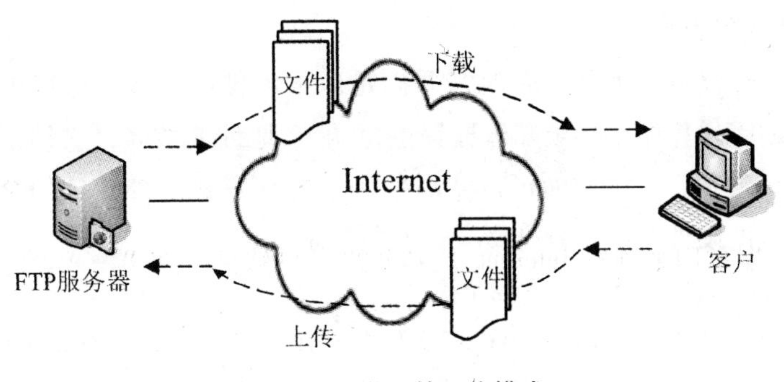


**图 7－14 FTP 的工作模式**

（二）注册 FTP 服务

即为非公开的 FTP 服务，用户在提供此服务的服务器上需有专用的用户账户。

## 三、远程登录

远程登录是指在网络通信协议 Telnet 的支持下，使用户的计算机通过 Internet 暂时成为远程计算机终端的过程。

Telnet 是常用的远程控制服务器的方法，为用户提供了在本地计算机上完成远程主机工作的能力。在终端使用者的计算机上使用 Telnet 程序，用它连接到服务器。终端使用者可以在程序中输入命令，这些命令会在服务器上运行，就像直接在服务器的控制台上输入一样。

（一）Telnet 协议

Telnet 是 TCP/IP 协议族中的一员，是 Internet 远程登录服务的标准协议。它提供了如下三种基本服务：

1. Telnet 定义一个网络虚拟终端为远程系统提供一个标准接口，客户机程序不必详细了解远程系统，它们只需构造使用标准接口的程序。

2. Telnet 包括一个允许客户机和服务器协商选项的机制，而且它还提供一组标准选项。

3. Telnet 对称处理连接的两端，即 Telnet 不强迫客户机从键盘输入，也不强迫客户机在屏幕上显示输出。

另外为了适应异构环境，Telnet 协议定义了数据和命令在 Internet 上的传输方式，此定义被称作网络虚拟终端 NVT（Net Virtual Terminal），它的应用过程如下：

1. 对于发送的数据：客户机软件把来自用户终端的按键和命令序列转换为 NVT 格式，并发送到服务器，服务器软件将收到的数据和命令从 NVT 格式转换为远程系统需要的格式。

2. 对于返回的数据：远程服务器将数据从远程机器的格式转换为 NVT 格式，而本地客户机将接收到的 NVT 格式数据再转换为本地的格式。

（二）Telnet 的工作过程

使用 Telnet 协议进行远程登录时需要满足以下条件：在本地计算机上必须装有包含 Telnet 协议的客户程序；必须知道远程主机的 IP 地址或域名；必须知道登录标识与口令。一经登录成功后，用户便可以实时使用远程计算机对外开放的全部资源。这些资源包括该主机的硬件资源、软件资源以及数据资源。

Telnet 远程登录服务分为以下四个过程：

1. 本地与远程主机建立连接。该过程实际上是建立一个 TCP 连接，用户必须知道远程主机的 IP 地址和域名，远程主机必须开设相应的服务和端口，Telnet 默认为 TCP 端口 23。

2. 将本地终端上输入的用户名和口令及以后输入的任何命令或字符以 NVT 格式传送到远程主机。该过程实际上是从本地主机向远程主机发送一个 IP 数据包。

3. 将远程主机输出的 NVT 格式的数据转化为本地所接收的格式送回本地终端，包括输入命令回显和命令执行结果。

4. 最后，本地终端对远程主机进行撤销连接。该过程是撤销一个 TCP 连接。

## 四、电子邮件

（一）电子邮件概念

电子邮件（Electronic Mail，E-mail），是 Internet 上使用最频繁、应用范围最广（无所不在）的一种服务。与其他 Internet 服务相比，电子邮件具有速度快、异步传输、广域性、费用低等优点。电子邮件系统不但可以传输各种格式的文本信息，而且还可以传输图像、声音、视频等多种信息。

Internet 电子邮件系统是一个采用简单邮件传输协议（Simple Mail Transfer Protocol，SMTP）发送邮件，并采用邮局协议的第三个版本（Post Office Protocol3，POP3）接收邮件的系统。SMTP 服务器是信件发送时，电子邮件客户程序（起草、发送、阅读和存储邮件的程序）所要连接的系统。它的任务是将待发送的邮件转移到一个 POP3 服务器上，该服务器将信息存储并转发给接收者。当用户接收 Internet 邮件时，需要通过电子邮件客户程序登录到 POP3 服务器上，并请求查看存放在邮箱中的信件。

当用户向 ISP 申请 Internet 账户时，ISP 就会在邮件服务器上建立该用户的电子邮件账户，它包括用户名（User Name）与用户密码（Password）。

（二）电子邮件服务的工作过程

如同邮政业务一样，如果发信的目的地与起始地不在相同的网络上，那么电子邮件会从一个网络传递到另一个网络上。完成电子邮件网络连接的是一台被称作“网关”的计算机。当然，在电子邮件的头部要写上收信人地址与发信人地址。

电子邮件系统采用“存储—转发”的工作方式，将用户要发送的邮件从电子信箱中转发到接收者的电子信箱中并存储起来。

电子邮件系统至少包含两个组成部分：一是用户前端的应用程序，称为电子邮件用户代理，它用来接收用户的输入，并且将电子邮件传递给电子邮件传递系统；另一个是运行在后台的应用程序，称为邮件传输代理，用来在邮件服务器之间交换电子邮件。

电子邮件服务器有接收电子邮件服务器（POP3）和发送电子邮件服务器（SMTP）。电子邮件服务基于 C/S 结构，其工作原理如图 7－15 所示。

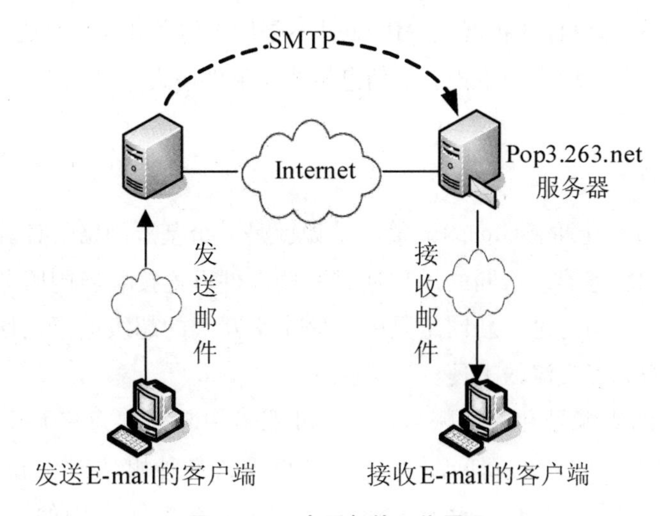


**图 7－15 电子邮件工作原理**

（三）电子邮件地址的结构

用户的电子邮件信箱地址为：用户名@电子邮件服务器地址。例如，huang@mail. sie. edu. cn 表示在 mail. sie. edu. cn 这台电子邮件服务器上有一个 huang 的用户。

在发信时必须要知道对方的地址，否则这封信将发不出去。

（四）电子邮件协议

电子邮件使用的相关协议主要有 SMTP、POP、IMAP、MIME。在电子邮件程序向邮件服务器中发送邮件时，使用的是简单邮件传输协议（SMTP）。在电子邮件程序从邮件服务器中读取邮件时，可以使用邮局协议（POP）或交互式邮件存取协议（IMAP），这取决于邮件服务器支持的协议类型。MIME 则用来支持多媒体信息。

1. SMTP：定义了递送邮件的机制。SMTP 服务器将邮件转发到接收者的 SMTP 服务器，直至最后被接收者通过 POP 或者 IMAP 协议获取。

2. POP：目前使用第三个版本，即 POP3。POP 定义了一种用户如何获得邮件的机制，它规定每个用户使用一个单独的邮箱。

3. IMAP：使用在接收信息的高级协议，目前版本为第四版，也称 IMAP4。在使用 IMAP 时，邮件服务器必须支持该协议，用户并不能完全使用 IMAP 来替代 POP，不能期待 IMAP 在任何地方都被支持。

IMAP 与 POP3 都是按 C/S 方式工作，但它们有很大的差别。POP3 服务器是具有存储转发功能的中间服务器，在邮件交付给用户之后，POP3 服务器就不再保存这些邮件；当客户程序打开 IMAP 服务器的邮箱时，用户就可以看到邮件的首部，如果用户需要打开某个邮件，则可以将该邮件传送到用户的计算机，在用户未发出删除邮件的命令前，IMAP 服务器邮箱中的邮件一直保存着。POP3 是在脱机状态下运行，而 IMAP 是在联机状态下运行。

4. MIME（多用途邮件的扩展）：MIME 并不是用于传送邮件的协议，它作为多用途邮件的扩展定义了邮件内容的格式，如信息格式、附件格式等。

## 五、新闻组

新闻组（Usenet 或 NewsGroup），简单地说就是一个基于网络的计算机组合，这些计算机被称为新闻服务器，不同的用户通过一些软件可连接到新闻服务器上，阅读其他人的消息并可以参与讨论。新闻组是一个完全交互式的超级电子论坛，是任何一个网络用户都能进行相互交流的工具。

在国外，新闻组账号和上网账号、E-mail 账号一起并称为三大账号，由此可见其使用的广泛程度。国内的新闻服务器数量很少，各种媒体对于新闻组介绍得也较少，用户大多局限在高校校园内。新闻组是一种高效而实用的工具，它具有如下优点：

1. 海量信息：据有关资料介绍，当前国外有新闻服务器 5000 多个，据说最大的新闻服务器包含 39000 多个新闻组，每个新闻组中又有上千个讨论主题，其信息量之大难以想象，就连 WWW 服务也难以相比。

2. 直接交互性：在新闻组上，每个人都可以自由发布自己的消息，不管是哪类问题、多大的问题，都可直接发布到新闻组上和成千上万的人进行讨论。这似乎和 BBS 差不多，但它与 BBS 相比有两大优势：一是可以发表带有附件的“帖子”（随着时代的发展，如今 BBS 也可以传附件了），传递各种格式的文件；二是新闻组可以离线浏览。但新闻组不提供 BBS 支持的即时聊天，也许这就是新闻组在国内使用不广的原因之一。

3. 全球互联性：全球绝大多数的新闻服务器都连接在一起，就像互联网本身一样。在某个新闻服务器上发表的消息会被送到与该新闻服务器相连接的其他服务器上，每一篇文章都可能漫游到世界各地。这是新闻组的最大优势，也是网络提供的其他服务项目所无法比拟的。

4. 主题鲜明：每个新闻组只要看它的命名就能清楚它的主题，所以我们在使用新闻组时其主题更加明确，往往能够一步到位，而且新闻组的数据传输速度与网页相比要快得多。

5. 不用实时在线：其实新闻组的功能和如今的综合性论坛差不多。但在很多年前，上网费用还很贵，上网费用往往以秒计费。如果长时间泡在论坛里将会支出高额的网费，所以那时候新闻组很流行。用 OUTLOOK EXPRESS 或 AGENT 等专业客户端，就可以不用实时在线发帖、读帖。注册登录某一个新闻组以后，可以下载它的组名列表，然后可以订阅用户喜欢的组。

**实例一：**

IE 的设置与常用操作

操作步骤：

1. 启动 IE。双击桌面上的 Internet Explorer 图标启动 IE8.0，出现图 7－16 所示的窗口。该窗口由标题栏、菜单栏、工具栏、地址栏、主窗口和状态栏等组成。

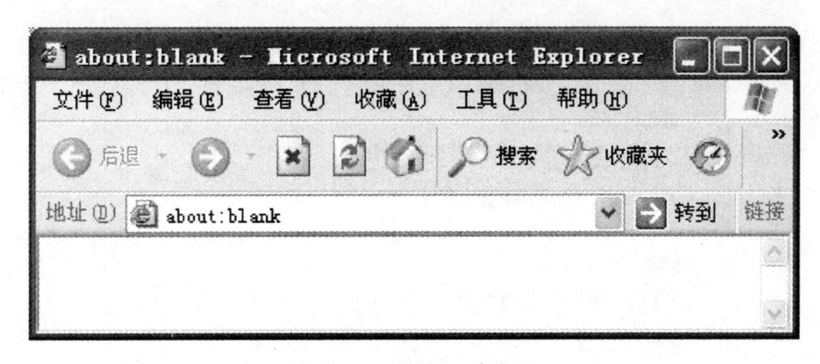


**图 7－16 IE8.0 的窗口**

（1）标题栏：标题栏左侧显示当前浏览页面的标题，右侧排列着“最小化”、“最大化”和“关闭”三个按钮。

（2）菜单栏：菜单栏中包含 IE8.0 的若干命令，有“文件”、“编辑”、“查看”、“收藏”、“工具”和“帮助”。单击某命令可出现相应的菜单。

（3）工具栏：工具栏提供 IE8.0 中使用频繁的功能按钮，利用这些工具可以快速执行 IE 8.0 的命令，如后退、前进、停止、刷新、主页、搜索、收藏和历史等。

（4）地址栏：地址栏用于输入 URL 地址。URL 由三个部分组成：协议（HTTP）、WWW 服务器的域名（如 www.163.com）和页面文件名。

（5）主窗口：主窗口用于浏览页面，右侧的滚动条可拖动页面，使其显示在主窗口中。

（6）状态栏：状态栏显示 IE8.0 链接时的一些动态信息，如页面下载的进度状态。

2. 浏览网站主页面。

（1）直接输入网址：在地址栏中直接输入想要访问的网页地址 URL。例如，若需要访问“网易”网站，则可在地址栏中输入“http：//www.163.com”，然后按“回车”键。

（2）利用地址栏下拉菜单：单击地址栏下拉菜单中相应的URL地址，可直接进入想要访问的网页。

3. 设置浏览器主页。

（1）浏览器主页是指每次启动IE8.0时默认访问的页面。如果希望在每次启动IE8.0时都进入某个页面，则可以把该页设为主页。具体操作如下：

在菜单中选择“工具”—“Internet选项”命令。

（2）在“常规”选项卡中的主页地址中输入“http：//www.hao123.com”后，单击“确定”按钮，如图7-17所示。

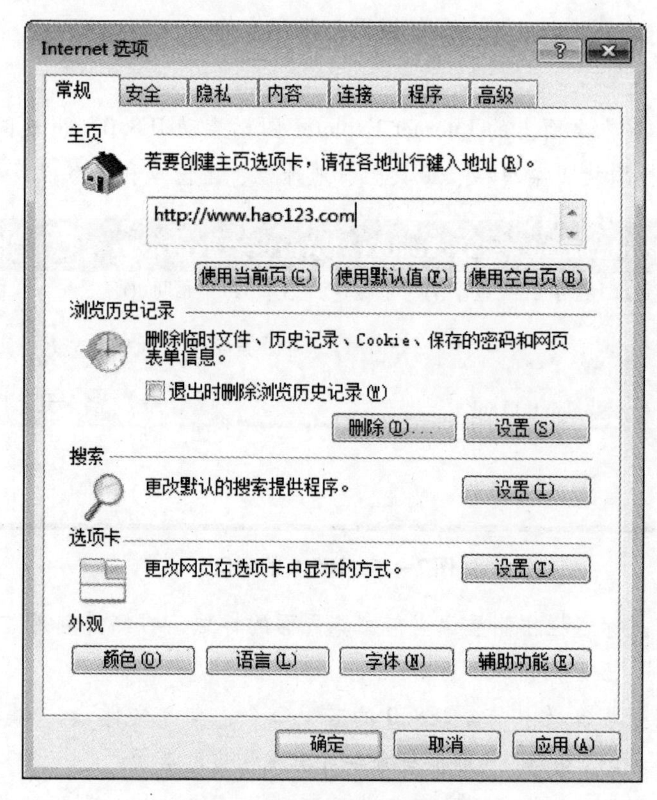


图7-17 设置浏览器主页

4. 浏览网页。浏览网页的方式通常有：

（1）使用超链接浏览网页。

（2）直接输入网页地址。

5. 浏览器工具栏的使用。使用浏览器工具栏可以使操作更快捷方便。

（1）使用“前进”和“后退”按钮在已浏览过的网页之间跳转。

（2）在访问某页面时，按“停止”按钮可以停止当前正在进行的操作。

（3）“刷新”按钮。该按钮的作用是重新下载正在访问的页面。

（4）“主页”按钮。该按钮的作用是立即访问设置好的浏览器主页面。

6. 使用收藏夹。利用收藏夹功能，可以将某个需要的页面地址保存下来，以便下次能方便地浏览。

（1）进入一个需要保存的网页。

（2）在菜单中选择“收藏”—“添加到收藏夹”命令。

（3）在“添加到收藏夹”对话框中输入页面命名。浏览器默认把当前网页的标题作为收藏夹名称，单击“确定”按钮。

（4）单击工具栏中的“收藏”按钮或菜单栏中的“收藏”命令。

（5）单击相应的名称项。打开收藏夹中收藏的网页。

7. 保存整个网页。当需要将整个网页的信息完整地保存下来，可以使用多种方法：

（1）在菜单中选择“文件”—“另存为”命令。

（2）选择相应的路径和文件名，单击“保存”按钮。

8. 保存页面中的部分信息。如果保存的内容为常规文字内容，则可按以下步骤进行：

（1）用鼠标选定要保存的常规文字内容。

（2）在菜单中选择“编辑”—“复制”命令，将选定的文字内容复制到 Windows 的剪贴板中。

（3）在 Windows 中的文字处理软件中，将复制的内容进行粘贴。

如果保存的内容为图片，则可按以下步骤进行：

（1）将鼠标移动到页面中希望保存的图片上。

（2）单击右键，在快捷菜单中选择“图片另存为…”命令。

（3）在“保存图片”对话框中，键入或选定文件名和保存位置。

9. 使用历史记录。用户在使用 IE8.0 浏览页面以后，这些页面信息都会被保存在 IE8.0 的“历史记录”文件夹中（系统默认的保存时间是 20 天），从而可以利用这一点来访问已访问过的页面。具体操作如下：

（1）单击 IE8.0 工具栏中的“历史”按钮，浏览器会分成两个部分，左边显示的是历史记录，右边显示的是页面内容。

（2）通过单击左边的历史记录项，可在右边快速访问相应页面。

**实例二：**

## 启动 Telnet 服务

Telnet 采用客户/服务器模式，因此其设置包括服务器设置和客户机设置。在默认情况下，Windows 系统中的 Telnet 服务是禁止的，因此如果想使用 Telnet 远程登录到另一台计算机，必须启动 Telnet 服务。在 Windows 7 系统中启动 Telnet 的步骤如下：

1. 单击“开始”菜单—“控制面板”，进入控制面板，如图 7－18 所示。

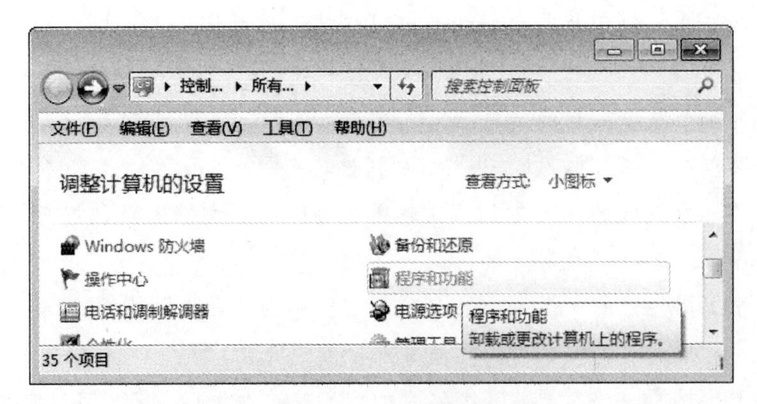


图 7-18 控制面板

2. 点击“程序和功能”，进入“程序和功能”对话框，如图 7-19 所示。

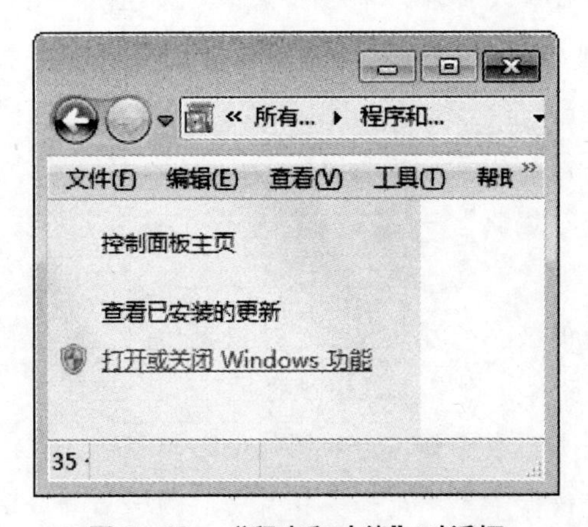


图 7-19 “程序和功能”对话框

3. 单击左窗格的“打开或关闭 Windows 功能”，打开“Windows 功能”对话框，勾选“Telnet 服务器”和“Telnet 客户端”两项，如图 7-20 所示。点击“确定”按钮，即可开启 Telnet 服务。

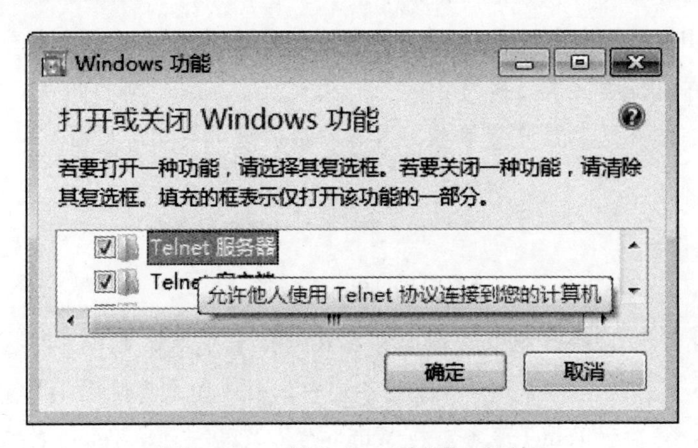


图 7-20 “Windows 功能”对话框

**实例三：**

## 设置文件共享

在设置文件共享之前，必须保证计算机的正确连接和相互之间能够访问，必须保证与文件共享相关的网络组件和服务的安装和启动。在 Windows 7 系统中设置共享文件夹的步骤如下：

1. 双击桌面上的“计算机”图标，在打开的“计算机”窗口中，单击菜单栏中的“工具”—“文件夹选项”命令，在弹出的“文件夹选项”对话框中单击“查看”选项卡，在“高级设置”中不勾选“使用共享向导（推荐）”复选框，如图 7－21 所示。单击“确定”按钮退出。

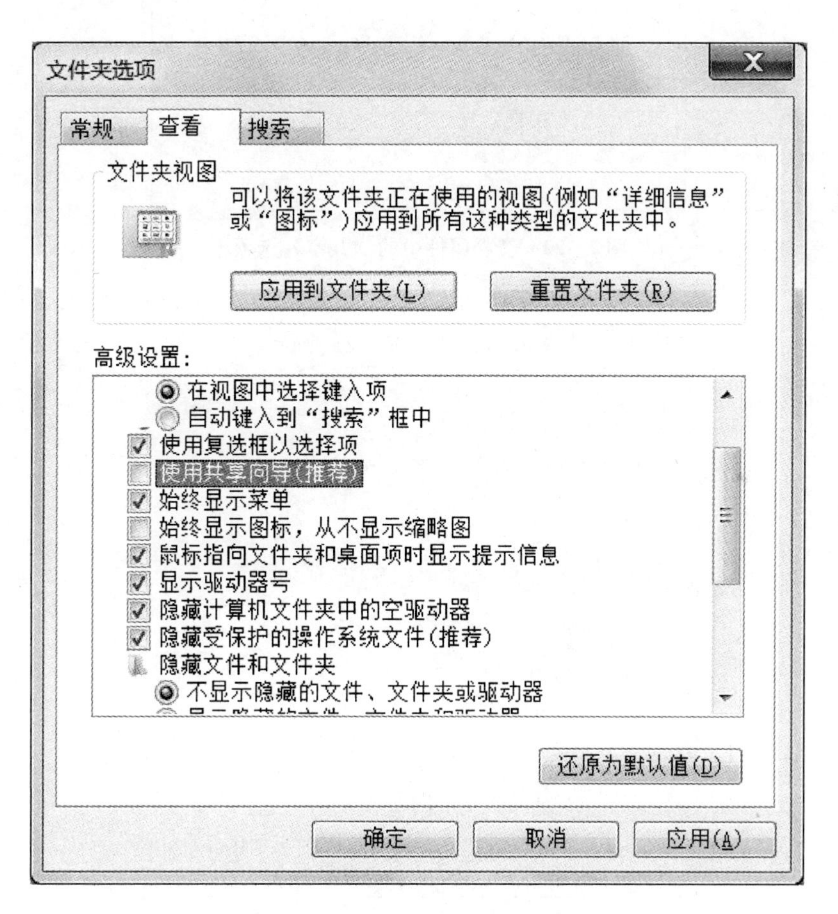


**图 7－21　“查看”选项卡**

2. 选定要共享的文件夹，单击鼠标右键，选择“共享”—“高级共享”命令，打开“资料属性”对话框的“共享”选项卡，出现如图 7－22 所示的对话框。

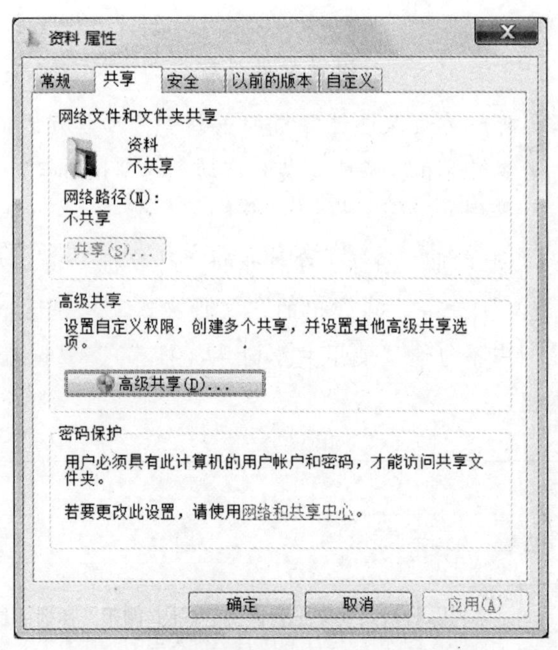


图7－22　资料属性中的“共享”选项卡

3. 点击“高级共享”按钮，在出现的“高级共享”对话框中勾选“共享此文件夹”，填写共享名，设置用户数量限制，如图7－23所示。

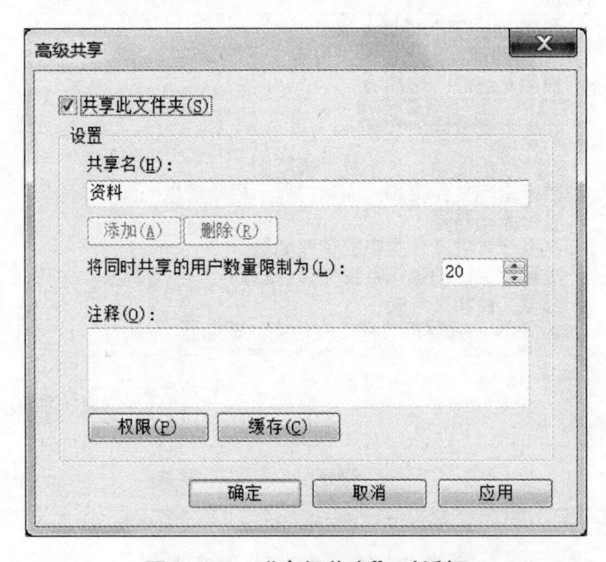


图7－23　“高级共享”对话框

4. 为了保证访问的安全，可以在共享文件夹上设置访问权限。如图7－23所示，在对话框中单击“权限”按钮，打开“共享权限”设置对话框，如图7－24所示。设置完毕单击“确定”返回上一级对话框，最后点击“关闭”按钮完成共享文件夹的设置。

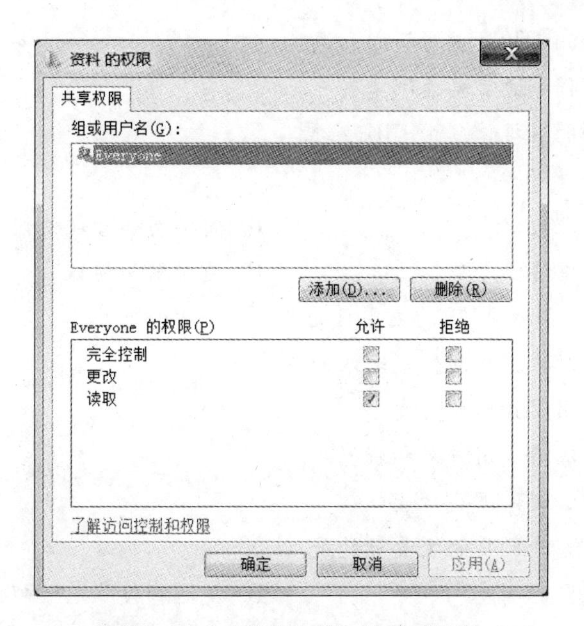


**图 7-24 "共享权限"设置对话框**

共享文件夹的访问权限设置应注意以下问题：

1. 共享文件夹权限只能应用于整个共享文件夹，而不能应用于单个文件或文件夹内的子文件夹。

2. 对于使用存储有文件夹的计算机的用户，共享文件夹权限不限制他们的访问。共享文件夹权限只适用于通过网络连接到文件夹的用户。

3. 默认的共享文件夹权限被分配给 Everyone 组。若要限制对共享文件夹的访问，就必须修改授予 Everyone 组的权限。

## 习 题

1. Internet 的核心协议是（　　）。

A. X. 25　　B. TCP/IP　　C. ICMP　　D. UDP

2. 因特网用户利用电话网接入 ISP 时需要使用调制解调器，其主要作用是（　　）。

A. 进行数字信号与模拟信号之间的变换

B. 同时传输数字信号和语音信号

C. 放大数字信号，中继模拟信号

D. 放大模拟信号，中继数字信号

3. 关于 WWW 服务系统，以下哪种说法是错误的？（　　）

A. WWW 服务采用服务器/客户机工作模式

B. Web 页面采用 HTTP 书写而成

C. 客户端应用程序通常称为浏览器

D. 页面到页面的链接信息由 URL 维持

4. SMTP 是（　　）。

A. 简单邮件管理协议　　B. 简单网络管理协议

C. 分组话音通信协议　　D. 地址解析协议

5. 在 Telnet 中，引入 NVT 的主要目的是（　　）。

A. 屏蔽不同计算机系统对键盘输入的差异

B. 提升用户使用 Telnet 的速度

C. 避免用户多次输入用户名和密码

D. 为 Telnet 增加文件下载功能

6. 因特网用户使用 FTP 的主要目的是（　　）。

A. 发送和接收即时消息　　B. 发送和接收电子邮件

C. 上传和下载文件　　D. 获取大型主机的数字证书

7. 域名与（　　）一一对应。

A. 物理地址　　B. IP 地址　　C. 网络　　D. 以上都不是

8. 请说明 Internet 的基本结构与组成部分。

9. Internet 的基本服务功能有哪些？它们各有什么特点？

10. 电子邮件的应用程序有哪些？举例说明如何进行邮件的设置与管理。

11. 拨号连接 Internet 需要哪些设备？

12. 简述 WWW 的运行机制。

13. 请说明 Telnet 服务的基本工作原理。

14. Internet 接入技术主要有哪几种？对于个人用户哪一种比较合适？

15. Internet 接入网的未来发展趋势是什么？

# 项目八

# 网络操作系统的安装与配置

网络操作系统是网络的心脏和灵魂，是向网络计算机提供服务的特殊的操作系统。它在计算机操作系统下工作，使计算机操作系统增加了网络操作所需要的能力。本项目的主要目标是安装和配置网络操作系统。

学习目标

1. 了解网络操作系统的基本概念与功能。
2. 认识几种常见的网络操作系统。
3. 掌握网络操作系统的安装与配置。
4. 能够安装与配置 IIS 组件。

## 任务一　认识网络操作系统

### 一、网络操作系统的概念

网络操作系统（Network Operation System，NOS）是向网络计算机提供网络通信和网络资源共享功能的操作系统，是网络的心脏和灵魂，是负责管理整个网络资源和方便网络用户的软件的集合。由于网络操作系统是运行在服务器上的，所以有时也把它称为服务器操作系统。

网络操作系统可以分为两类：面向任务型与通用型。面向任务型网络操作系统是为满足某一种特殊网络应用要求而设计的；通用型网络操作系统能提供基本的网络服务功能，支持用户在各个领域的应用需求。

通用型网络操作系统一般又可以分为两类：变形级系统与基础级系统。变形级系统是在原来的单机操作系统基础上，通过增加网络服务功能而构成；基础级系统则是以计算机硬件为基础，根据网络服务的特殊要求，直接利用计算机硬件与少量软件资源专门设计的网络操作系统。网络操作系统的分类如图 8－1 所示。

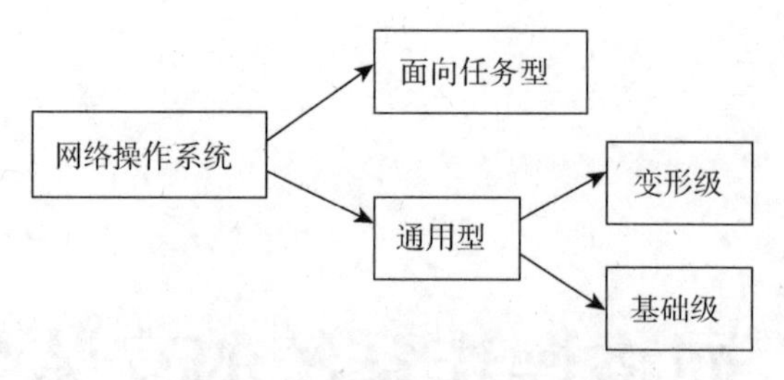


**图 8－1　网络操作系统的分类**

网络操作系统一般具有以下特点：

1. 网络操作系统具有很强的适应性。根据需要灵活地增加网络服务功能，通过支持多种网络接口来满足各种拓扑结构网络的直接通信的要求。

2. 存储管理与通信服务。网络操作系统具有高效的数据存储管理和通信服务能力。

3. 网络的安全性。提供一套完全的网络安全性措施，允许用户使用这些网络安全性措施，建立安全可靠的网络环境，防止未经授权的用户入侵网络。

4. 网络的可靠性。提供一套完全的网络可靠性措施，允许用户建立稳定可靠的网络环境，防止因网络故障造成用户数据丢失或服务器停机、网络系统瘫痪，满足应用对网络可靠性的需求。

## 二、网络操作系统的功能

尽管不同的网络操作系统具有不同的特点，但它们提供的网络服务功能有很多相同点。一般来说，网络操作系统都具有以下八种基本功能：

### （一）文件服务（File Service）

文件服务是最重要与最基本的网络服务功能。文件服务器以集中方式管理共享文件，网络工作站可以根据所规定的权限对文件进行读写以及其他各种操作，文件服务器为网络用户的文件安全与保密提供了必需的控制方法。

### （二）打印服务（Print Service）

打印服务也是最基本的网络服务功能之一。打印服务可以通过设置专门的打印服务器完成，或者由工作站或文件服务器来担任。通过网络打印服务功能，局域网中只要安装一台或几台网络打印机，网络用户就可以远程共享网络打印机。打印服务实现了对用户打印请求的接收、打印格式的说明、打印机的配置、打印队列的管理等功能。网络打印服务在接收用户打印请求后，本着先到先服务的原则，将多用户需要打印的文件排队来管理用户打印任务。

### （三）数据库服务（Database Service）

随着 NetWare 的广泛应用，网络数据库服务变得越来越重要了，选择适当的网络数据库软件，依照客户/服务器（Client/Server）工作模式开发出客户端与服务器数据库应用程序，这样客户端可以用结构化查询语言（SQL）向数据库服务器发送查询请求，服务器进行查询后将查询结果传送到客户端。它优化了局域网系统的协同操作模式，从而有效地改善了局域网的应用系统性能。

（四）通信服务（Communication Service）

局域网提供的通信服务主要有：工作站与工作站之间的对等通信、工作站与网络服务器之间的通信服务等功能。

（五）信息服务（Message Service）

局域网可以通过存储转发方式或对等方式完成电子邮件服务。目前，信息服务已经发展为文本、图像、数字视频与语音数据的传输服务。

（六）分布式服务（Distributed Service）

网络操作系统为支持分布式服务功能，提出了一种新的网络资源管理机制，即分布式目录服务。分布式目录服务将分布在不同地理位置的网络中的资源组织在一个全局性的、可复制的分布数据库中，网络中多个服务器都有该数据库的副本。用户在一个工作站上注册，便可与多个服务器连接。对于用户来说，网络系统中分布在不同位置的资源都是透明的，这样就可以用简单的方法去访问一个大型互联局域网系统。

（七）网络管理服务（Network Management Service）

网络操作系统提供了丰富的网络管理服务工具，可以提供网络性能分析、网络状态监控、存储管理等多种管理服务。

（八）Internet/Intranet 服务（Internet/Intranet Service）

为了适应 Internet 与 Intranet 的应用，网络操作系统一般都支持 TCP/IP，提供各种 Internet 服务，支持 Java 应用开发工具，使局域网服务器很容易成为 Web 服务器，全面支持 Internet 与 Intranet 访问。

## 任务二　了解常见的网络操作系统

### 一、Windows 操作系统

Windows 是美国微软（Microsoft）公司推出的一个运行在微型机上的图形界面操作系统。对于这类操作系统，相信用过计算机的人都不会陌生。微软公司的 Windows 系统不仅在个人操作系统中占有绝对优势，它在网络操作系统中也是具有非常强大的竞争力的。Windows 的开发是微型机操作系统发展史上的一个里程碑。1990 年 5 月，Windows 在首次推出成熟版 Windows 3.0 后发展迅速，经历了 Windows 3.x、Windows 95、Windows NT、Windows 2000、Windows XP、Windows 2003、Windows Vista 等。

微软最早推出的 NT 版本是 Windows NT 3.1，之后微软公司又在 1994 年正式推出了 Windows NT 3.51 版本。1996 年，微软公司正式推出了 Windows NT 4.0 版本，在之后的 1997 年初又推出 Windows NT 中文版。2000 年微软公司推出了 Windows 2000，包括专业版和服务器版。之后又推出了 Windows 2003 Server。微软的网络操作系统配置在整个局域网配置中是最常见的，但由于它对服务器的硬件要求较高，且稳定性能不是很高，所以一般只是用在中低档服务器中，高端服务器通常采用 UNIX、Linux 或 Solaris 等非 Windows 操作系统。在局域网中，微软的网络操作系统主要有：Windows NT 4.0 Server、Windows 2000 Server/Advance Server 等，工作站系统可以采用任一 Windows 或非 Windows 操作系统，包括个人操作系统，如 Windows 95/Me/XP 等。

在整个 Windows 网络操作系统中最为成功的要属 Windows NT 4.0 系统，它几乎成为中、小型企业局域网的标准操作系统。一方面它继承了 Windows 家庭统一的界面，使用户学习、使用起来更加容易；另一方面它的功能也的确比较强大，基本上能满足所有中、小型企业的各项网络要求。虽然与 Windows 2000/2003 Server 系统相比，Windows NT 4.0 系统在功能上要逊色很多，但它可以更大程度地满足中、小企业的 PC 服务器配置需求。Windows NT 被设计成一种具有安全性和可靠性的操作系统，这种系统可以很容易地得到维护和扩展，可以随着系统的升级利用新的技术。同时，其操作图形界面友好，与其家族桌面操作系统一致，容易被用户接受。

## 二、NetWare 局域网操作系统

1981 年，Novell 公司提出了文件服务器的概念。到 1983 年，该公司开始推出 NetWare 操作系统。Netware 最重要的特征是基于基本模块设计思想的开放式系统结构。NetWare 操作系统的版本非常多，常用版本有 V3.11、V3.12 和 V4.10 、V4.11、V5.0、V6.0、V6.5 等中英文版本，较高级的版本支持所有的重要台式操作系统（DOS、Windows、OS/2、Unix 和 Macintosh）以及 IBM SAA 环境，为需要在多厂商产品环境下进行复杂的网络计算的企事业单位提供了高性能的综合平台。

Netware 是一个开放的网络服务器平台，可以方便地对其进行扩充。Netware 系统对不同的工作平台（如 DOS、OS/2、Macintosh 等）、不同的网络协议环境（如 TCP/IP）以及各种工作站操作系统提供了一致的服务。该系统内可以增加自选的扩充服务（如替补备份、数据库、电子邮件以及记账等），这些服务可以取自 Netware 本身，也可取自第三方开发者。

NetWare 是具有多任务、多用户的网络操作系统，它的较高版本提供系统容错能力（SFT）。使用开放协议技术（OPT），各种协议的结合使不同类型的工作站可与公共服务器通信。这种技术满足了广大用户在不同种类网络间实现互相通信的需要，实现了各种不同网络的无缝通信，即把各种网络协议紧密地连接起来，可以方便地与各种小型机、中大型机连接通信。NetWare 可以不用专用的服务器，任何一种 PC 机均可作为

其服务器。NetWare 服务器对无盘站和游戏的支持较好，常用于教学网和游戏厅。

NetWare 操作系统以文件服务器为中心，主要由三个部分组成：文件服务器内核、工作站外壳、低层通信协议。文件服务器内核实现了 NetWare 的核心协议（NetWare Core Protocol，NCP)，并提供了 NetWare 的核心服务。文件服务器内核负责对网络工作站服务请求的处理。网络服务器软件提供了文件与打印服务、数据库服务、通信服务、报文服务等功能。通信软件包括网卡驱动程序及通信协议软件，负责在网络服务器与工作站、工作站与工作站之间建立通信连接。

NetWare 的主要特性有：①高速文件系统；②硬件适应性强；③三级容错；④四种安全机制；⑤网络监控与管理；⑥开放协议技术。

### 三、UNIX 操作系统

UNIX 操作系统是 1969 年美国贝尔实验室的两名程序员 K. Thompson 和 D. M. Ritchie 为 PDP-7 机器所设计和实现的一个分时操作系统。最初采用汇编语言编写，后采用了 C 语言，并先后形成了第 3、4、5、6、7 版、UNIX System v2. 0（UNIX SVR2)、UNIX SVR3、UNIX SVR4、UNIX SVR4. 2 版本以及 BSD UNIX 版本系列。目前常用的 UNIX 系统版本主要有：UNIX SUR4. 0、HP-UX 11. 0、SUN 的 Solaris 8. 0 等。

在 UNIX 的发展过程中，形成了 BSD UNIX 和 UNIX System V 两大主流。

BSD UNIX 在发展中形成了不同的开发组织，分别产生了 FreeBSD、NetBSD、OpenBSD 等 BSD UNIX。与 NetBSD、OpenBSD 相比，FreeBSD 的开发最为活跃，用户数量最多。NetBSD 可以用于包括 Intel 平台在内的多种硬件平台。OpenBSD 的特点是注重操作系统的安全性。FreeBSD 作为网络服务器操作系统，可以提供稳定的、高效率的 WWW、DNS、FTP、E-mail 等服务，还可用来构建 NAT 服务器、路由器和防火墙。

Solaris 是 Sun 公司开发和发布的企业级操作环境，有运行于 Intel 平台的 Solaris x86 系统，也有运行于 SPARC CPU 结构的系统。它起源于 BSD UNIX，但逐渐转移到了 System V 标准。在服务器市场上，Sun 的硬件平台具有高可用性和高可靠性，Solaris 是当今市场上处于支配地位的 UNIX 类操作系统。目前比较流行的运行于 x86 架构的计算机上的 Solaris 有 Solaris 8 x86 和 Solaris 9 x86 两个版本。当然 Solaris x86 也可以用于实际生产应用的服务器。

UNIX 操作系统的发展历程如图 8-2 所示。

UNIX 操作系统通常被分成三个主要部分：内核（Kernel)、Shell 和文件系统。内核是 UNIX 操作系统的核心，直接控制着计算机的各种资源，能有效地管理硬件设备、内存空间和进程等，使得用户程序不受错综复杂的硬件事件细节的影响。Shell 是 UNIX 内核与用户之间的接口，是 UNIX 的命令解释器。目前常见的 Shell 有 Bourne Shell、Korn Shell、C Shell 和 Bourne-again Shell。文件系统是指对存储在存储设备（如硬盘）中的文件所进行的组织管理，通常是按照目录层次的方法进行组织。每个目录可以包

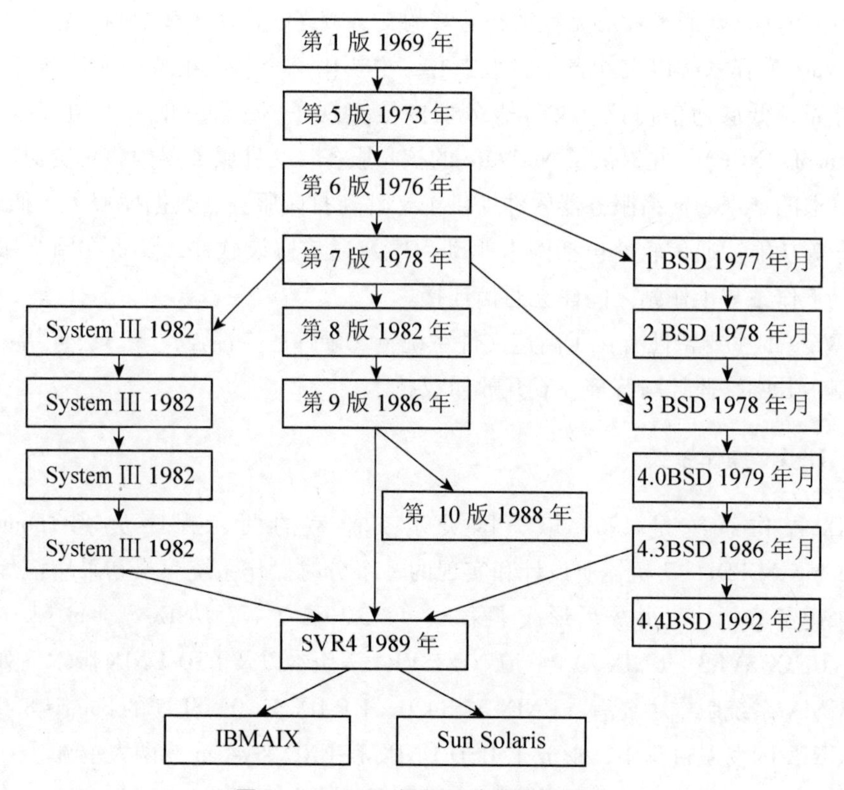


**图 8-2 UNIX 操作系统的发展历程**

括多个子目录以及文件，系统以“/”为根目录。常见的目录有：“/ect”（常用于存放系统配置及管理文件）、“/dev”（常用于存放外围设备文件）、“/usr”（常用于存放与用户相关的文件）等。

UNIX 的稳定性和安全性非常好，但由于它多数是以命令方式来进行操作的，不容易掌握，特别是对于初级用户。正因如此，小型局域网基本不使用 UNIX 作为网络操作系统，它一般用于大型的网站或大型的企业局域网。UNIX 网络操作系统历史悠久，其良好的网络管理功能已为广大网络用户所接受，拥有丰富的应用软件的支持。UNIX 是针对小型机、主机环境开发的操作系统，是一种集中式分时多用户体系结构，因其体系结构不够合理，目前的市场占有率呈下降趋势。

UNIX 是为多用户环境设计的，即所谓的多用户操作系统，并且具有内建的 TCP/IP 支持。UNIX 具有良好的稳定性、健壮性、安全性等特性。

UNIX 的主要特性有：①模块化的系统设计；②逻辑化的文件系统；③开放式的系统；④优秀的网络功能；⑤优秀的安全性；⑥可以在任何档次的计算机上使用。

## 四、Linux

这是一种新型的网络操作系统，它的最大的特点就是源代码开放，可以免费得到许多应用程序。1991年Linux出现，最早开始于一位名叫Linus Torvalds（莱纳斯·托瓦尔德斯）的计算机业余爱好者，当时他是芬兰赫尔辛基大学的学生。他的目的是想设计一个代替Minix（是由一位名叫Andrew S. Tanenbaum的计算机教授编写的一个操作系统示教程序）的操作系统，这个操作系统可用于386、486或奔腾处理器的个人计算机上，并且具有UNIX操作系统的全部功能，因而开始了Linux雏形的设计。目前也有中文版本的Linux，如Red Had（红帽子）、红旗Linux等。在国内得到了用户充分的肯定，主要体现在它的安全性和稳定性方面，它与UNIX有许多类似之处，但目前这类操作系统主要应用于中、高档服务器中。

Linux的主要特性有：①完全遵循POSLX标准，并支持所有AT&T和BSD UNIX特性的网络操作系统。②真正的多任务、多用户系统，内置网络支持，能与NetWare、Windows NT、OS/2、UNIX等无缝连接。③可运行于多种硬件平台。④有广泛的应用程序支持。⑤设备独立性。⑥安全性。⑦良好的可移植性。⑧具有宏大且素质较高的用户群。

总的来说，对特定计算机环境的支持使得每一个操作系统都有适合于自己的工作场合，这就是系统对特定计算机环境的支持。例如，Windows 2000 Professional适用于桌面计算机，Linux目前较适用于小型的网络，而Windows 2000 Server和Linux则适用于大型服务器应用程序。因此，对于不同的网络应用，需要用户有目的地选择合适的网络操作系统。

## 实 例

**实例一：**

### 安装Windows Server 2003

Windows Server 2003是微软公司在注重安全、性能的基础上开发的网络服务器操作系统，它可以根据用户的不同需求而充当不同的角色。例如，它可以成为主域控制服务器、文件服务器等，也能作为局域网的客户端使用，如果将其安装到个人PC中，同样可成为稳定、安全的个人操作系统。

在安装上，Windows Server 2003非常具有代表性，而且系统要求不高，目前的计算机大多数都可以安装，其非常适合作为网络技术人员学习、实验之用。通过学习Windows Server 2003系统的安装，用户便可学会类似操作系统的安装方法。

Windows Server 2003安装的准备工作有：

1. 准备好Windows Server 2003的安装光盘。

2. 找到安装密钥和网络配置信息，并把它记在纸上。

3. 确认电脑的硬件配置是否满足要求。Windows Server 2003是基于它前期的Windows 2000和Windows XP的内核推出的操作系统，因此它对系统硬件的要求也并不是很高，只要满足CPU主频不低于550MHz（支持最低主频为133MHz）、系统内存在

256MB 以上（最小支持 128MB，最大支持 32GB）即可正常安装并使用。

4. 选择合适的版本。Windows Server 2003 具有 Standard、Enterprise、Datacenter 和 Web 共四个版本，它们的功能特点分别如下：

Standard（标准版）：该版本提供高级联网功能，如 Internet 身份验证服务（IAS）、网桥功能和 Internet 连接共享（ICS），最大支持 4GB 内存。

Enterprise（企业版）：该版本具有 Standard 版的全部功能，另外 Enterprise 版增强了可用性、可伸缩性和可靠性，它最多可以支持 8 个处理器的服务器，最大支持 32GB 内存。

Datacenter（数据中心版）：该版本是微软迄今为止提供的功能最强劲的服务器操作系统。具有 Enterprise 的全部功能，另外支持 32 路处理器和 64GB 内存，同时提供 8 点集群和负载均衡功能。

Web（网络版）：这个版本专门针对 Web 服务进行优化，并且与 NET 技术紧密结合，提供了快速的开发、部署 Web 服务和应用程序的平台，它支持双核处理器，2GB 内存。

做好 Windows Server 2003 安装的准备工作后，我们以 Windows Server 2003 企业版为例介绍其安装过程：

1. 设置 BIOS，从光驱引导启动。将光盘放入光驱，自动读盘，选择第一项“安装 Windows Server 2003，Enterprise Bdition”，如图 8－3 所示。

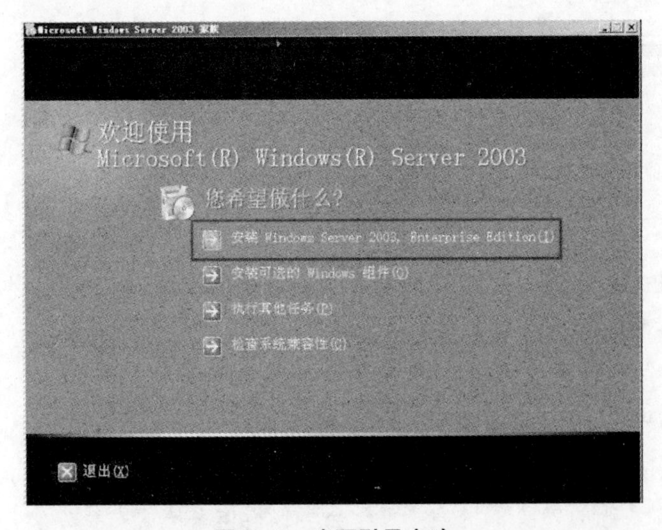


**图 8－3 光驱引导启动**

2. 弹出加载安装文件界面。出现的界面是一些关于硬件方面的选择，例如有没有 SCSI、RAID 等。如果用的是 IDE，不用选择，让系统自动安装就可以了。

3. 出现安装程序欢迎对话窗，直接按 Enter，安装 Windows。

4. 出现 Windows 的安装授权协议，按 F8，选择同意。

5. 选择安装的逻辑磁盘和空间，如图 8－4 所示，按 Enter，继续安装。

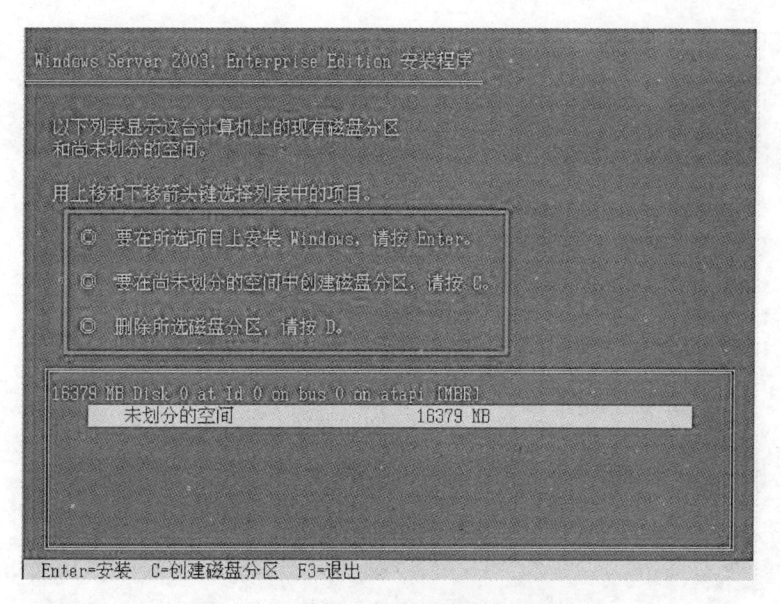


**图 8－4　选择安装的逻辑磁盘和空间**

6. 如果没有格式化，会弹出要格式化的窗口，选择分区，如图 8－5 所示，按 Enter，继续安装。

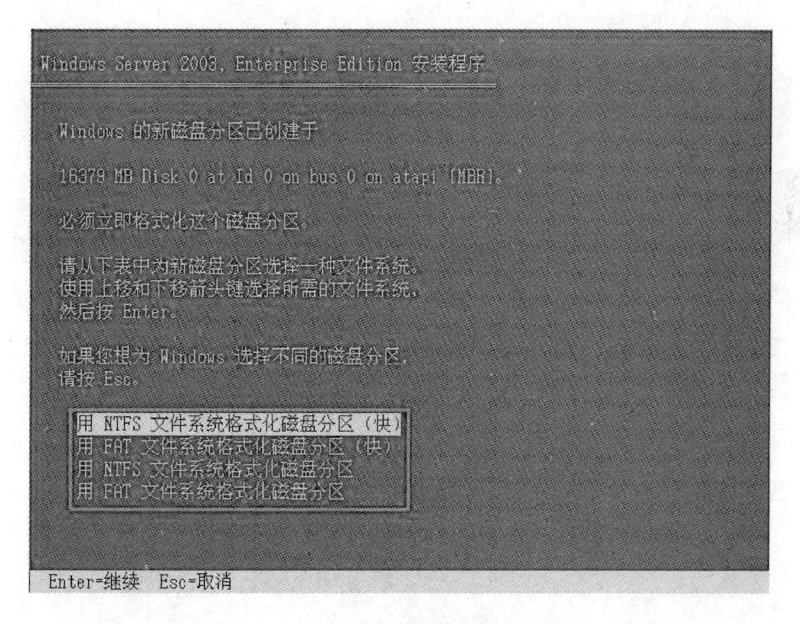


**图 8－5　选择分区**

7. 格式化后，系统自动创建安装目录，继续安装。

8. 开始复制文件，如图 8－6 所示。

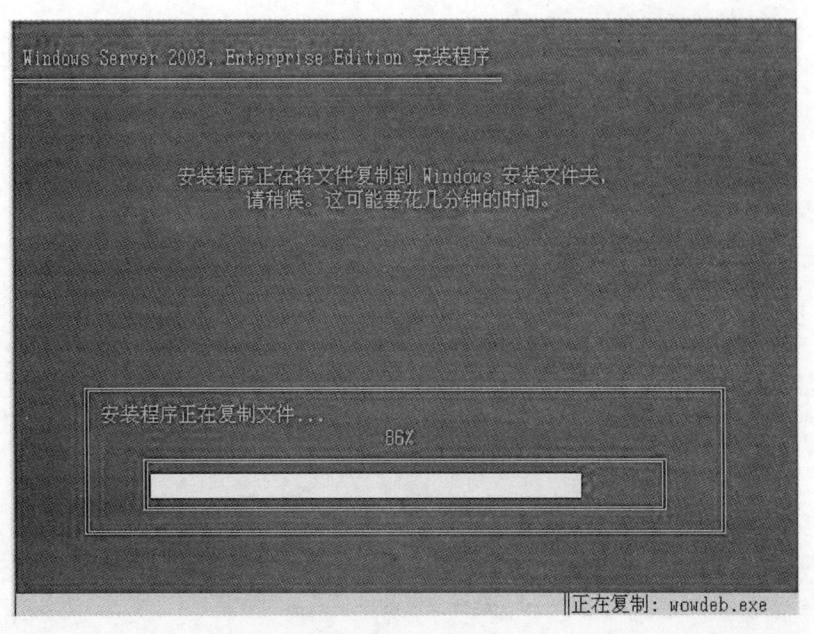


图 8－6　复制文件

9. 系统初始化配置，重启系统。

10. 开始安装 Windows，如图 8－7 所示。

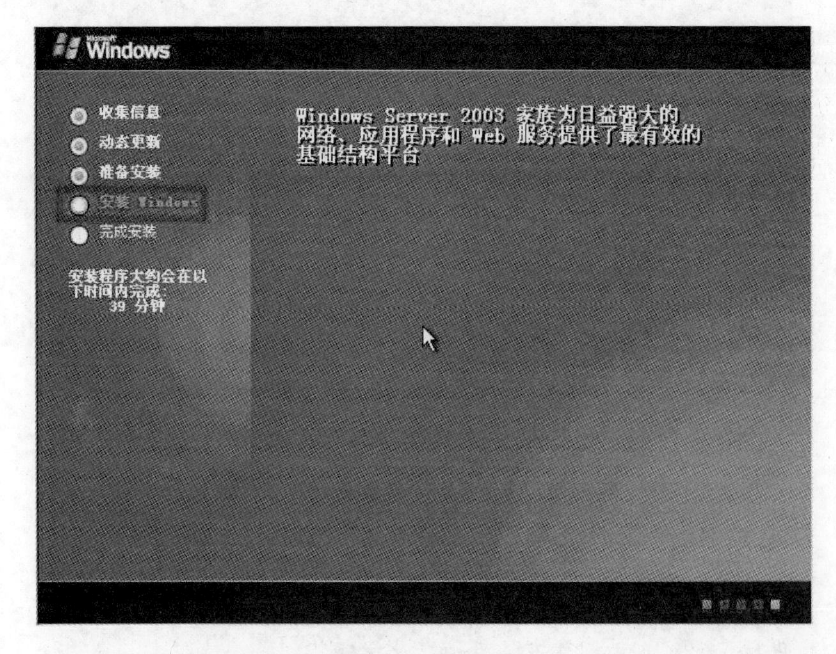


图 8－7　开始安装

11. 按提示设置区域和语言选择，输入安装人员的姓名、公司名称、产品密钥，选择授权模式，输入计算机名称和系统管理员密码，设置系统的日期和时间等，每次设置完毕都点击“下一步”。

12. 安装 Windows 的一些服务组件，如图 8－8 所示。

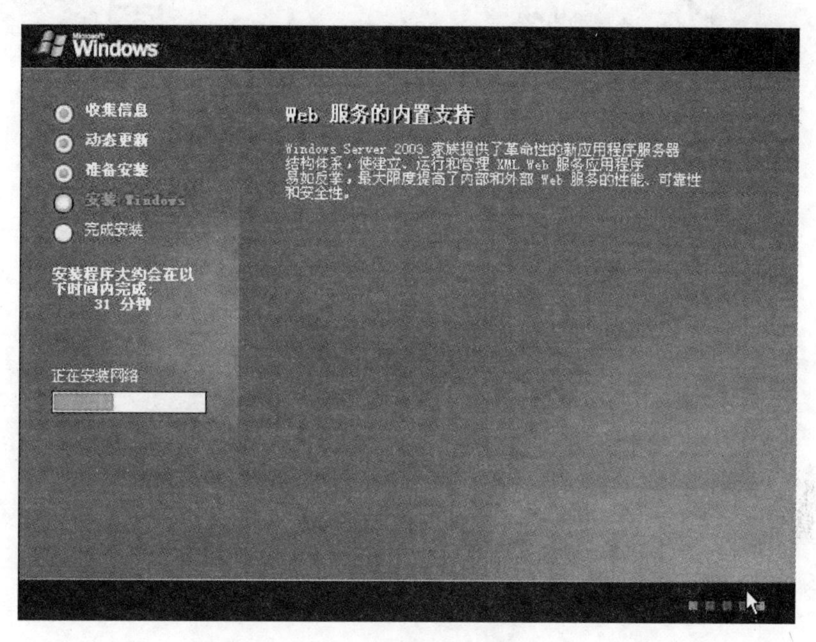


**图 8－8　安装服务组件**

13. 网络设置，一般是默认的“典型设置”，如图 8－9 所示，点击“下一步”。

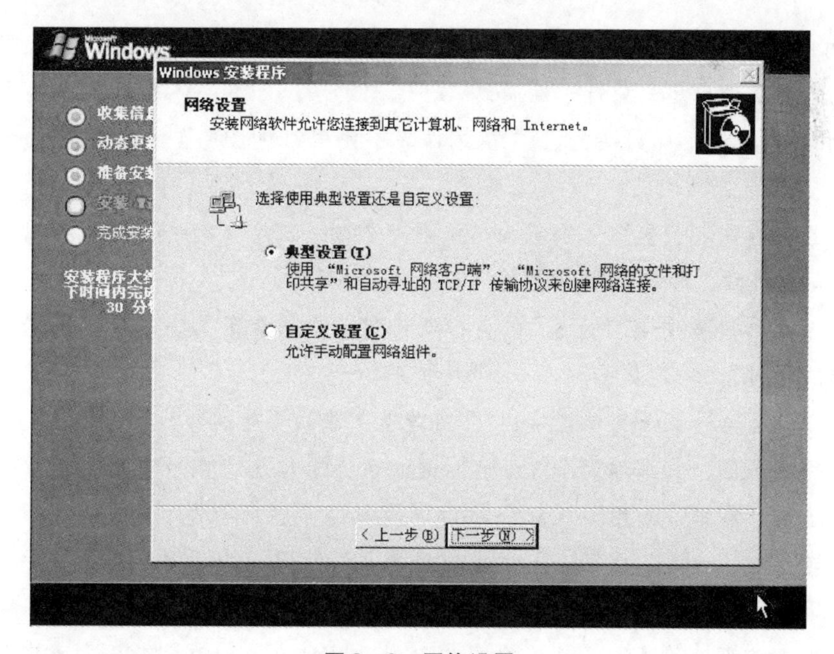


**图 8－9　网络设置**

14. 选择是域还是工作组，如图 8－10 所示，点击“下一步”。

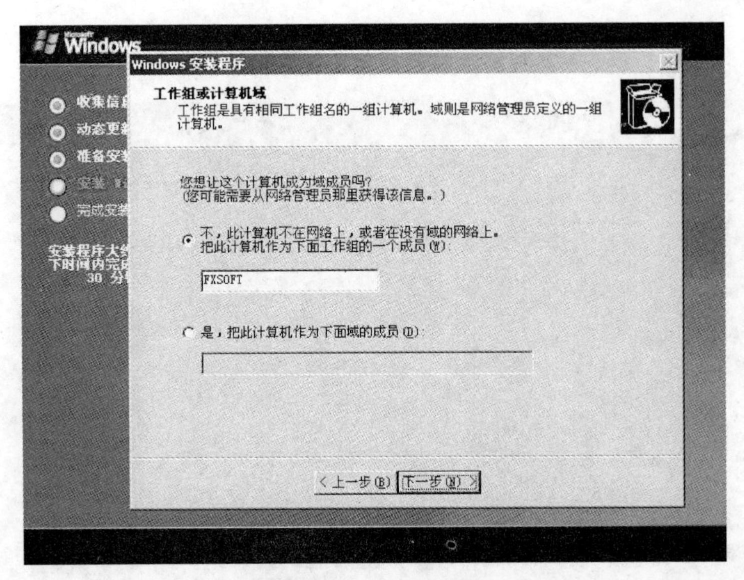


图 8－10　安装工作组

15. 继续安装，直到完毕，启动 Windows。

**实例二：**

## 系统维护和性能监测

1. 优化我的电脑属性各项。

(1) 右击我的电脑—属性—性能设置—视觉效果，只留下“在菜单下显示阴影”、“在窗口和按钮上使用视觉样式”、“在文件夹中使用常见任务”和“在桌面上为图标签使用阴影”。

(2) 选择性能“设置”—高级—虚拟内存更改—自定义大小，把初始大小值和最大值设成同一个数，如 512MB 内存的一般设成 780MB。

(3) 启动和故障恢复“设置”，去掉所有勾；如果有多系统，只留下“显示操作系统列表的时间”，一般设成 3。写入调试信息，选（无）。

(4) 错误报告—禁用错误汇报，“但在发生严重错误时通知我”也选上。

(5) 系统还原：如果确定系统没有问题的话，先勾选“在所有驱动器上关闭系统还原”复选框，点击“应用”按钮；然后取消勾选“在所有驱动器上关闭系统还原”复选框，再点击“应用”按钮。上述操作目的是清除以前的还原点备份文件。其他盘设置，勾选“关闭这个驱动器上的系统还原”复选框。

(6) 自动更新：推荐用 360 安全卫士（www. 360safe. com），查杀恶意广告、去插件、修复 IE、打补丁（即系统的自动更新）、免疫。

(7) 远程：一般用户是不会用到这一栏的，取消勾选。

2. 清除垃圾。

（1）准备工作：随便打开一个文件夹，选菜单的“工具”—“文件夹选项”，取消勾选“隐藏受保护的操作系统文件（推荐）”复选框。接着勾选“显示所有文件和文件夹”复选框，单击“确定”按钮。

（2）删除以下文件夹中的内容：

c：\ documents and settings \ 用户名 \ cookies \ 下的所有文件（保留 index 文件）

c：\ documents and settings \ 用户名 \ local settings \ temp \ 下的所有文件（用户临时文件）

c：\ documents and settings \ 用户名 \ local settings \ temporaryinternet files \ 下的所有文件（页面文件）

c：\ documents and settings \ 用户名 \ local settings \ history \ 下的所有文件（历史纪录）

c：\ documents and settings \ 用户名 \ recent \ 下的所有文件（最近浏览文件的快捷方式）

c：\ windows \ temp \ 下的所有文件（临时文件）

c：\ windows \ servicepackfiles（升级 sp1 或 sp2 后的备份文件）

c：\ windows \ driver cache \ i386 下的压缩文件（驱动程序的备份文件）（不推荐初学者）

c：\ windows \ softwaredistribution \ download 下的所有文件

如果对系统进行过 windows update 升级，则删除以下文件：

（3）清理系统还原点：打开磁盘清理，选择其他选项—清理系统还原点，点击清理。

3. 性能测试。最简单的测试方法就是让电脑运行一下常用软件来检查电脑有没有问题，简单的判断一下电脑性能是否满足要求。一般来说，测试可以分成几类：游戏测试、播放电影测试、图片处理测试、拷贝文件测试、压缩测试、网络性能测试。这些测试基本上包括了对电脑性能的整体测试。

（1）游戏性能测试：选择几款常见的游戏来测试。例如：极品飞车、古墓丽影、QUAKE、CS、虚幻竞技场、魔兽争霸。测试主要应该注意游戏安装速度、游戏运行速度、游戏画质、游戏流畅程度、游戏音质等几方面。可以更改显示器设置、显卡设置、BIOS 设置、系统设置、游戏设置来感受不同设置下电脑的不同表现。例如改变显示器的亮度、对比度，改变游戏的分辨率，改变显卡的频率，改变内存的延时，改变 CPU 频率，改变系统硬件加速比例，改变系统缓存设置等。

（2）播放测试：播放一段电影来测试电脑，注意播放有没有异常、画面的鲜艳程度、调整显示器亮度后的画面变化情况、电影画面的清晰程度等。

(3) 图片处理测试：用常用的图形处理软件来测试，例如 PHOTOSHOP、FIREWORKS、AUTOCAD、3D MAX 等。可以试着打开多个图片文件、更改图片或者编辑图片来测试电脑图片处理速度、观察画质。

(4) 拷贝文件测试：选择大一些的文件拷贝，大家可以选择拷贝 VCD 或者 DVD。压缩测试可以选择常用的 WINZIP 或者 WINRAR 来压缩大一些的文件，也可以通过压缩 CD、VCD 来测试电脑，选择我们常用的超级解霸软件来测试。以上测试重点查看速度。

(5) 网络性能：主要检查网络是否能正常连接、连接速度是否正常。

除了上面几方面以外，大家也可以运行一些常用的测试软件来看看电脑得分。例如 3DMARK2001SE、3DMARK03、PCMARK04 等。然后可以和网上的参考得分来比较，得出对电脑的评价。

# 任务三 配置 IIS

## 一、IIS 概述

IIS（Internet Information Services，互联网信息服务）是由微软公司提供的基于运行 Microsoft Windows 的互联网基本服务，World Wide Web server，Gopher server 和 FTP server 全部包容在里面。IIS 意味着用户能发布网页，并且有 ASP（Active Server Pages）、JAVA、VBscript 产生页面，有扩展功能。IIS 支持一些有趣的东西，有编辑环境（FRONTPAGE）、全文检索功能（INDEX SERVER）、多媒体功能（NET SHOW）的界面。IIS 最初是 windows NT 版本的可选包，随后内置在 windows 2000、windows XP Professional 和 windows server 2003 一起发行。IIS 是一种 Web（网页）服务组件，其中包括 Web 服务器、FTP 服务器、NNTP 服务器和 SMTP 服务器，分别用于网页浏览、文件传输、新闻服务和邮件发送等方面，它使得在网络（包括互联网和局域网）上发布信息成了一件很容易的事。

## 二、IIS 核心组件

1. Internet 信息服务器（Internet Information Server）。IIS 提供了许多服务来完成它的核心功能，这些服务被看作是可应用于 Internet 上的信息发布服务。

2. WWW 服务（WWW Service）。IIS 最主要的功能是 WWW 服务，主要应用是超文本传输协议（HTTP）。

HTTP 协议可以显示格式化文本和播放多媒体文件，也可以作为小型文件的传输协议。HTTP 协议是目前 Internet 最流行的协议，也是 Internet 最主要的服务。一般开设 HTTP 协议的网站域名前缀都为 WWW，因此 HTTP 又叫 WWW，也简称为 Web。

当 IIS 获得一个请示时，它就向相应的 Web 站点发送该请示。WWW 服务可以管理多个 Web 站点。IIS 通过使用属性页来实现对 WWW 服务的管理和配置。每个 Web 站点都有一套相关的属性页，都要单独配置，管理和修改 Web 站点的配置可以通过属性页来完成。

3. FTP 服务（FTP Server）。FTP 的效率相当高，FTP 几乎是最高效的传输协议。FTP 的一个主要优点是客观存在而不依赖于操作系统。目前 FTP 仍被广泛用于文件传输（也可以用 Web 浏览器访问 FTP 服务器）。它成本低廉，甚至超过了那些基于网络操作系统的传输协议。

4. SMTP 服务（SMTP Server）。SMTP 服务为 IIS 站点提供基本邮件功能，它是为 IIS 站点完成转送发送 Internet 目的地址的邮件以及接收 Web 站点管理员的来信这些基本的存储和转发功能。

### 三、IIS 的主要特征

Web 服务器中 IIS 功能强大，它支持 ASP、ISAPI 等新颖格式，具有安全性高、可编程性能强、管理方便的特点。Windows Server 2003 中捆绑了 IIS6.0，它能够提供 Web、FTP、SMTP 等服务，主要包括管理、可编程性、安全性和 Internet 标准。

## 实 例

**实例一：**

### IIS 组件的安装与设置

1. 安装 IIS 组件。打开“控制面板”，然后单击启动“添加/删除程序”，在弹出的对话框中选择“添加/删除 Windows 组件”，在 Windows 组件向导对话框中选中“应用程序服务器”的“详细信息”清单，如图 8－11 所示。进入“应用程序服务器”对话框中选中“Internet 信息服务(IIS)”的“详细信息”清单，如图 8－12所示。配置 IIS 的组件，勾选需要的服务，如“Internet 信息服务管理器”、“公用文件”、“万维网服务”和“文件传输（FTP）服务”等，如图 8－13 所示。点击“确定”按钮，返回上一级对话框，然后单击“下一步”，按向导指示，完成对 IIS 的安装。在此过程中，系统会提示用户指定 Windows Server 2003 系统源程序所在位置，以便复制文件。

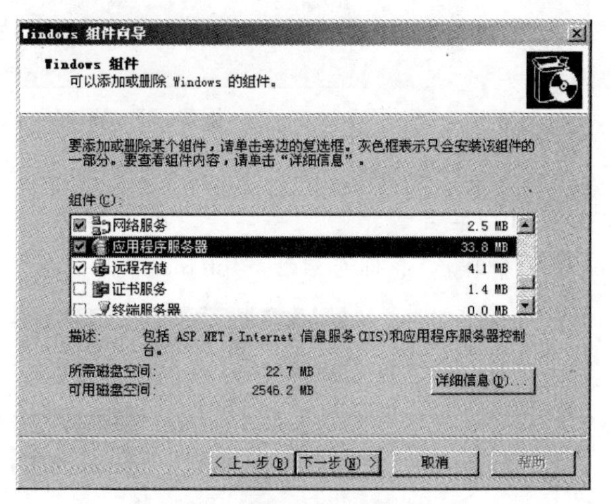


**图 8－11 Windows 组件向导 1**

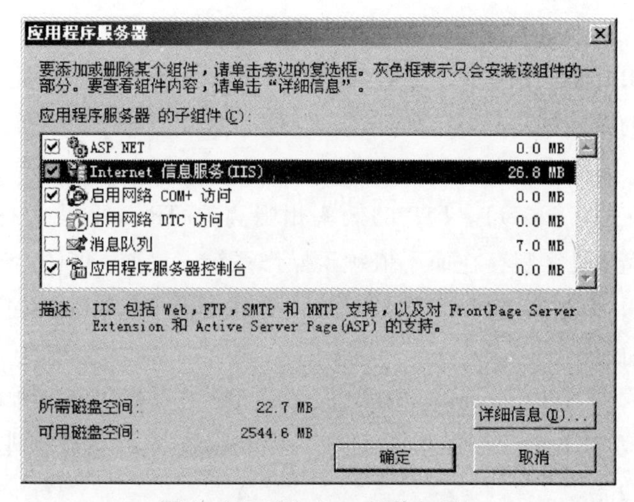


图 8-12　Windows 组件向导 2

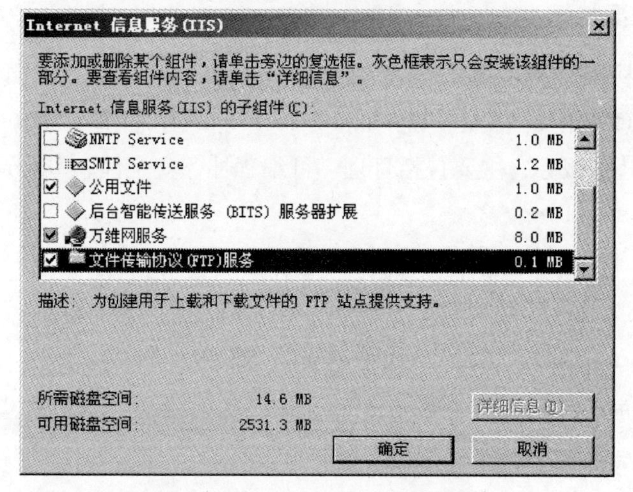


图 8-13　Windows 组件向导 3

2. 配置 Web 服务器。

（1）单击“开始”菜单—“所有程序”—“管理工具”—“Internet 信息服务(IIS) 管理器”，即可启动“Internet 信息服务”管理工具，如图 8-14 所示。

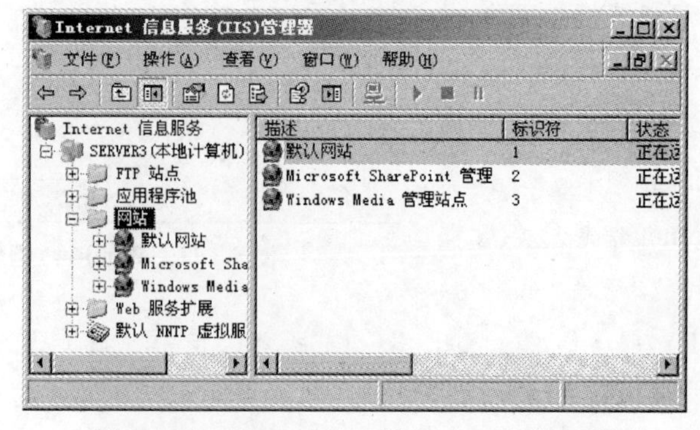


图 8-14　Internet 信息服务（IIS）管理器

（2）IIS 安装后，系统自动创建了一个默认的 Web 站点，该站点的主目录默认为“c：\ inetpub \ wwwroot”。用鼠标右键单击“默认 Web 站点”，在弹出的快捷菜单中选择“属性”，打开站点属性设置对话框，可完成对站点的全部配置，如图 8－15 所示。

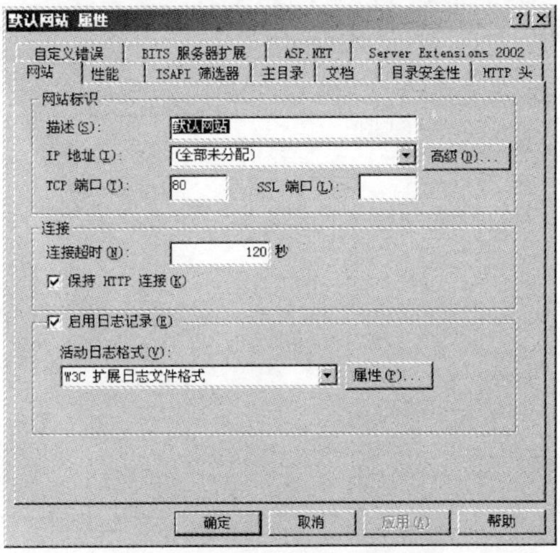

图 8－15　默认 Web 站点属性

其中，“TCP 端口”是 Web 服务器端口，默认值是 80，不需要改动。“IP 地址”是 Web 服务器绑定的 IP 地址，默认值是“全部未分配”，建议不要改动。默认情况下，Web 服务器会绑定在本机的所有 IP 上，包括拨号上网得到的动态 IP。

（3）单击“主目录”标签，切换到主目录设置页面，如图 8－16 所示，该页面可实现对主目录的更改或设置。在“本地路径”右边，是网站根目录，即网站文件存放的目录，默认路径是“c：\ inetpub \ wwwroot”，如果想把网站文件存放在其他地方，可修改这个路径。点击“配置”—“选项”，勾选“启用父路径”选项，如图 8－17 所示。

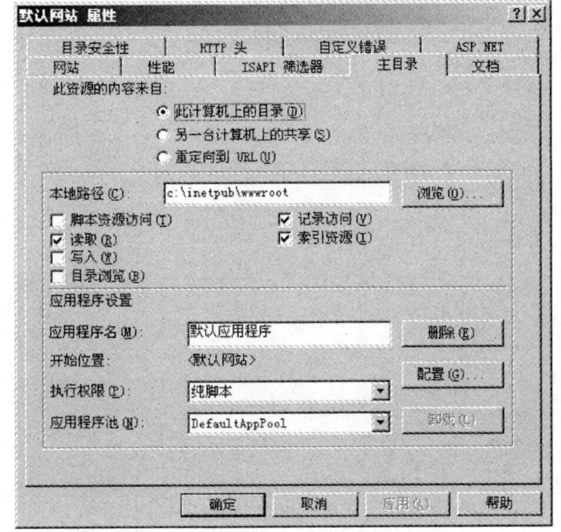


图 8－16　默认 Web 站点主目录设置

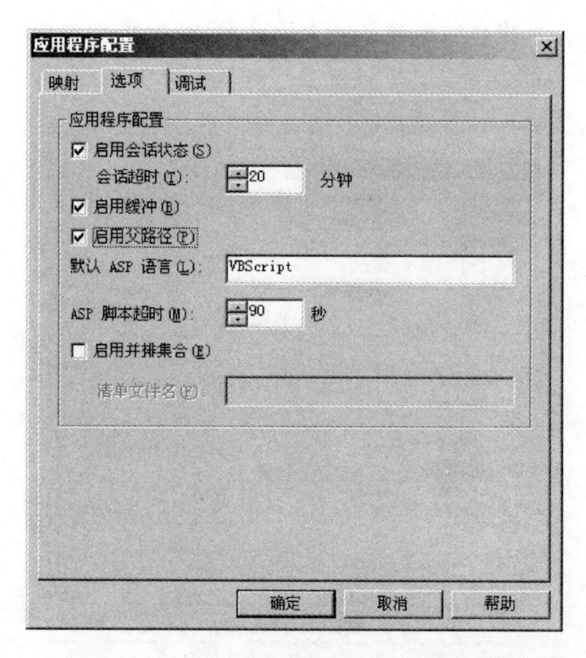


图 8－17　默认 Web 站点启用父路径设置

(4) 单击“文档”标签，可切换到对主页文档的设置页面，如图 8－18 所示。主页文档是在浏览器中键入网站域名，而未设定所要访问的网页文件时，系统会默认访问的页面文件。常见的主页文件名有 index. htm、index. html、index. asp、index. php、index. jap、default. htm、default. html、default. asp 等，IIS 默认的主页文档只有 default. htm 和 default. asp。根据需要，利用“添加”和“删除”按钮，可为站点设置所能解析的主页文档。

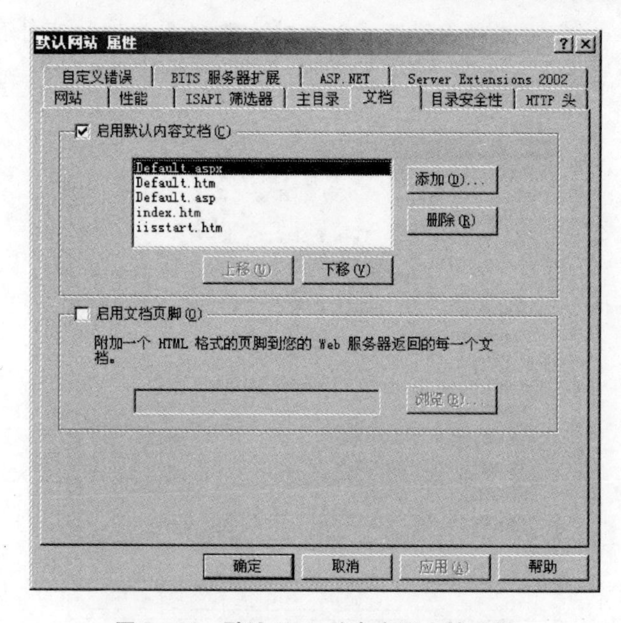


图 8－18　默认 Web 站点主页文档设置

3. Web 服务器设置完毕，IIS 已经可以提供 Web 服务了。如果用户已经做好网站，只要把网站文件存放到网站根目录，并确认网站的默认首页文件名已经在上面窗口的搜索列表中，打开 IE，输入 http://127.0.0.1/，就可以看到自己的网站了。

**实例二：**

## 创建 Web 站点

1. 打开 Internet 信息服务（IIS）管理器，右单击“网站”，弹出快捷菜单，选择“新建”—“网站”，如图 8－19 所示。打开“网站创建向导”对话框，单击“下一步”按钮，在网站描述中输入“xxgl”，如图 8－20 所示。

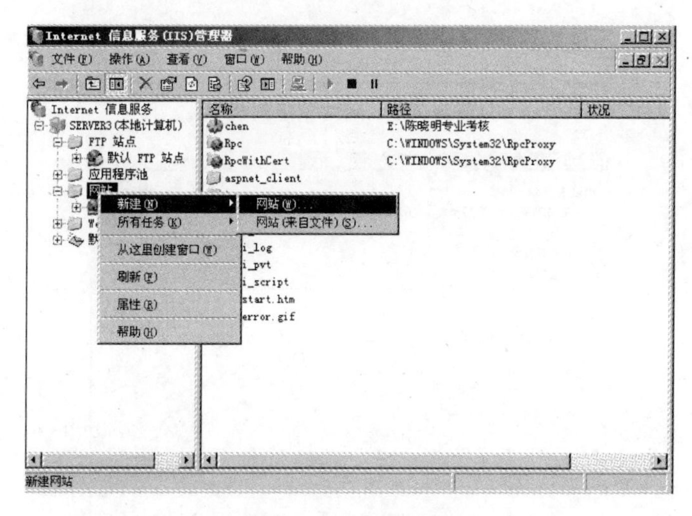


**图 8－19　新建网站**

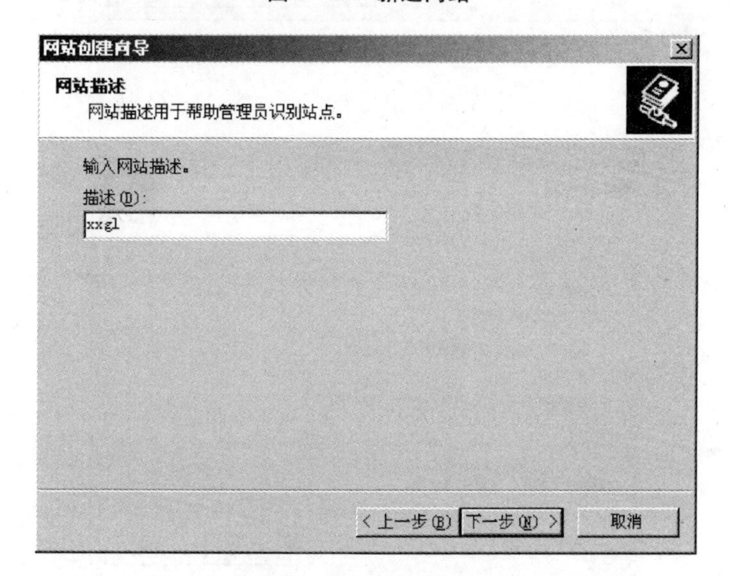


**图 8－20　网站描述**

2. 单击“下一步”按钮，选择网站 IP 地址，完成网站创建向导，如图 8－21 所示。

3. 单击“下一步”按钮，选择网站所在路径，如图 8－22 所示。

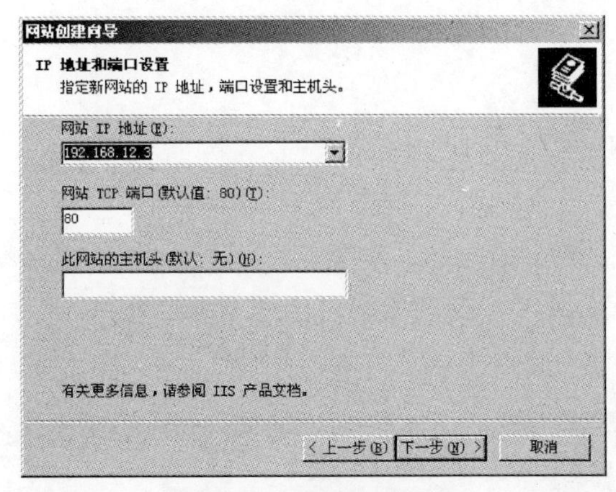


图 8－21　网站创建向导

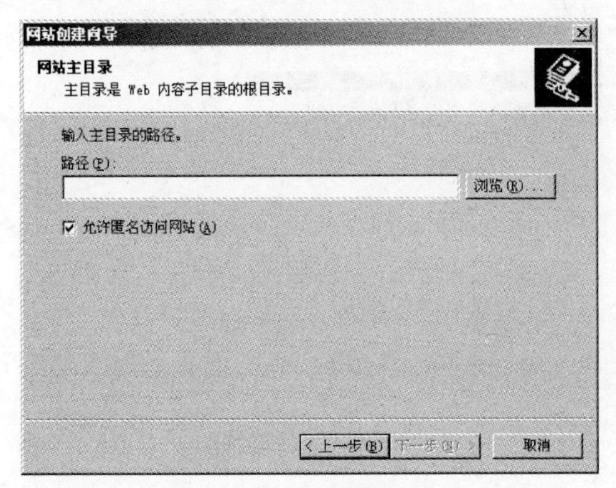


图 8－22　主目录路径

4. 单击“下一步”按钮，设置网站访问权限，如图 8－23 所示。

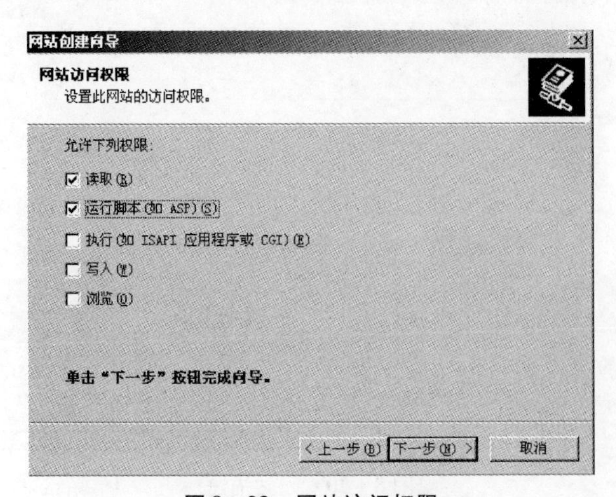


图 8－23　网站访问权限

5. 单击“下一步”按钮，完成设置。

**实例三：**

## 配置 FTP 服务器

1. 在 IIS 管理器中打开 FTP 服务，右击“默认 FTP 站点”，选择“属性”，如图 8－24 所示。

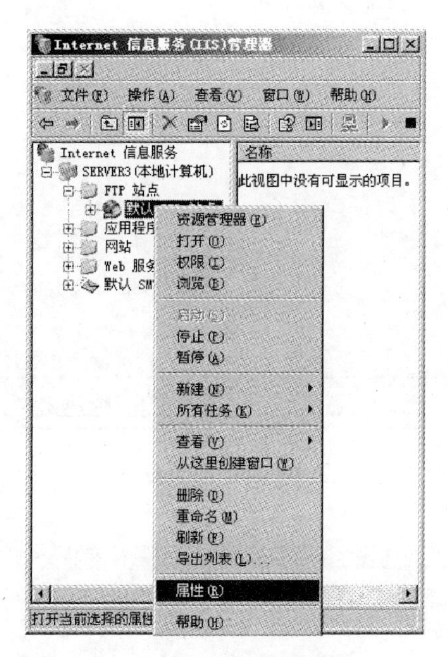


图 8－24　选择 FTP 属性

2. FTP 站点的基本配置，如图 8－25 所示。

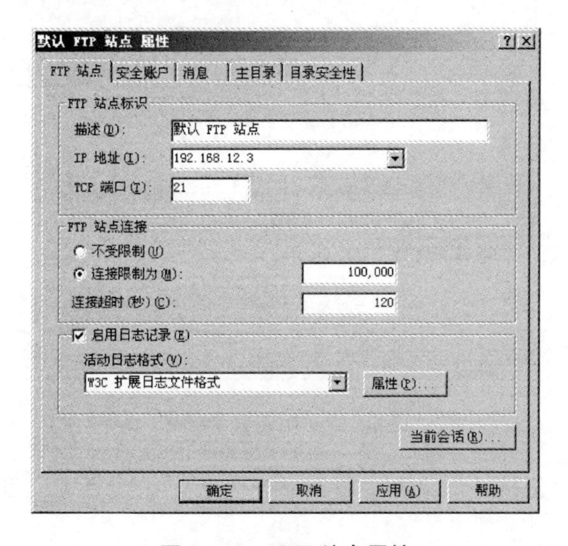


图 8－25　FTP 站点属性

(1) 配置安全账户，如图 8－26 所示，注意此账户的密码不能进行更改。配置登录信息，用于账户登陆时显示，如图 8－27 所示。

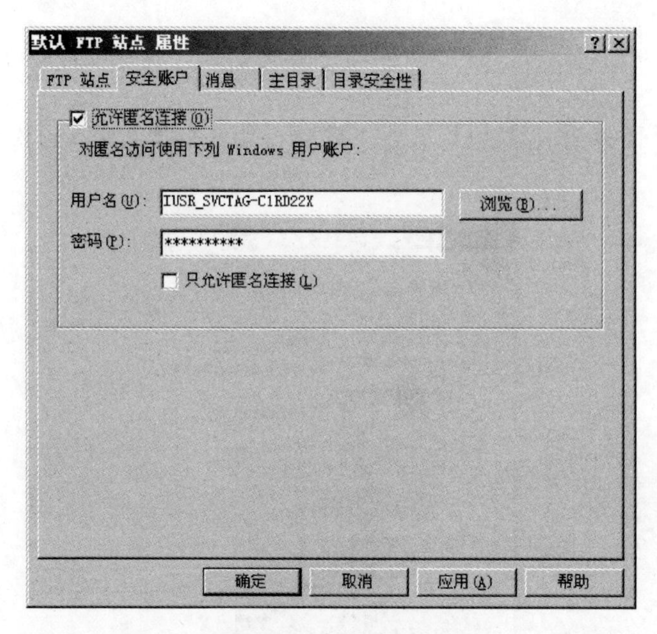


图 8－26 安全账户

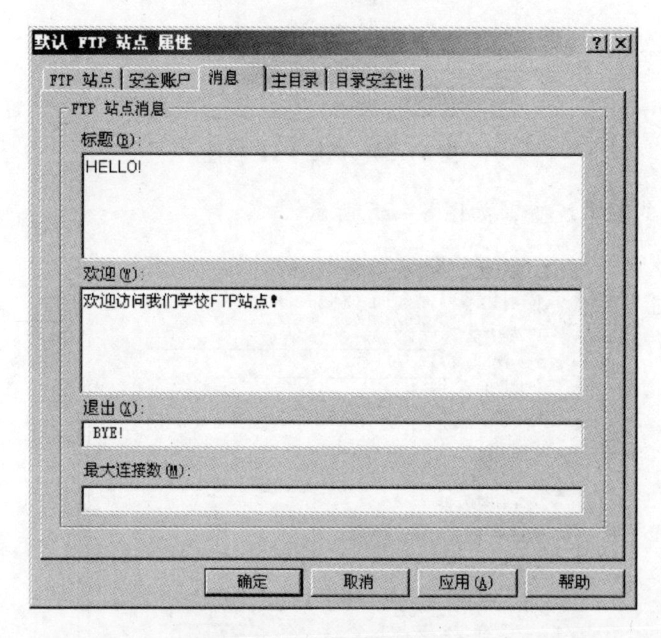


图 8－27 配置登录信息

(2) 配置主目录，也可以指向虚拟目录，如图 8－28 所示。配置目录安全性，如图 8－29 所示。

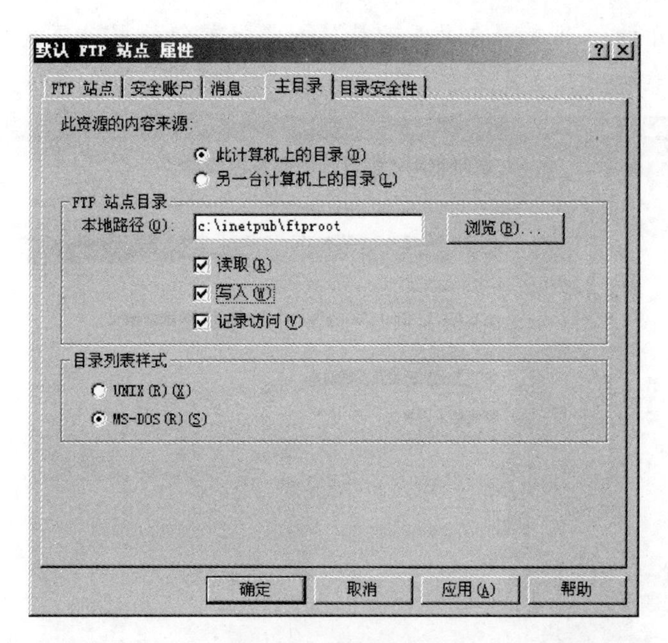


图 8－28　配置主目录

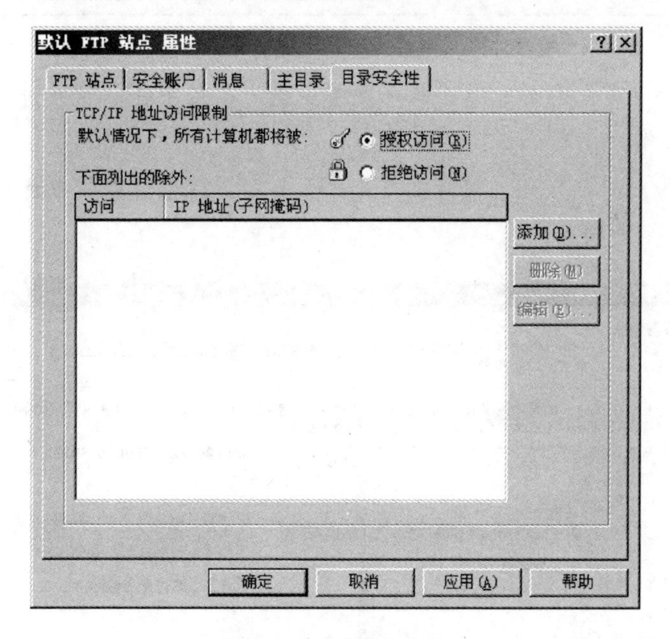


图 8－29　目录安全性

**实例四：**

## 配置邮件服务器

邮件服务器的安装其实就是 PO3、SMTP 服务相关组件的安装，这里主要为大家介绍如何利用“配置您的服务器向导”进行邮件服务器的安装。

1. 单击"开始"菜单—"管理工具"—"配置您的服务器向导"，打开如下图8－30所示对话框。

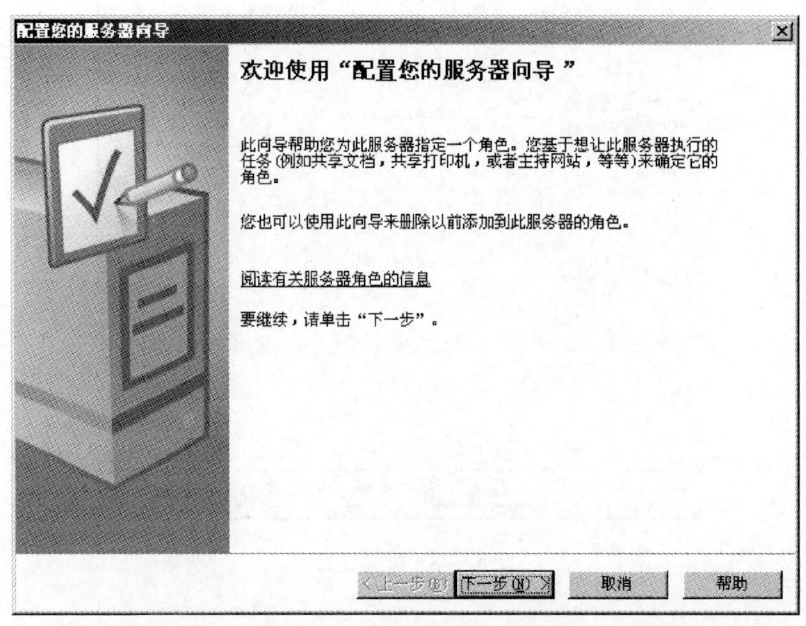


图8－30　"欢迎使用'配置您的服务器向导'"对话框

2. 单击"下一步"按钮，这是一个预备步骤，在其中提示了在进行以下步骤前需要做好的准备工作。

3. 单击"下一步"按钮，打开如图8－31所示对话框。在其中选择"邮件服务器(POP3，SMTP)"选项。

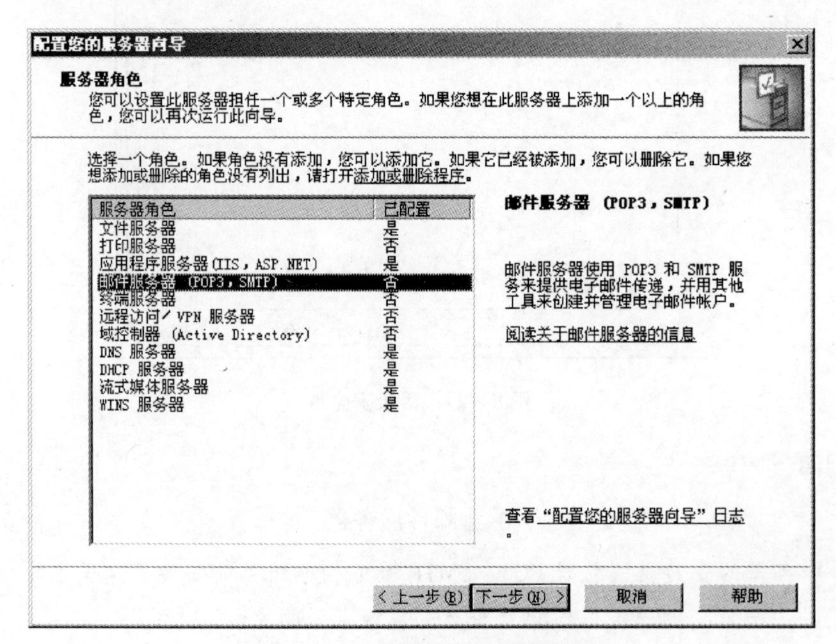


图8－31　"服务器角色"对话框

4. 单击“下一步”按钮，打开如图8－32所示对话框。在其中要求选择邮件服务器中所使用的用户身份验证方法，然后在“电子邮件域名”中指定一个邮件服务器名，如163. com。

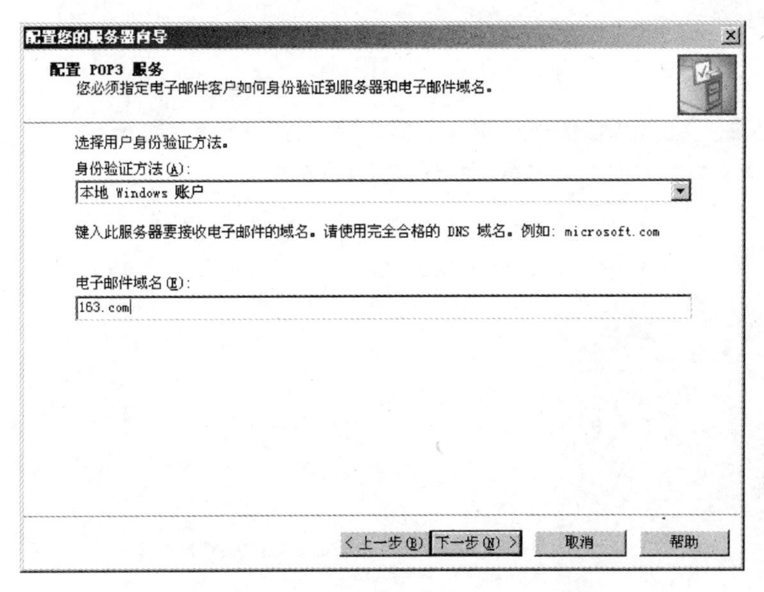


图8－32　“配置POP3服务”对话框

5. 单击“下一步”按钮，选择总结对话框，在列表中总结了以上配置选择。

6. 单击“下一步”按钮后，系统开始安装邮件服务器所需的组件，进程如图8－33所示。在此过程中，系统会提示用户指定Windows Server 2003系统源程序所在的位置，以便复制所需文件。

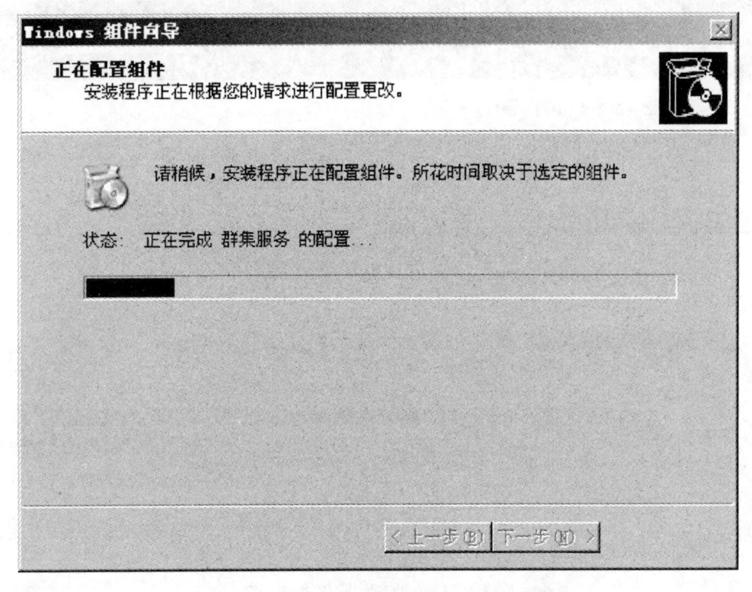


图8－33　“正在配置组件”对话框

7. 完成文件复制后，系统会自动打开如图 8－34 所示的向导完成对话框，单击“完成”按钮完成邮件服务器的整个安装过程。完成后执行“开始”—“管理工具”—“管理您的服务器”菜单操作，在打开的如图 8－35 所示的“管理您的服务器”窗口即可见到刚才安装的邮件服务器。单击“管理此邮件服务器”即可打开邮件服务器窗口，如图 8－36 所示。

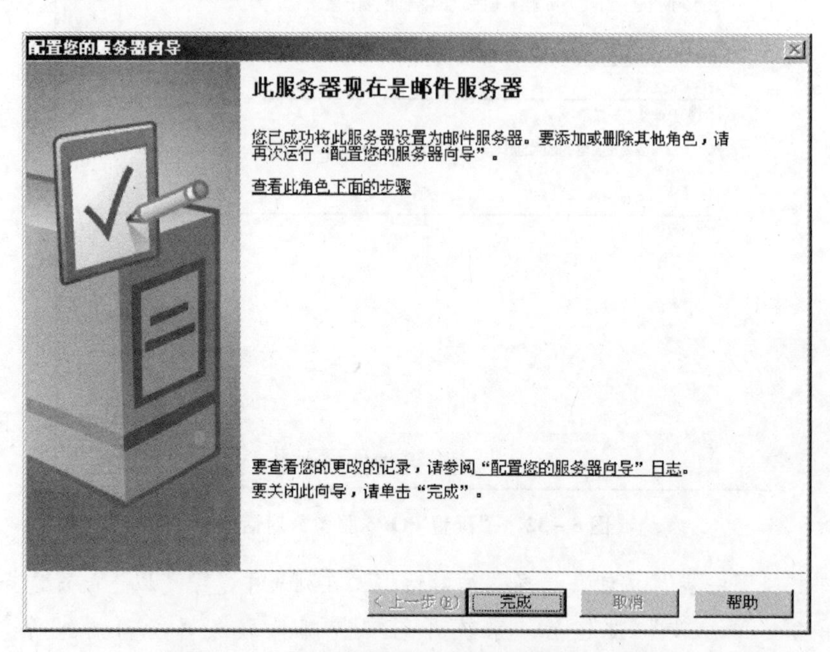


图 8－34 “此服务器现在是邮件服务器”对话框

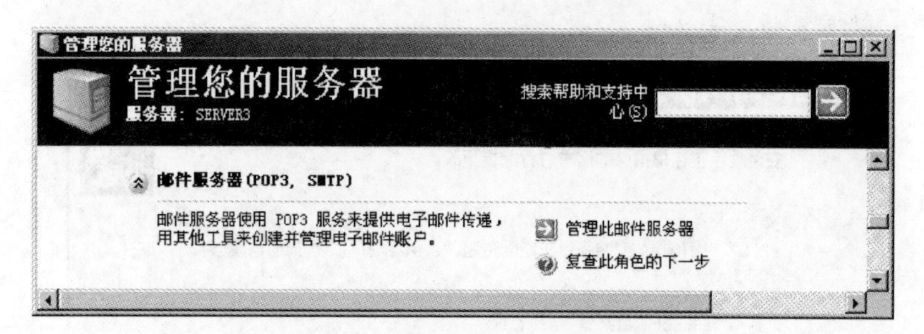


图 8－35 “管理您的服务器”窗口

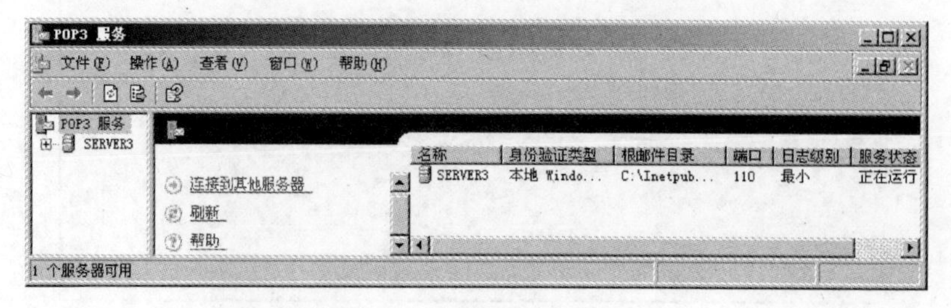


图 8－36 邮件服务器窗口

## 习　题

1. Windows 2003 操作系统是（　　）结构的。

A. 层次　　B. 对等　　C. 非层次　　D. 非对等

2. 人们常说的“Novell 网”是指采用（　　）操作系统的局域网系统。

A. UNIX　　B. NetWare　　C. Linux　　D. Windows 2003

3. Windows NT 域中，只能有一个（　　）。

A. 普通服务器　　B. 文件服务器

C. 后备控制器　　D. 主域控制器

4. 什么是网络操作系统？功能有哪些？

5. 单机操作系统与网络操作系统的区别是什么？

6. 非对等网络操作系统与对等网络操作系统的主要区别是什么？

7. 常用网络操作系统有哪些？

8. Linux 网络操作系统的特点有哪些？

9. NetWare 用户类型有几种？

10. 什么是 WWW 和 IIS 服务？

# 参考文献

[1] 于鹏、于喜纲主编:《计算机网络技术项目教程》,清华大学出版社 2009 年版。

[2] 顾可民、王晓丹主编:《计算机网络技术》,机械工业出版社 2011 年版。

[3] 俞朝晖、陈俐、于涛编著:《计算机网络技术实用宝典》,中国铁道出版社 2012 年版。

[4] 任云晖、宋维堂主编:《计算机网络技术》,中国水利水电出版社 2010 年版。

[5] 谢昌荣主编:《计算机网络技术》,清华大学出版社 2011 年版。

[6] 夏长富、张学军主编:《计算机网络技术》,大连理工大学出版社 2009 年版。

[7] 徐立新主编:《计算机网络技术》,人民邮电出版社 2012 年版。